Cremmer/Dippel

Baufachrechnen

Grundlagen

Hochbau – Tiefbau – Ausbau

Studiendirektor Dipl.-Ing. Rolf Cremmer, Aachen
Studiendirektor Dipl.-Ing. Frank Dippel, Aachen

3., durchgesehene Auflage
mit 205 Bildern, 31 Tabellen, 262 Beispielen
und 898 Aufgaben

Springer Fachmedien Wiesbaden GmbH 1996

Die Deutsche Bibliothek – CIP-Einheitsaufnahme

Cremmer, Rolf:
Baufachrechnen / Cremmer/Dippel. – Stuttgart : Teubner.
NE: Dippel, Frank:
Grundlagen : Hochbau – Tiefbau – Ausbau ; mit 31 Tabellen,
262 Beispielen.
[Hauptbd.]. – 3., durchges. Aufl. – 1996
ISBN 978-3-519-25609-0   ISBN 978-3-663-11976-0 (eBook)
DOI 10.1007/978-3-663-11976-0

Gesamtherstellung: Passavia Druckerei GmbH Passau
Umschlaggestaltung: Peter Pfitz, Stuttgart

Dieses Baufachrechenbuch für die Grundstufe wendet sich an alle Berufsgruppen, die an der Planung, Durchführung und Abrechnung von Bauvorhaben beteiligt sind. Es festigt und vertieft die mathematisch-technischen Kenntnisse durch praxisbezogenes Rechnen.

Zu jedem Themenbereich wird das zur Lösung nötige Fachwissen vermittelt. Die Aufgabenstellungen werden – soweit erforderlich – durch technische Zeichnungen veranschaulicht. Das Nachvollziehen und Verstehen der Rechengänge wird durch viele durchgerechnete Beispiele gefördert. Formeln und Regeln sind einprägsam in Merkkästen hervorgehoben. Die große Anzahl praxisnaher Aufgaben sichert die berufsspezifischen Rechenfertigkeiten, wobei auch der sichere Einsatz des Taschenrechners gefördert wird.

Da ohne ausreichende Kenntnisse der Grundrechenarten der Einstieg in das Fachrechnen nicht möglich ist, haben wir die Grundlagen vorangestellt. Auch dabei sind Regeln und Formeln schülergemäß erarbeitet.

Für Kritik und Anregungen sind wir unseren Kollegen und Schülern dankbar.

Aachen, Sommer 1996   R. Cremmer, F. Dippel

Inhaltsverzeichnis

Seite

Hinweise auf DIN-Normen in diesem Werk entsprechen dem Stand der Normung bei Abschluß des Manuskripts. Maßgebend sind die jeweils neuesten Ausgaben der Normblätter des DIN Deutsches Institut für Normung e.V. im Format A4, die durch die Beuth-Verlag GmbH, Berlin und Köln, zu beziehen sind. – Sinngemäß gilt das gleiche für alle in diesem Buch angezogenen amtlichen Richtlinien, Bestimmungen, Verordnungen usw.

1 Grundrechenarten

Wozu muß der Bauhandwerker rechnen bzw. etwas berechnen? Wenn Sie eine Wand zu mauern haben, muß die erforderliche Anzahl Steine bekannt sein. Wenn Sie eine Decke betonieren sollen, muß die entsprechende Menge Beton bereitstehen. Und bestimmt wollen Sie nach erfolgreichem Abschluß der Berufsausbildung selbst ausrechnen können, wie hoch aufgrund des Stundenlohns Ihr Wochen- oder Monatsverdienst ist.

Die Rechenarten Addieren und Subtrahieren (Zusammenzählen und Abziehen), Multiplizieren und Dividieren (Malnehmen und Teilen) sowie Potenzieren und Radizieren (eine Zahl mit sich selbst malnehmen und Wurzelziehen) sind die Grundlagen, um Aufgabenstellungen des Bauhandwerkers lösen zu können.

1.1 Zahlen und Größen

Wollen Sie genau angeben, wieviel Stufen eine Treppe hat, müssen Sie sie zählen (1.1). Dazu benutzt man Zahlen, die einen Wert ausdrücken (13 Stufen sind mehr als 4). Die Zahlen bestehen aus den arabischen Ziffern 1 bis 9 und 0. Sie bauen auf dem Zehnersystem auf (Dezimalsystem, lat. decem = 10). Arabische Ziffern sind etwa seit dem 16. Jahrhundert bei uns üblich. Vorher rechnete man mit römischen Ziffern.

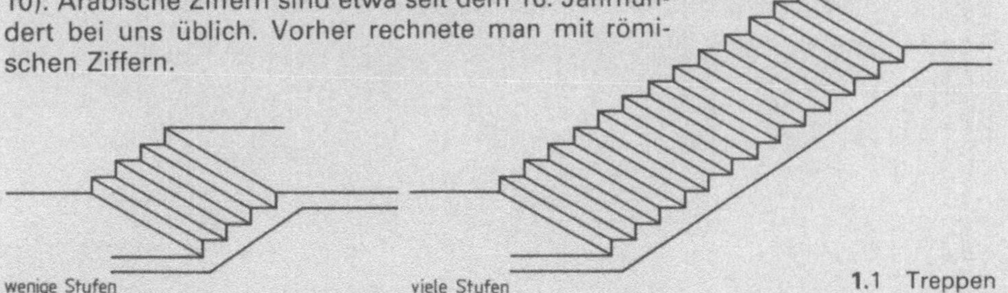

Natürliche Zahlen sind alle positiven ganzen Zahlen. Bruch- und Dezimalzahlen sind also keine natürlichen Zahlen.

Beispiele Natürliche Zahlen

3 7 16 6281

Bruch- und Dezimalzahlen

$$\frac{1}{3} \quad \frac{3}{8} \quad 3\frac{1}{5} \quad 0{,}55 \quad 3{,}21$$

Stellenwert bei ganzen Zahlen. Eine Zahl besteht aus einer oder mehreren Ziffern. Der Wert einer Ziffer hängt davon ab, an welcher Stelle sie steht.

Beispiel 2 4 3 0 1

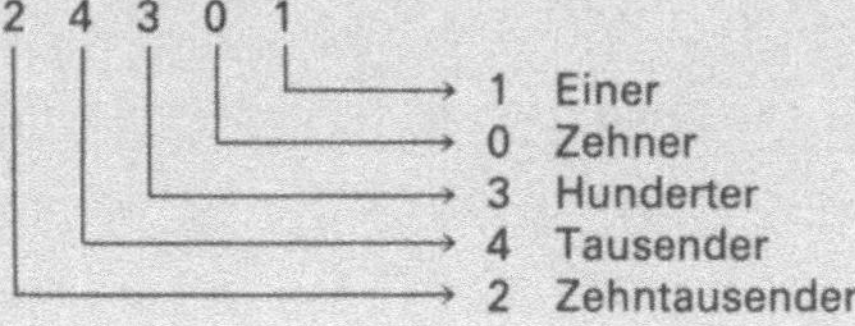

1 Einer
0 Zehner
3 Hunderter
4 Tausender
2 Zehntausender

Stellenwert bei Dezimalzahlen. Teile von ganzen Zahlen können wir als Bruch- oder als Dezimalzahl schreiben. Die Ziffern r e c h t s vom Komma sind die Dezimalstellen, l i n k s vom Komma stehen die ganzen Zahlen.

Beispiel

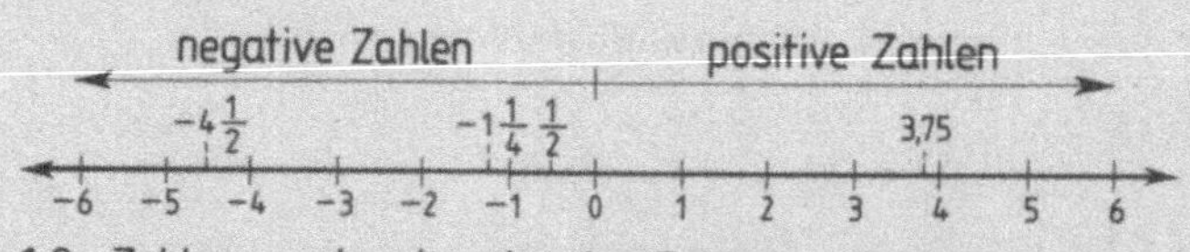

Beim Dezimalsystem erhält jede Ziffer den zehnfachen Wert, wenn man sie eine Stelle nach links rückt oder eine Null anfügt.

Beispiel $0,5 \rightarrow 5 \rightarrow 50 \rightarrow 500 \rightarrow 5000$

Umgekehrt hat jede Ziffer nur den zehnten Teil ihres Wertes, wenn man sie eine Stelle nach rechts rückt.

Beispiel $50 \rightarrow 5 \rightarrow 0,5 \rightarrow 0,05 \rightarrow 0,005$

Positive und negative Zahlen. Vom Thermometer her sind uns positive und negative Zahlen bekannt (**1.2**). Wir lesen z. B. die Temperatur $+15\,°C$ oder $-6\,°C$ ab. Mit dem Vorzeichen drücken wir aus, ob die Temperatur über oder unter dem Gefrierpunkt von $0\,°C$ liegt. Übertragen wir dies auf eine Zahlengerade (**1.3**)!

Rechts von der Null stehen die positiven Zahlen, links von der Null die negativen. Das Pluszeichen der positiven Zahlen wird in der Regel nicht geschrieben, das Minuszeichen der negativen dagegen immer!

Rationale Zahlen. Wie die Zahlengerade **1.3** zeigt, sind die positiven ganzen (natürlichen) Zahlen, die negativen ganzen Zahlen, die positiven oder negativen Bruch- und Dezimalzahlen sowie die Null rationale Zahlen. In der Bautechnik kommen positive und negative Zahlen vor allem bei Höhenangaben vor (**1.4**).

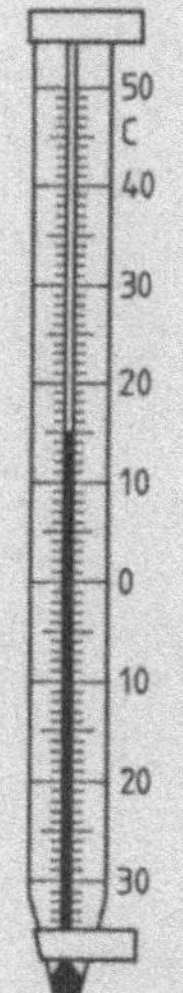

1.2 Thermometer

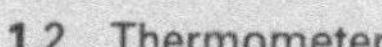

1.3 Zahlengerade mit rationalen Zahlen

1.4 Teilschnitt durch ein Haus

Beispiel   Verglichen mit dem Zahlenstrahl ist 0 in Bild **1.4** die Höhe der Oberkante Erdgeschoßfußboden. Die Oberkante Kellergeschoßfußboden liegt 2,55 m, die des Geländes 30 cm u n t e r der des Erdgeschoßfußbodens. Dagegen liegt die Oberkante des 1. Obergeschosses 2,75 m ü b e r der des Erdgeschoßfußbodens.

Variablen als „Platzhalter". Zum Berechnen einer Rechteckfläche **1.5** benutzen wir die Formel $A = l \cdot b$. In dieser Formel stehen Buchstaben an Stelle bestimmter Zahlen.

A steht für den Flächeninhalt
l steht für die Länge ⎫
b steht für die Breite ⎭ Rechteckseiten

Bei diesem Rechteck sind die Seiten $l = 7{,}00$ m und $b = 4{,}00$ m lang. Der Flächeninhalt des Rechtecks ist dann $A = 7{,}00$ m $\cdot$ $4{,}00$ m $= 28{,}00$ m^2.

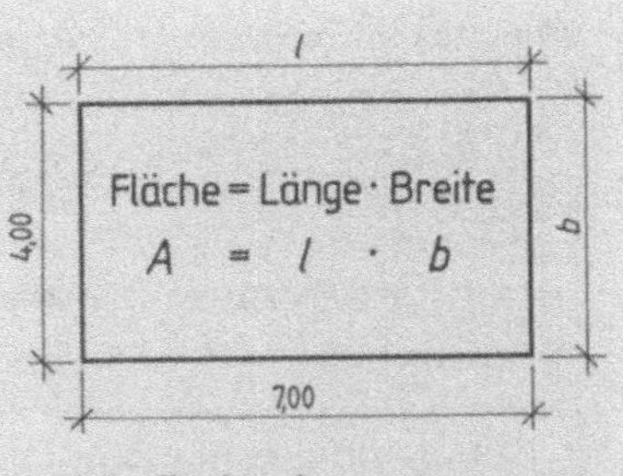

1.5 Rechteck

Formeln drücken also eine Gesetzmäßigkeit durch Symbole, z.B. Buchstaben aus. Diese Buchstaben nennt man deshalb „Platzhalter", „Stellvertreter" oder **Variablen**. Im Lehrbuch sind sie schräg (kursiv) gedruckt.

> Die Variable steht an Stelle einer Zahl.

Beizahl. Kommt eine Variable mehrfach vor, erhält sie eine Beizahl, auch Vorzahl oder Koeffizient genannt.

Beispiel Beizahl $\leftarrow 4 \cdot a \rightarrow$ Variable

Das Malzeichen zwischen Beizahl und Variablen darf man weglassen ($4\,a$). Die Beizahl 1 läßt man bei Variablen immer weg (a statt $1a$). Wie die natürlichen Zahlen und Bruchzahlen können wir auch Variablen auf einer Zahlengeraden darstellen (**1.6**).

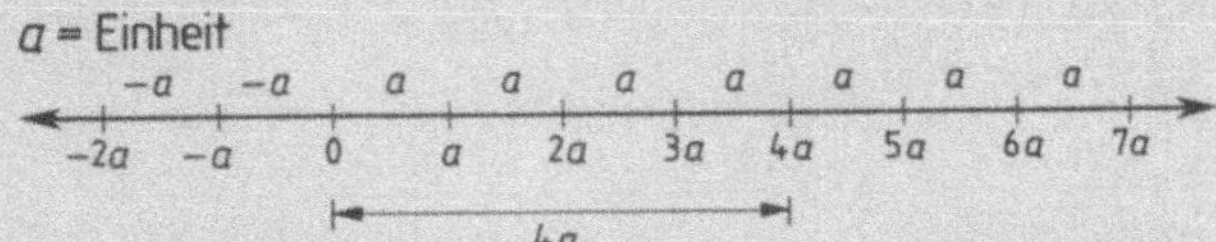

1.6
Zahlengerade mit Variablen

Beispiel Die Strecke $4\,a$ entsteht, wenn man die Einheit a viermal aneinandersetzt.

Genormte Formelzeichen. In der DIN 1304 „Allgemeine Formelzeichen" sind die Variablen für geometrische Größen festgelegt (**1.7**).

Tabelle 1.7 **Formelzeichen für geometrische Größen nach DIN 1304 (Auswahl)**

Geometrische Größe	Formelzeichen	Geometrische Größe	Formelzeichen
Länge	l	Bogenlänge	b
Breite	b	Umfang	U
Höhe	h	Fläche	A
Radius	r	Volumen	V
Durchmesser	d	Winkel	$\alpha, \beta, \gamma \ldots$
Sehne	s		

Immer wieder haben wir von Größen gesprochen. Was ist eine Größe?

Größen. Sind z. B. die Gewichte in Bild **1.8** zu zählen, erhalten wir als Ergebnis dreimal ein Kilogramm, kurz 3 kg. Das Ergebnis besteht also aus zwei Teilen: dem Zahlenwert 3 und der Einheit Kilogramm. Das Produkt von Zahlenwert (Maßzahl) und Einheit (Benennung) heißt Größe.

1.8 Gewichte **Beispiel** $6 \text{ m} = 6 \cdot \text{m}$

> Die Größe ist das Produkt von Zahlenwert und Einheit.
>
> Größe = Zahlenwert · Einheit

Aufgaben

1. Welche dieser Zahlen ist eine natürliche Zahl?

   $4, \quad \dfrac{1}{4}, \quad -8, \quad 3\dfrac{1}{8}, \quad 3{,}25, \quad 29, \quad 0{,}55$

2. Suchen Sie die richtige Aussage: Natürliche Zahlen sind
   a) alle Dezimalzahlen,
   b) alle Bruchzahlen,
   c) alle negativen ganzen Zahlen,
   d) alle positiven ganzen Zahlen.

3. Wozu dienen Variablen?

4. Was bedeuten die Formelzeichen
   a) h, b) V, c) d, d) A, e) r?

5. Was versteht man unter einer Größe?

6. Welche Werte haben die Ziffern der Zahl a) 56 312, b) 0,725?

7. Berechnen Sie die Differenz auf dem Zahlenstrahl zwischen den Zahlen
   a) $+11$ und -32, b) $-0{,}5$ und $+6$
   c) -44 und -10, d) $+25$ und $+5$.

Die Rechenzeichen der vier Grundrechenarten zeigt Tabelle 1.9.

Tabelle 1.9 **Grundrechenzeichen**

Grundrechenart	Zeichen		Beispiel
Addieren (Zusammenzählen)	+	(plus)	5 + 3
Subtrahieren (Abziehen)	−	(minus)	10 − 4
Multiplizieren (Mahlnehmen)	·	(mal)	6 · 4
Dividieren (Teilen)	:	(geteilt durch)	8 : 2

Tabelle 1.10 **Rechenzeichen nach DIN 1302**

Rechenzeichen		Beispiel
=	(gleich)	15 = 15
≠	(ungleich)	15 ≠ 16
≈	(nahezu gleich)	15 ≈ 15,001
>	(größer als)	15 > 14
<	(kleiner als)	14 < 15
≙	(entspricht)	10% ≙ 1 cm

Im Fachrechnen werden nach DIN 1302 noch andere Rechenzeichen benutzt (1.10).

> Addition und Subtraktion sind Strichrechnungen,
> Multiplikation und Division sind Punktrechnungen.

SI-Einheiten. Für 7 Basisgrößen (Länge, Zeit, Masse, Stromstärke, Temperatur, Stoffmenge, Lichtstärke) wurden nach dem internationalen Einheitensystem (kurz SI-Einheiten) Basiseinheiten gesetzlich festgelegt. Von ihnen werden, wie wir bei den verschiedenen Rechenverfahren sehen können, andere Größen und Einheiten abgeleitet.

Längenmaße. Basiseinheit für die Länge ist das Meter (m). Dividiert man das Meter durch 10, erhält man die nächst kleinere Einheit. Multipliziert man ein Längenmaß mit 10, kommt man zu der nächst größeren Einheit.

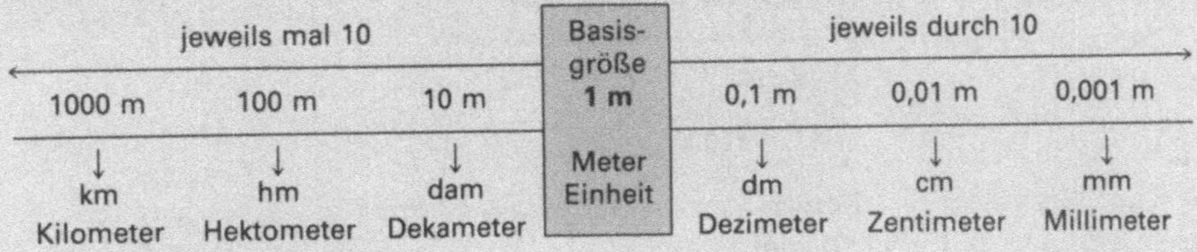

> Bei Längenmaßen ist die Umrechnungszahl in eine nächst kleinere oder größere Längeneinheit 10.

$1\ m = 10\ dm = 100\ cm = 1000\ mm$
$1\ dm = 10\ cm = 100\ mm$
$1\ cm = 10\ mm$

$1\ mm = 0,1\ cm = 0,01\ dm = 0,001\ m$
$1\ cm = 0,1\ dm = 0,01\ m$
$1\ dm = 0,1\ m$

Beispiel 1   Eine Straße ist 4,285 km lang. Wieviel m sind das?

$4,285\ \ km \cdot 10 = 42,85\ hm$
$42,85\ \ hm \cdot 10 = 428,5\ dam$
$428,5\ \ dam \cdot 10 = \mathbf{4285\ m}$

oder 4,285 km $\cdot\ 10\ \cdot\ 10\ \cdot\ 10$ = Komma um 3 Stellen nach rechts = **4285 m**
$\underbrace{\qquad\qquad\qquad}_{\cdot\ 1000}$

Beispiel 2   Ein Kantholz ist 3126 mm lang. Wieviel m sind das?

$3126\ mm\ \ \ : 10 = 312,6\ cm$
$312,6\ cm\ \ \ : 10 = 31,26\ dm$
$31,26\ dm\ \ \ : 10 = \mathbf{3,126\ m}$

oder 3126 mm $: 10 : 10 : 10$ = Komma
$\underbrace{\qquad\qquad\qquad}_{:\ 1000}$
um 3 Stellen nach links = **3,126 m**

Flächenmaße. Eine Fläche hat zwei Ausdehnungen (Dimensionen, **1.11**). Ihre Basiseinheit ist der Quadratmeter ($m^2 = m \cdot m$). Die nächst größere Einheit berechnet man durch Multiplikation mit 100 ($10 \cdot 10$), die kleinere mittels Division durch 100.

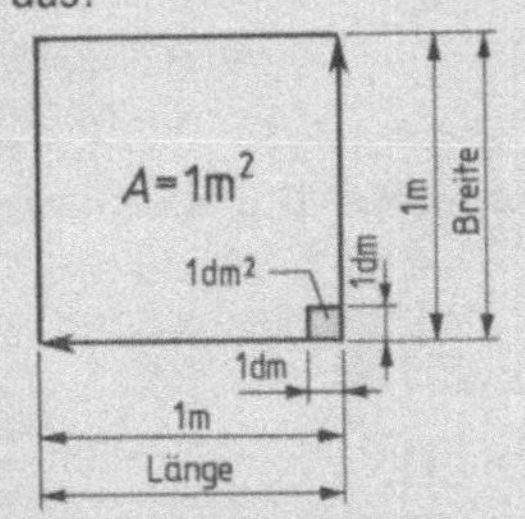

1.11   Fläche (zweidimensional)

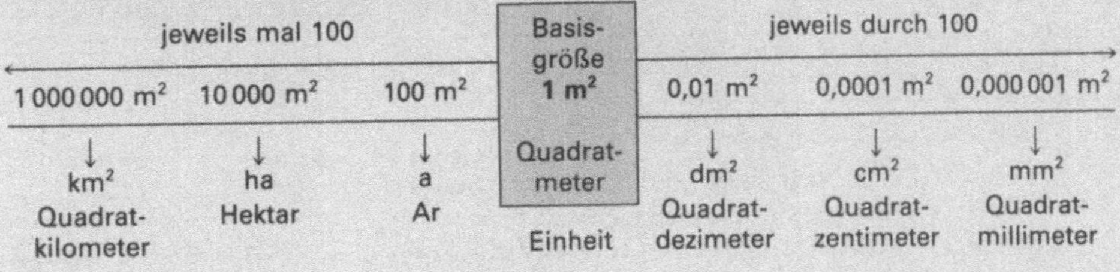

> Bei Flächenmaßen ist die Umrechnungszahl in eine nächst kleinere oder größere Flächeneinheit 100.

$$1\ km^2 \ = 100\ ha \ = 10\,000\ a \ \quad = 1\,000\,000\ m^2$$
$$1\ ha \ = \quad 100\ a \ \quad = \quad 10\,000\ m^2$$
$$1\ a \ = \quad \quad 100\ m^2$$

$$1\ m^2 \ = 100\ dm^2 \ = 10\,000\ cm^2 \quad = 1\,000\,000\ mm^2$$
$$1\ dm^2 \ = \quad 100\ cm^2 \quad = \quad 10\,000\ mm^2$$
$$1\ cm^2 \ = \quad \quad 100\ mm^2$$

$$1\ m^2 \ = 0{,}01\ a \ = 0{,}0001\ ha \ = 0{,}000\,001\ km^2$$
$$1\ a \ = 0{,}01\ ha \ = 0{,}000\,1\ km^2$$
$$1\ ha \ = 0{,}01\ km^2$$

$$1\ mm^2 \ = 0{,}01\ cm^2 \ = 0{,}0001\ dm^2 \ = 0{,}000\,001\ m^2$$
$$1\ cm^2 \ = 0{,}01\ dm^2 \ = 0{,}000\,1\ m^2$$
$$1\ dm^2 \ = 0{,}01\ m^2$$

Beispiel 1   Die Querschnittsfläche einer Betonsäule ist 396 900 mm² groß. Wieviel m² sind das?

$$396\,900 \quad mm^2 \quad : 100 = 3969\ cm^2$$
$$3969 \quad cm^2 \quad : 100 = 39{,}69\ dm^2$$
$$39{,}69 \quad dm^2 \quad : 100 = \mathbf{0{,}3969\ m^2}$$

oder   396 900 mm² : 100 : 100 : 100 =
Komma um 3 · 2 Stellen nach links = 0,3969 m²
auf Hundertstel gerundet   **= 0,40 m²**

Beispiel 2   Ein Grundstück ist 0,000 548 km² groß. Wieviel m² sind das?

$$0{,}000548\ km^2 \quad \cdot 100 = 0{,}0548\ ha$$
$$0{,}0548\ ha \quad \cdot 100 = 5{,}48\ a$$
$$5{,}48\ a \quad \cdot 100 = \mathbf{548\ m^2}$$

oder   0,000 548 km² · 100 · 100 · 100 =
Komma um 3 · 2 Stellen nach rechts = **548 m²**

Körpermaße (Volumenmaße). Ein Körper hat drei Ausdehnungen (Dimensionen, 1.12). Seine Basiseinheit ist der Kubikmeter ($m^3 = m \cdot m \cdot m$). Die nächst größere Einheit berechnet man durch Multiplikation mit 1000, die kleinere mittels Division durch 1000.

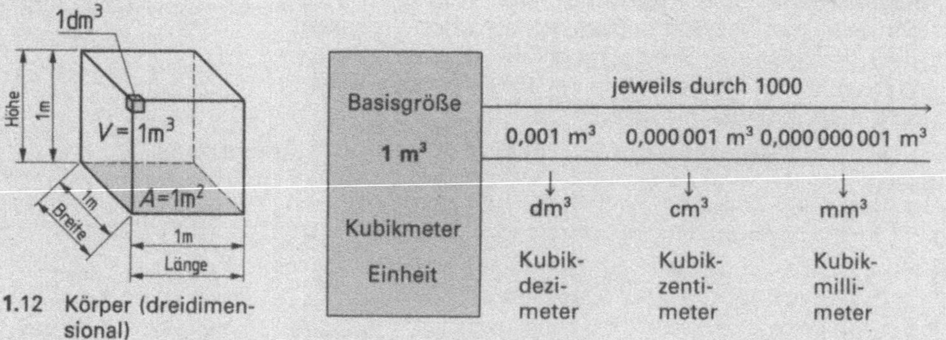

1.12   Körper (dreidimensional)

Bei Körpermaßen ist die Umrechnungszahl in eine nächst kleinere oder größere Körpereinheit 1000.

$1 \text{ m}^3 = 1000 \text{ dm}^3 = 1\,000\,000 \text{ cm}^3 = 1\,000\,000\,000 \text{ mm}^3$
$\qquad 1 \text{ dm}^3 = \qquad 1\,000 \text{ cm}^3 = \qquad 1\,000\,000 \text{ mm}^3$
$\qquad\qquad 1 \text{ cm}^3 = \qquad\qquad 1\,000 \text{ mm}^3$

$1 \text{ mm}^3 = 0{,}001 \text{ cm}^3 = 0{,}000\,001 \text{ dm}^3 = 0{,}000\,000\,001 \text{ m}^3$
$\quad 1 \quad \text{cm}^3 = 0{,}001 \text{ dm}^3 \qquad = 0{,}000\,001 \text{ m}^3$
$\qquad\quad 1 \text{ dm}^3 \qquad\qquad = 0{,}001 \text{ m}^3$

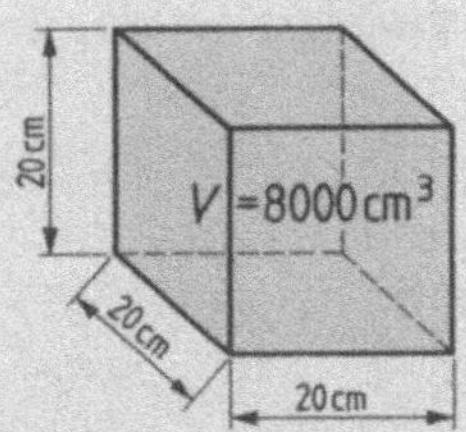

1.13 Betonprobewürfel

Beispiel 1 Der Betonprobewürfel **1.13** hat ein Volumen (Rauminhalt) von $8\,000\,000 \text{ mm}^3$. Wieviel m^3 sind das?

$8\,000\,000 \text{ mm}^3 : 1000 = 8000 \text{ cm}^3$
$8000 \text{ cm}^3 \qquad : 1000 = 8 \text{ dm}^3$
$8 \text{ dm}^3 \qquad\quad : 1000 = \mathbf{0{,}008\,m^3}$

oder $8\,000\,000 \text{ mm}^3 : 1000 : 1000 : 1000 =$
Komma um $3 \cdot 3$ Stellen nach links $= \mathbf{0{,}008 \text{ m}^3}$

Beispiel 2 Ein Meßbecher hat einen Rauminhalt von $0{,}0015 \text{ m}^3$. Wieviel mm^3 sind das?

$0{,}0015 \text{ m}^3 \cdot 1000 = 1{,}5 \text{ dm}^3$
$1{,}5 \text{ dm}^3 \qquad \cdot 1000 = 1500 \text{ cm}^3$
$1500 \text{ cm}^3 \qquad \cdot 1000 = \mathbf{1\,500\,000 \text{ mm}^3}$

oder $0{,}0015 \text{ m}^3 \cdot 1000 \cdot 1000 \cdot 1000 =$
Komma um $3 \cdot 3$ Stellen nach rechts $= \mathbf{1\,500\,000 \text{ mm}^3}$

Litermaße. Viele Körpermaße werden in der Bautechnik in Liter (l) angegeben. So z.B. das Fassungsvermögen eines Betonmischers mit 300 l, die Menge an Zugabewasser mit 110 l für 1 m^3 Beton oder der Rauminhalt von Schubkarren mit 70 l.

$$1 \text{ l} = 1 \text{ dm}^3$$

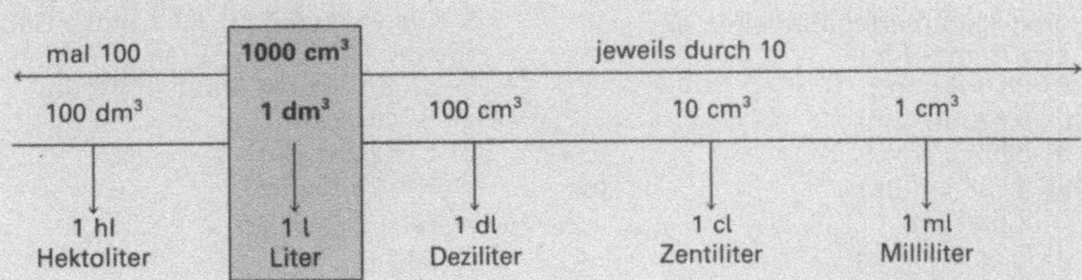

Bei Litermaßen ist die Umrechnungszahl in eine nächst kleinere Litereinheit 10.

$1 \text{ l} = 10 \text{ dl} = 100 \text{ cl} = 1000 \text{ ml}$ $\qquad$ $1 \text{ ml} = 0{,}1 \text{ cl} = 0{,}01 \text{ dl} = 0{,}001 \text{ l}$
$\qquad 1 \text{ dl} = 10 \text{ cl} = 100 \text{ ml}$ $\qquad\qquad 1 \text{ cl} = 0{,}1 \text{ dl} = 0{,}01 \text{ l}$
$\qquad\qquad 1 \text{ cl} = 10 \text{ ml}$ $\qquad\qquad\qquad 1 \text{ dl} = 0{,}1 \text{ l}$
$\qquad 1 \text{ hl} = 100 \text{ l}$

| **Beispiel 1** | Der Behälter einer Spritzpistole für Holzschutzmittel faßt 2500 ml. Wieviel l sind das? |

2500 ml : 10 = 250 cl

250 cl : 10 = 25 dl

25 dl : 10 = **2,5 l**

oder: 2500 ml : 10 : 10 : 10 =
Komma um 3 · 1 Stelle nach links = **2,5 l**

| **Beispiel 2** | Ein Silo für Zement hat ein Fassungsvermögen von 3250 l. Wieviel hl und m³ sind das? |

3250 l   : 100 = **32,50 hl**

3250 l   = 3250 dm³

3250 dm³   : 1000 = **3,25 m³**

Aufgaben

8. Der Rauminhalt (Volumen) eines Zimmers wird berechnet, indem die Länge, Breite und Höhe miteinander multipliziert (mal genommen) werden.

   Schreiben Sie für diese Berechnung eine Formel mit den Variablen: Rauminhalt = V; Länge = l; Breite = b und Höhe = h.

9. Geben Sie die Längenmaße in den eingeklammerten Einheiten an:
   a) 375 mm (dm)
   b) 38,6 dm (m)
   c) 5,623 m (cm)
   d) 6682 cm (m)
   e) 4,738 km (m)
   f) 7 mm (m)
   g) 8,32 dm (mm)
   h) 23,65 dm (cm)
   i) 1563 m (km)

10. Die Seite eines Grundstücks ist 32 680 mm lang. Wieviel Meter sind das?

11. Wie groß sind die Flächenmaße in den eingeklammerten Einheiten?
    a) 56,4218 m² (cm²)
    b) 7,539 cm² (mm²)
    c) 1782 m² (a)
    d) 28 548 m² (ha)
    e) 87 623 746 m² (km²)
    f) 8712 cm² (m²)
    g) 12 288 mm² (cm²)
    h) 563 cm² (dm²)
    i) 7861 dm² (m²)

12. Das Spielfeld eines Tennisplatzes ist 0,005 400 km² groß. Wieviel m² sind das?

13. Die Querschnittsfläche eines Betonstahls ∅ 8 mm ist 50,3 mm². Geben Sie die Fläche in cm² an.

14. Rechnen Sie die Maße in m³ um.
    a) 6 748 522 cm³
    b) 5 662,281 dm³
    c) 6 252 349 mm³

15. Wieviel Liter sind:
    a) 56,2 dm³
    b) 137,563 cm³
    c) 2,844 m³
    d) 1,78 hl
    e) 6382 cl
    f) 487 ml

16. Wieviel m³ Rauminhalt hat ein Japaner (große Beton- oder Mörtelkarre), der 250 l faßt?

17. Wieviel Schubkarren mit einem Fassungsvermögen von 70 l sind für 3,5 m³ Beton notwendig?

14

1.2 Taschenrechner

Den Taschenrechner setzen wir im Büro und auf der Baustelle beim Lösen der Fachrechenaufgaben ein (**1.14**). Sein Gebrauch setzt aber voraus, daß Sie den Ablauf der Berechnung beherrschen, denn der Rechner führt nur Rechenoperationen richtig aus, die ihm auch richtig eingegeben werden. Deshalb müssen Sie sich anhand der Bedienungsanleitung und durch Übung mit ihm vertraut machen. Um Rechen- und Bedienungsfehler zu erkennen, sollten sie jede Rechenausführung durch Überschlagsrechnung überprüfen.

Die Taschenrechner haben viele Rechenfunktionen. Deshalb sollen hier nur die vorgestellt werden, die im Baufachrechnen oft angewendet werden. Die anderen Funktionen können der Gebrauchsanweisung entnommen werden (**1.14**). Tab. **1**.15 auf S. 16 f. zeigt in Beispielen die Anwendung.

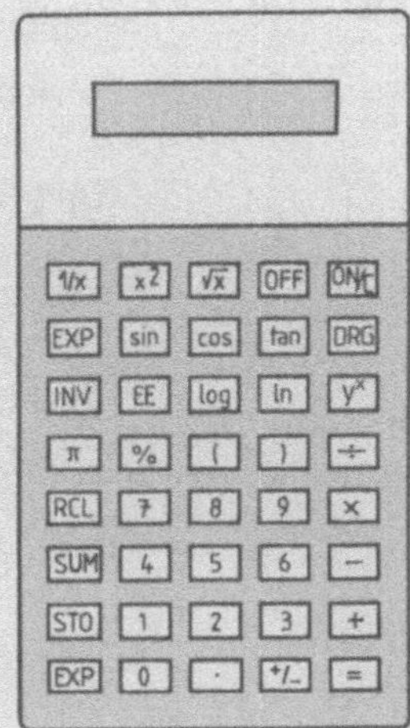

1.14   Taschenrechner

Funktionen

-6.83874523	Anzeige	Zahlen meist bis zu 8 Stellen, höchstens 7 Stellen rechts vom Komma; bei negativen Zahlen Minuszeichen
ON/C	Einschalten	Kennzeichen in der Anzeige die Zahl „0". Rechenspeicher ist vollständig gelöscht.
ON/C	Löschen	Einmalige Betätigung löscht falsche Eingabe in der Anzeige, zweimalige Bestätigung löscht Anzeige und alle unvollständigen Operationen.
OFF	Ausschalten	Stromversorgung unterbrochen
0 bis 9	Zifferntasten	Eingabe der Ziffern von 0 bis 9
.	Komma	Eingabe des Dezimalkommas
+/−	Vorzeichenwechsel	Betätigung nach einer Zahleneingabe oder Berechnung ändert das Vorzeichen der angezeigten Zahl.
π	π-Wert	Eingabe der Zahl $\pi = 3{,}1415927\ldots$
+ −	Addition/Subtraktion	Alle Rechenoperationen werden unmittelbar für die angezeigte Zahl durchgeführt.
× ÷	Multiplikation/Division	Einfache Aufgaben der Grundrechenarten werden in der Reihenfolge des Rechenansatzes eingegeben.
=	Gleichheitszeichen	Abschluß einer Rechnung
( )	Klammer	Klammern werden in der Form des Rechenansatzes eingegeben. Bei Zweifel, ob der Rechner die Aufgabe in der gewünschten Folge abwickelt, Klammertaste betätigen!

Fortsetzung s. nächste Seite

x^2	Quadrat	Diese beiden Tasten bilden den Quadratwert bzw. die Quadratwurzel der Anzeige. Sie werden unmittelbar ausgeführt.
$\sqrt{x}$	Quadratwurzel	
$1/x$	Reziprokwert	bildet den Dezimalwert der Anzeige. Er wird unmittelbar ausgeführt.
y^x	Potenzierung	Der Anzeigewert y wird in die eingegebene x-te Potenz erhoben.
INV	Inversfunktion	kehrt die danach eingegebene Funktion um.

Beispiel $\boxed{INV}$ $\boxed{\sqrt{}}$ $\to x^2$

Speicheranwendungen

STO	Speichert die Zahl aus der Anzeige.
RCL	Ruft den Speicherinhalt in die Anzeige.
SUM	Summiert die Zahl aus der Anzeige zum Speicherinhalt.
EXC	Vertauscht den Wert aus der Anzeige mit dem des Speichers.

Tabelle 1.15   Anwendung des Taschenrechners für Grundrechenarten

Rechnungsbeispiele	Eingabe	Taste	Anzeige
Addition und Subtraktion			
$35,3 + 4,8$	3 5 . 3	+	35.3
	4 . 8	=	40.1
$26,52 - 6,73$	2 6 . 5 2	−	26.62
	6 . 7 3	=	19.79
$-15,3 + (-9,4)$	1 5 . 3	+/− +	− 15.3
	9 . 4	+/− =	− 24.7

Fortsetzung s. nächste Seite

Tabelle **1**.15, Fortsetzung

Rechnungsbeispiele	Eingabe	Taste	Anzeige
Addition und Subtraktion			
Multiplikation und Division			
$5{,}78 \cdot 0{,}65$	[5] [.] [7] [8]	[×]	5.78
	[.] [6] [5]	[=]	3.757
$105{,}56 : 3{,}25$	[1] [0] [5] [.] [5] [6]	[:]	105.56
	[3] [.] [2] [5]	[=]	32.48
$\dfrac{12{,}8 \cdot (-3{,}6)}{2{,}56}$	[1] [2] [.] [8]	[×]	12.8
	[3] [.] [6]	[+/−] [÷]	−46.08
	[2] [.] [5] [6]	[=]	− 18

Verknüpfen von Rechenvorgängen. Die Regel „Punktrechnung vor Strichrechnung" wird vom Rechner (mit algebraischer Rechenlogik) befolgt, d. h. Summen/Differenzen von Produkten/Quotienten werden in der Reihenfolge des Rechenansatzes eingegeben.

Rechnungsbeispiele	Eingabe	Taste	Anzeige
$2{,}6 \cdot 4{,}8 + 5{,}1 \div 2{,}5$	[2] [.] [6]	[×]	2.6
	[4] [.] [8]	[+]	12.48
	[5] [.] [1]	[+]	5.1
	[2] [.] [5]	[=]	14.52
$\dfrac{1}{5} + \dfrac{6}{8}$	[1]	[÷]	1
	[5]	[+]	0.2
	[6]	[÷]	6
	[8]	[=]	0.95

Auf weitere Rechenoperationen wird in diesem Buch an geeigneter Stelle eingegangen.

Die folgenden Aufgaben sind zunächst durch „Überschlagsrechnungen" zu lösen.

Aufgaben

1. a) $237{,}42 + 58{,}16$
   b) $95{,}18 + 68{,}33$
   c) $486{,}29 - 87{,}46$
   d) $172{,}54 - 108{,}67$

2. a) $46{,}73 + 12{,}98 - 27{,}25$
   b) $18{,}51 - 32{,}56 + 19{,}74$
   c) $12{,}56 \text{ m} + 3{,}82 \text{ m} - 5{,}71 \text{ m} - 4{,}18 \text{ m} + 8{,}45 \text{ m}$
   d) $123{,}78 \text{ kg} - 98{,}42 \text{ kg} - 42{,}16 \text{ kg} + 18{,}69 \text{ kg} + 24{,}38 \text{ kg}$

3. a) $18{,}81 \cdot \dfrac{5}{8} \cdot 4{,}3$
   b) $\dfrac{5}{8} \cdot 27{,}41 \cdot 6{,}4$
   c) $\dfrac{8{,}7 \text{ MN}}{5 \text{ m}^2} \cdot 6{,}3$
   d) $\dfrac{129{,}6}{432} \cdot 6{,}8 \text{ dm}^3$

4. a) $6{,}8 \text{ dm} \cdot 3{,}2 + 16{,}4 \cdot 2{,}7 \text{ dm}$
   b) $22{,}71 \text{ m}^2 \cdot 1{,}7 - 36{,}24 \text{ m}^2 \cdot 0{,}65$
   c) $\dfrac{0{,}81 \text{ kN}}{0{,}36} + 0{,}96 \text{ kN} \cdot 5{,}25$
   d) $\dfrac{44{,}66 \text{ m}^3}{8{,}12} + 0{,}35 \cdot 36{,}18 \text{ m}^3$

5. a) $3{,}7 \cdot (6{,}28 + 15{,}12) - 26{,}59$
   b) $3{,}5 \cdot (52{,}76 - 16{,}18) + 12{,}64$
   c) $\dfrac{1{,}38 \text{ m}^2 + 8{,}78 \text{ m}^2}{4} \cdot 4{,}85$
   d) $\dfrac{89 \text{ cm} - 63{,}5 \text{ cm}}{3} \cdot 4{,}2 \text{ cm}$

6. a) $\dfrac{72{,}56 + 49{,}12}{2{,}5 \cdot 13{,}52}$
   b) $\dfrac{27{,}14 - 13{,}34}{4{,}6 \cdot 0{,}5}$
   c) $\dfrac{4 \cdot 159{,}2 \text{ N} + 3 \cdot 138 \text{ N}}{232 \text{ mm}^2 - 158 \text{ mm}^2}$
   d) $\dfrac{17{,}2 \text{ kg} \cdot 3{,}4 - 6{,}5 \text{ kg} \cdot 2{,}6}{2{,}2}$

7. a) $7{,}75 + 4{,}24 \cdot 6$
   b) $12{,}38 - 2{,}6^2$
   c) $5{,}8^2 - 2{,}4^2$
   d) $46^2 + 18^2$

1.3 Addieren und Subtrahieren (Strichrechnen)

Addieren. Zwei oder mehr durch ein Pluszeichen verbundene Zahlen bezeichnet man als Summe. Ihre einzelnen Zahlen heißen Summanden. Die Reihenfolge der Summanden hat auf das Ergebnis der Summe keinen Einfluß.

Beispiel	7	+	3	+	4	=	14

$$\underbrace{\text{Summand} + \text{Summand} + \text{Summand}}_{\text{Summe}} = \text{Summenwert (auch kurz Summe genannt)}$$

	3	+	7	+	4	=	14

> Bei einer Summe können die Summanden vertauscht werden.

Für den Rechenvorgang schreiben wir die Summanden genau untereinander: bei ganzen Zahlen Einer unter Einer, Zehner unter Zehner usw., bei Dezimalzahlen Komma unter Komma.

Beispiele

```
        232          18,14 m
    +    17      +    4,28 m
    +   981      +  132,07 m
    ─────────    ──────────────
       1230         154,49 m
```

Größen lassen sich nur addieren, wenn sie gleich benannt sind (z.B. $m^2 + m^2$, DM + DM, nicht $m + m^2$).

> Beim Addieren sind die Summanden genau untereinanderzuschreiben.
> Wir können nur Größen gleicher Benennung addieren.

Auf- und Abrunden. In der Praxis ist je nach Benennung der Zahl (1,59 DM) nur eine bestimmte Anzahl von Stellen hinter dem Komma notwendig. So wäre es nicht sinnvoll, den Wert 1,594 DM anzugeben. Bei allen Größen (z.B. DM, kg, m, m^2) liegt die Anzahl der Stellen hinter dem Komma fest. Ergeben sich aus einer Rechnung mehr Stellen als erforderlich, wird auf- oder abgerundet. Die Dezimalstelle, an der n a c h dem Runden die letzte Ziffer steht, heißt Rundestelle. Steht rechts neben der Rundestelle eine der Ziffern 0 bis 4, wird abgerundet; steht dort eine der Ziffern 5 bis 9, wird aufgerundet.

Beispiel

	7,48459 m	7,48459 kg	7,4807 DM
Rundestelle	↑	↑	↑
Runden	abrunden	aufrunden	abrunden
gerundete Zahl	7,48 m	7,485 kg	7,48 DM

DM und m werden mit zwei Stellen, kg mit 3, m^2 mit 4 Stellen hinter dem Komma angegeben. In der Praxis begnügt man sich bei Flächenangaben (m^2) mit 2 Stellen hinter dem Komma. Grundsätzlich rechnen wir immer eine Stelle hinter dem Komma mehr als erforderlich, um dann auf die Stellenzahl auf- oder abzurunden.

Eine bereits aufgerundete Zahl darf nicht noch einmal aufgerundet werden — 1,868 m bleiben 1,87 m, werden nicht 1,90 m!

Aufgaben

1. Schreiben Sie untereinander und addieren Sie.

   a) 2417
      34
      112
      8
      216

   b) 1241 m
      314 m
      42 m
      14396 m
      8 m

   c) 0,57 m^2
      3416 m^2
      196,39 m^2
      18,17 m^2
      0,43 m^2

   d) 187,716
      0,44
      16,071
      4,669
      27,004

2. Addieren Sie und runden Sie das Ergebnis

   a) auf Zehntel
      345,080 m
      17,342 m
      2,190 m
      68,772 m

   b) auf Hundertstel
      128,3523
      25,4955
      347,0895
      14,6586

   c) auf Tausendstel
      18,13471
      16,66259
      311,07065
      5,43057

3. Der Werkstattwagen einer Baufirma hat in einer Woche 64,5 km, 106,72 km, 121 km und 34,72 km zurückgelegt. Wieviel km ist der Wagen gefahren?

4. Die Endabrechnung einer Baustelle ergibt folgende Einzelsummen: Erdarbeiten 24362,50 DM, Rohrverlegung 3781,72 DM, Bodenabfuhr 212,80 DM Pflasterarbeiten 9624,11 DM. Berechnen Sie die Gesamtsumme.

5. Berechnen Sie die Länge der Außenwand **1**.16 von Ecke zu Ecke in m und in cm.

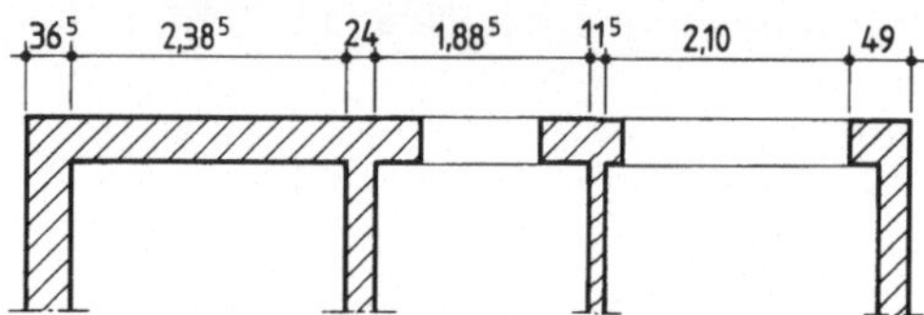

1.16 Außenwand (Grundriß), Bemaßung in m, cm (DIN 1356)

6. Von einem 4,60 m langen Brett werden 1,82 m und noch einmal 54 cm abgeschnitten. Wie lang ist das Reststück in m und in cm?

7. An vier Straßen sollen Reparaturen der Fußwege durchgeführt werden.

Straße a: Ersetzen von 10,00 m^2 Platten.
Straße b: Ersetzen von 14,80 m^2 Kleinpflaster und 8,50 m Randstein.
Straße c: Ersetzen von 34,50 m^2 Kleinpflaster und 6,45 m^2 Platten.
Straße d: Ersetzen von 48,50 m^2 Platten und 34,50 m Randstein.

Welche Mengen an Platten, Kleinpflaster und Randsteinen sind insgesamt zu ersetzen?

Beim Subtrahieren sind zwei oder mehr Zahlen durch ein Minuszeichen miteinander verbunden.

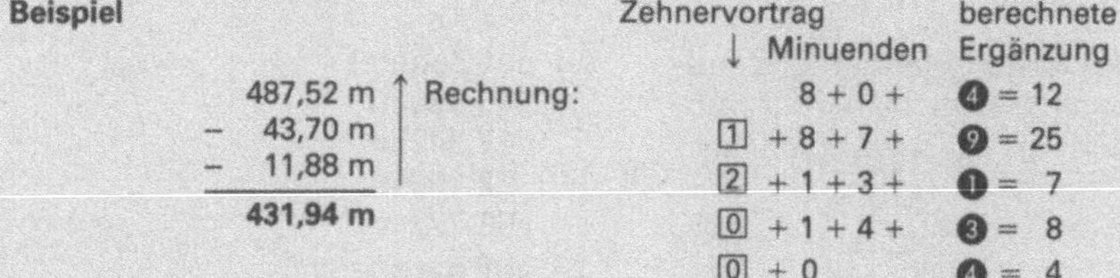

Wie bei der Addition sind auch hier die Zahlen (Minuend und Subtrahenden) genau untereinanderzuschreiben, bei Dezimalzahlen Komma unter Komma. Bei der Berechnung einer Differenz nach dem Ergänzungsverfahren beginnt man mit der Addition der Subtrahenden und ergänzt dann zum Minuenden.

Beispiel		Zehnervortrag ↓ Minuenden	berechnete Ergänzung
487,52 m ↑	Rechnung:	8 + 0 +	④ = 12
− 43,70 m		① + 8 + 7 +	⑨ = 25
− 11,88 m		② + 1 + 3 +	❶ = 7
431,94 m		⓪ + 1 + 4 +	❸ = 8
		⓪ + 0	❹ = 4

> Nur gleich benannte Größen können subtrahiert werden.

Ist der Minuend größer als der Subtrahend (oder die Summe der Subtrahenden), ergibt sich als Differenz ein positiver (+) Wert. Das Pluszeichen vor einem positiven Ergebnis wird nicht geschrieben. In der Bautechnik kann es jedoch vorkommen, daß der Minuend kleiner als die Subtrahenden ist.

Beispiel   nach Bild **1.17**. Der Minuend beträgt 0,00 m, der Subtrahend 1,38 m. Es ergibt sich eine Differenz von −1,38 m.

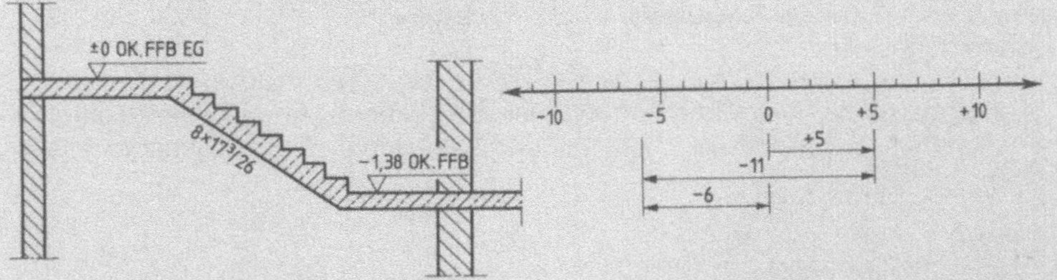

1.17   Teilschnitt durch Treppe   1.18   Zahlengerade

Die Berechnung von negativen Summen- und Differenzwerten läßt sich an einer Zahlengeraden ablesen. Die positiven (+) Werte sind nach rechts, die negativen (−) nach links aufgetragen.

Beispiel   5 − 11 = ?

Nach Abtragen von 5 (+) Werten nach rechts, werden 11 (−) Werte nach links abgezählt (1.18). Der Differenzwert beträgt − 6.

Aufgaben

8. 864,72 DM
   −32,45 DM
   −8,24 DM
   −11,60 DM

9. 98,49 m
   −34,19 m

10. 3416,2 m^2
    −503,19 m^2

11. 133,7 cm
    −31,07 cm

12. 18,420 km
    −4,68 km

13. 3450,16 l
    −844,17 l

14. 1,375 m
    −2,75 m

15. 602,173 m
    −14,025 m
    −11,332 m

16. Bei einem Wohnhaus mit 129,00 m^2 Wohnfläche soll das Wohnzimmer mit Teppichboden ausgelegt werden. Das Wohnzimmer ist 32,42 m^2 groß. Die Schlafräume mit insgesamt 48,17 m^2 erhalten Kunststoffboden. Alle übrigen Räume werden mit Fliesen ausgelegt. Wieviel m^2 Fliesen müssen verlegt werden?

17. Der Baugrubenaushub für einen Wohnhausneubau beträgt 632,310 m^3 Boden. Für die Wiederverfüllung des Arbeitsraums werden 56,500 m^3 gebraucht. Wieviel m^3 Boden müssen abgefahren werden?

18. Um welchen Betrag ist die Differenz zwischen 82,797 und 18,003 größer als die Differenz 937,956 und 874,162?

19. Nach Abzug von Steuern und Sozialversicherungsbeiträgen bekommt ein Auszubildender 580,60 DM (netto) ausbezahlt. Von diesem Betrag gibt er aus: 250,– DM für Kost und Verpflegung bei den Eltern, 115,20 DM Sparrate für ein Moped, 82,50 DM für Kleidung, 47,85 DM für Schallplatten. Wieviel DM hat er für den Monat noch zur Verfügung?

20. Ein Bauunternehmer bezahlt zu Monatsbeginn seine Rechnungen. Die erste beträgt 842,70 DM, die zweite 111,50 DM weniger als die erste, die dritte 37,60 DM mehr als die zweite, die vierte 287,92 DM weniger als die dritte. Wieviel DM muß er insgesamt zahlen?

1.4 Multiplizieren und Dividieren (Punktrechnen)

Multiplizieren (malnehmen) müssen wir z.B. für die Berechnung von Flächen (Wand- und Bodenflächen...).

Multiplizieren heißt, zwei oder mehr Zahlen (Faktoren), die mit einem Multiplikationszeichen verbunden sind, miteinander malnehmen. Das Ergebnis heißt Produkt.

Beispiel

$$4 \cdot 7 = 28$$

Faktoren Produkt

In technischen Rechnungen wird als Malzeichen auch ein $\times$ verwendet $(4 \times 7 = 28)$. Das Malzeichen $\times$ kann bei Buchstabenrechnungen aber mit der Variablen x verwechselt werden!

Bei einem Produkt dürfen die Faktoren beliebig vertauscht werden. Für die Berechnung ist es günstig, den größeren Faktor an den Anfang zu stellen.

Beispiel

$4816 \cdot 242$	statt	$242 \cdot 4816$
9632		1452
19264		242
9632		1936
1165472		968
		1165472

> Faktoren dürfen beliebig vertauscht werden. Vertauschen bringt oft Rechenvorteile.

Beim Multiplizieren mit Dezimalzahlen: mit 10, 100, 1000 usw. wird das Komma um 1, 2, 3 usw. Stellen nach rechts gesetzt. Fehlende Stellen werden durch Nullen aufgefüllt.

Beispiel

$$14{,}3162 \cdot 10 = 143{,}162$$
$$14{,}3162 \cdot 100 = 1431{,}62$$
$$14{,}3162 \cdot 1000 = 14316{,}2$$

Beim Multiplizieren von Dezimalzahlen miteinander oder mit einer ganzen Zahl werden im Produkt so viele Stellen vom Ende aus nach links abgestrichen, wie beide Faktoren zusammen hinter dem Komma aufweisen.

Beispiele

$$14{,}362 \cdot 0{,}24 = 3{,}44688$$
$$3 + 2 = 5 \text{ Stellen}$$

$$162 \cdot 0{,}83 = 134{,}46$$
$$0 + 2 = 2 \text{ Stellen}$$

Aufgaben

1. a) $32 \cdot 16$
   b) $144 \cdot 34$
   c) $29 \cdot 411$

2. a) $972 \cdot 2,24$
   b) $13,2 \cdot 34,44$
   c) $86 \cdot 23,732$

3. a) $0,314 \cdot 100$
   b) $0,00716 \cdot 10$
   c) $1000 \cdot 0,053$

4. a) $8,24 \; l \cdot 34$
   b) $14,335 \; l \cdot 5$
   c) $162 \cdot 0,376 \; l$

5. a) $16,12 \; m \cdot 14$
   b) $0,34 \; m \cdot 22$
   c) $107,21 \; m \cdot 233$

6. a) $44,162 \; m^3 \cdot 0,50$
   b) $2,24 \; m^2 \cdot 12$
   c) $0,05 \; m^2 \cdot 34$

7. a) $27,160 \; km \cdot 4,13$
   b) $2,55 \cdot 71,050 \; km$
   c) $133,610 \; km \cdot 34,26$

8. a) $819,02 \; DM \cdot 14,66$
   b) $45,004 \cdot 23,50 \; DM$
   c) $6,05 \; DM \cdot 0,54$

9. Für 1 m² Wand (24 cm dick) werden 132 Steine und 68 l Mörtel gebraucht. Berechnen Sie den Bedarf an Steinen und Mörtel für 34,52 m² Wand.

10. 1 m² Wärmedämmung des Außenmauerwerks kostet 36,10 DM. Was kosten 132,72 m²?

11. Der Bruttostundenlohn eines Facharbeiters beträgt 13,30 DM. Berechnen Sie den Bruttowochenlohn bei 5 Arbeitstagen mit je 8 Arbeitsstunden.

Dividieren heißt teilen. Die zu teilende Zahl (Dividend) wird durch den Teiler (Divisor) geteilt. Das Ergebnis ist der Quotient. Die Division ist die Umkehrung der Multiplikation. Deshalb wird als Proberechnung der Division die Multiplikation (und umgekehrt) verwendet.

Beispiel

$$345 \; : \; 5 \; = \; 69$$

Dividend : Divisor = Quotient

Probe: $345 = 5 \cdot 69$

> Dividend und Divisor dürfen nicht vertauscht werden.
> Eine Division durch 0 (Null) ist nicht möglich.

In technischen Berechnungen ist die Schreibweise einer Division als Bruch zu bevorzugen.

Beispiel

$$\frac{\text{Dividend (Zähler)}}{\text{Divisor (Nenner)}} \quad \frac{345}{5} = 69 \; \text{(Quotient)}$$

Beim Teilen durch 10, 100, 1000 usw. wird das Komma um 1, 2, 3 usw. Stellen nach links gesetzt. Fehlende Stellen werden durch Nullen aufgefüllt.

Beispiel

$235,48 \; m \; : \quad 10 = 23,548 \; m$, gerundet $= 23,55 \; m$
$235,48 \; m \; : \quad 100 = 2,3548 \; m$, gerundet $= 2,35 \; m$
$235,48 \; m \; : 1000 = 0,23548 \; m$, gerundet $= 0,24 \; m$

Beim Dividieren wird im Quotient ein Komma gesetzt, wenn bei ganzen Zahlen die Einer oder bei Dezimalzahlen das Komma überschritten wird.

Beispiele

$$268 : 5 = 53{,}6 \qquad 43{,}10 : 5 = 8{,}62$$

```
Beispiele    268  :    5    =    53,6      43,10 :    5    =    8,62
             25 ──────────────────┐        40 ──────────Komma──────↑
             18                   │        31
             15 ────Komma─────────┘        30
             30                            10
             30                            10
              0 (ohne Rest)                 0 (ohne Rest)
```

Der Divisor soll, wenn schriftlich geteilt wird, kein Komma haben. Ist er ein Dezimalbruch, multiplizieren (erweitern) wir Dividend u n d Divisor mit 10 oder einem Vielfachen von 10, 100, 1000 usw.

Beispiel $330 : 1{,}5 = 3300 : 15 = 220$ (mit 10 erweitert!)

Aufgaben

12. Rechnen Sie auf 4 Stellen hinter dem Komma.
    a) $6{,}84 : 16$
    b) $1147 : 36$
    c) $67{,}036 : 114$

13. Rechnen Sie mit Probe aus:
    a) $3416\ m : 8$
    b) $14{,}31\ cm : 9$
    c) $247{,}17\ cm^2 : 3$

14. a) $210 : 0{,}7$
    b) $108{,}80 : 3{,}2$
    c) $364{,}72 : 4{,}85$

15. Ein Grundstück von $1803\ m^2$ soll unter drei Bauherren aufgeteilt werden. Wie groß ist ein Teilgrundstück?

16. $208\ m^3$ Boden sollen abgefahren werden. Ein Lkw lädt $6{,}5\ m^3$. Wie oft muß er fahren?

17. Welcher Quotient ist größer: $28 : 7$ oder $280 : 0{,}7$?

18. Wie groß ist der Divisor?
    a) $80 : ? = 160$
    b) $0{,}54 : ? = 9$

Mehrere Divisoren. In technischen Berechnungen können auch mehrere Divisoren auftreten. In diesem Fall werden sie zusammengezogen und als Faktoren geschrieben.

Beispiel

$$306 : 2 : 17$$
$$306 : (2 \cdot 17)$$
$$306 : 34 = 9$$

oder auf dem Bruchstrich:

$$\frac{306}{2 \cdot 17} = 9 \qquad \text{Probe: } 9 \cdot 17 \cdot 2 = 306$$

Aufgaben

19. $\dfrac{660}{3 \cdot 5}$

20. $1620 : 3 : 12$

21. $\dfrac{213\ m}{3 \cdot 14{,}20}$

22. $\dfrac{488{,}20\ l}{4 \cdot 7}$

23. Teilen Sie die Hälfte von 528 durch 3.

24. Zwei Maurer verbrauchen für je $10\ m^2$ Rapputz in 6,5 Std. 340 l Mörtel. Wieviel l Mörtel verarbeitet ein Maurer für $1\ m^2$?

25. Ein Facharbeiter verdient in einer 5-Tage-Woche 616,– DM bei je 8 Stunden Arbeitszeit. Wie hoch ist sein Stundenlohn?

Teilbarkeit von Zahlen. Bei bautechnischen Berechnungen ist es von Vorteil zu erkennen, durch welche Zahl ein gegebener Wert ohne Rest teilbar ist (1.19).

Tabelle 1.19 **Teilbarkeit**

Eine Zahl ist teilbar

durch Divisor	wenn	Beispiele	Nebenrechnung
2	die letzte Ziffer durch 2 teilbar oder eine 0 ist.	$664 : 2 = 332$ $350 : 2 = 175$	$4 : 2 = 2$
3	die Quersumme durch 3 teilbar ist.	$45 : 3 = 15$ $1266 : 3 = 422$	$4 + 5 = 9$ $1 + 2 + 6 + 6 = 15$
4	die letzten beiden Stellen Nullen oder durch 4 teilbar sind.	$112 : 4 = 28$ $300 : 4 = 75$	$12 : 4 = 3$
5	die letzte Ziffer eine Null oder 5 ist.	$210 : 5 = 42$ $35 : 5 = 7$	
6	die letzte Ziffer durch 2 und die Quersumme durch 3 teilbar ist.	$804 : 6 = 134$	$4 : 2 = 2$ $8 + 0 + 4 = 12$
8	die letzten 3 Stellen durch 8 teilbar sind.	$5560 : 8 = 695$ $3800 : 8 = 475$	$560 : 8 = 70$ $800 : 8 = 100$
9	die Quersumme durch 9 teilbar ist.	$3177 : 9 = 353$ $108 : 9 = 12$	$3 + 1 + 7 + 7 = 18$ $1 + 0 + 8 = 9$
10	die letzte Ziffer eine Null ist.	$210 : 10 = 21$ $1470 : 10 = 147$	

> Zahlen, die sich nur durch 1 oder sich selbst teilen lassen, heißen Primzahlen.

Primzahlen sind z. B. Zahlen 1; 2; 3; 5; 7; 11; 13; 17; 19.

Aufgaben

26. In Zeile 1 bis 5 ist je eine Primzahl enthalten. Nennen Sie die Primzahlen.

1	12	17	27	132	215
2	14,70	23	32	–	–
3	–	31	36	200	258
4	–	–	–	53	834
5	25	56	71	90	2976

27. Multiplizieren Sie miteinander die durch 6 teilbaren Zahlen in Zeile 3.

28. Multiplizieren Sie miteinander die durch 5 teilbaren Zahlen in Zeile 5.

29. Addieren Sie in Zeile 5 die gleichzeitig durch 2, 4 und 8 teilbaren Zahlen ohne Rest.

30. Addieren Sie aus Zeile 1 bis 5 alle durch 2 und gleichzeitig durch 5 teilbaren Zahlen ohne Rest.

Punktrechnung vor Strichrechnung. Subtrahieren und Addieren sind Strichrechnungen, Multiplizieren und Dividieren Punktrechnungen. Da Multiplikation und Division höhere Rechenarten als Addition und Subtraktion sind, halten wir als Regel fest:

> Punktrechnung geht vor Strichrechnung.

Beispiel $\underline{4 \cdot 8} + 2 = 32 + 2 = \mathbf{34}$

Punktrechnung

Wird die Regel nicht beachtet, entsteht ein falsches Ergebnis:

$4 \cdot \underline{8 + 2} = 4 \cdot 10 = 40$ (falsch!)

1.5 Rechnen mit Klammern

Ähnlich wie eine Büroklammer das Zusammengehörige zusammenfaßt, haben auch Klammern im Fachrechnen die Aufgabe, zusammengehörende Zahlen miteinander zu verbinden. Summen und Differenzen können in Klammern gesetzt werden, um damit auszudrücken, daß die in der Klammer enthaltene Rechnung zuerst auszuführen ist.

> Klammern werden immer zuerst ausgerechnet.

Beispiele $(6 + 2) \cdot 3 = 8 \cdot 3 = \mathbf{24}$

Klammerrechnung

$4 \cdot (7 - 2) = 4 \cdot 5 = \mathbf{20}$

Klammerrechnung

Das Multiplikationszeichen vor oder hinter der Klammer bzw. zwischen Klammern kann weggelassen werden. Plus- und Minuszeichen können nicht entfallen! Steht kein Rechenzeichen vor oder hinter der Klammer bzw. zwischen Klammern, wird multipliziert. In einer Rechnung, in der nur Additionen und Subtraktionen durchgeführt werden, ist eine Klammer überflüssig (Beispiel c).

Beispiele a) $4 (14 - 8) = 4 \cdot 6 = \mathbf{24}$
b) $(14 - 8) 4 = 6 \cdot 4 = \mathbf{24}$
c) $6 + 14 - 5 = \mathbf{15}$

1. a) 4 (54 – 9)
   b) (36 + 14) 5
   c) (18 + 7) 22

2. a) 28 – 4 · 1,10
   b) 5 · 2,50 + 45,00
   c) (2,10 + 1,90) · 3

3. a) 6,00 (14,10 DM – 2,00 DM)
   b) (13 l + 6 l) 2
   c) 36 (12,00 m – 5,00 m)

4. a) 14,80 + 12,20 (10,00 – 4,00)
   b) 4,60 (3,20 m – 1,60 m) + 12,00 m
   c) 22,10 DM – 11,05 DM (5,00 – 2,70) +
      10,00 DM
   d) (18,95 cm + 12,60 cm) 3 + 14,10 cm

5. a) (38 + 16) (2 + 7) + 16 – 7
   b) (4,16 – 0,22) (11,00 + 0,50) – 12,60 ·
      3,10
   c) 14,70 + 6,30 + 5,30 · 2,10
   d) 110 · 2 · 4 – 200 · 3

Rechenvorteil. In der Bautechnik kommt es häufig vor, daß einfache Rechnungen auf der Baustelle ohne Hilfsmittel gerechnet werden müssen. Beim Kopfrechnen ist es vorteilhaft, einzelne Zahlen durch Summen oder Differenzen zu ersetzen.

Beispiel

Rechnung:	350 m + 96 m = ?
ohne Rechenvorteil:	350 m + 90 m + 6 m = **446 m**
mit Rechenvorteil:	350 m + 100 m – 4 m = **446 m**
oder Rechnung:	350 m – 96 m = ?
ohne Rechenvorteil:	350 m – 90 m – 6 m = **254 m**
mit Rechenvorteil:	350 m – 100 m + 4 m = **254 m**

In diesen Beispielen sind zwei Rechenregeln enthalten.

> 1. Eine Klammer, vor der ein + steht, kann weggelassen werden.

Beispiel   350 + (100 – 4)
350 + 100 – 4 = **446**

> 2. Beim Auflösen einer Klammer, vor der ein Minuszeichen steht, ändert sich jedes Vorzeichen in der Klammer.

Beispiel   350 – (100 – 4)
350 – 100 + 4 = **254**

Aufgaben

6. Rechnen Sie mit Rechenvorteil.
   a) 415 + 96
   b) 322 – 92
   c) 22,1 – 9,9
   d) 42,4 – 29,8

7. Lösen Sie die Klammer auf und fassen Sie zusammen.
   a) 36 – (18 – 12)
   b) 134 – (56 + 2)
   c) (123 – 16) – 22
   d) 245 l – 7 l – (8 l – 16 l)
   e) 16 m – 3 m – (8 m – 2 m)

8. Fassen Sie die gleichartigen Zahlen zusammen und berechnen Sie.

  a) $17x - 2x + 12 + 14y - x + 19 - 4x - 3$

  b) $2,25 - 3,60a + 5,72 + 2,80a - 4,60b$

  c) $340\ m + 2,50\ km - 210\ m + 0,45\ km - 3260\ cm$ (Ergebnis in m)

  d) $2600\ hl - 240\ l + 0,5\ hl - 362\ l$ (Ergebnis in l)

9. Schreiben Sie als Klammerrechnung und rechnen Sie aus.

  a) 12,00 m ist zu der Summe aus 8,00 m und 5,00 m zu addieren.

  b) Von 24,50 m ist die Differenz aus 36,00 m und 32,50 m zu subtrahieren.

10. Ein Drahtseil hat die Länge von $10a$. An einem Ende wird das Seil um $(a + 6)$ m gekürzt. Am anderen Ende wird um $(4a - 10)$ m verlängert. Wie lang ist das Seil, wenn $a = 10,00$ m ist?

11. Eine Maurerkolonne stellt am ersten Tag 50 m² Verblendmauerwerk her, am zweiten Tag das 1,3fache des ersten Tages plus 3,00 m², am dritten Tag das 0,7fache des zweiten Tages minus 5,00 m². Wieviel m² Verblendmauerwerk hat die Kolonne insgesamt hergestellt?

Mehrere Längen oder Flächen faßt man zur Addition oder Subtraktion zusammen. Dies kann mit einer Klammer geschehen. Besonders bei der Berechnung von Aufmaßen werden Klammern so verwendet, um die Art der Berechnung zu verdeutlichen und Rechenvorteile auszunutzen.

Beispiel (1.20)   Gesamtfläche $= a(b + c) = a \cdot b + a \cdot c$

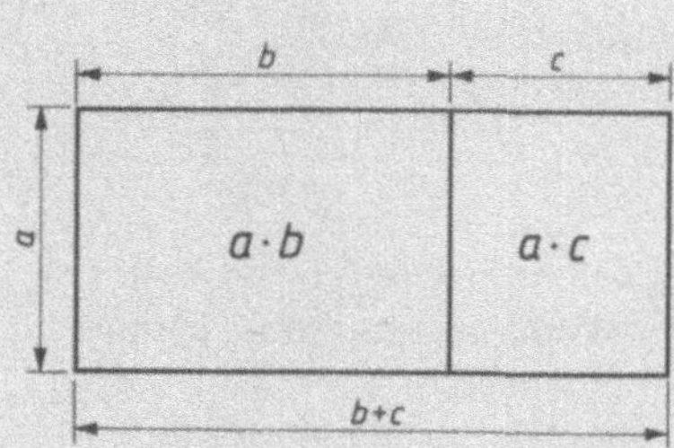

1.20 Gesamtfläche

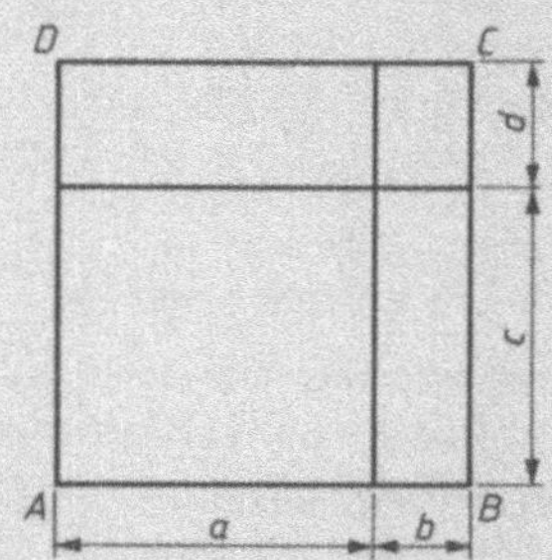

1.21 Flächenberechnung

Beim Multiplizieren von Klammerausdrücken, die Variablen enthalten, wird jedes Glied der ersten Klammer mit jedem Glied der zweiten Klammer multipliziert.

Beispiel   Berechnung der Fläche $ABCD$ (1.21)

$$(a + b)(c + d) = a \cdot c + a \cdot d + b \cdot c + b \cdot d$$

Die schraffierte Teilfläche (1.22) wird nach diesem Ansatz berechnet:

$$(a - b)(c - d) = a \cdot c - a \cdot d - b \cdot c + b \cdot d$$

Hier sind bei der Multiplikation der Klammerausdrücke bestimmte Vorzeichenregeln zu beachten (s. 23).

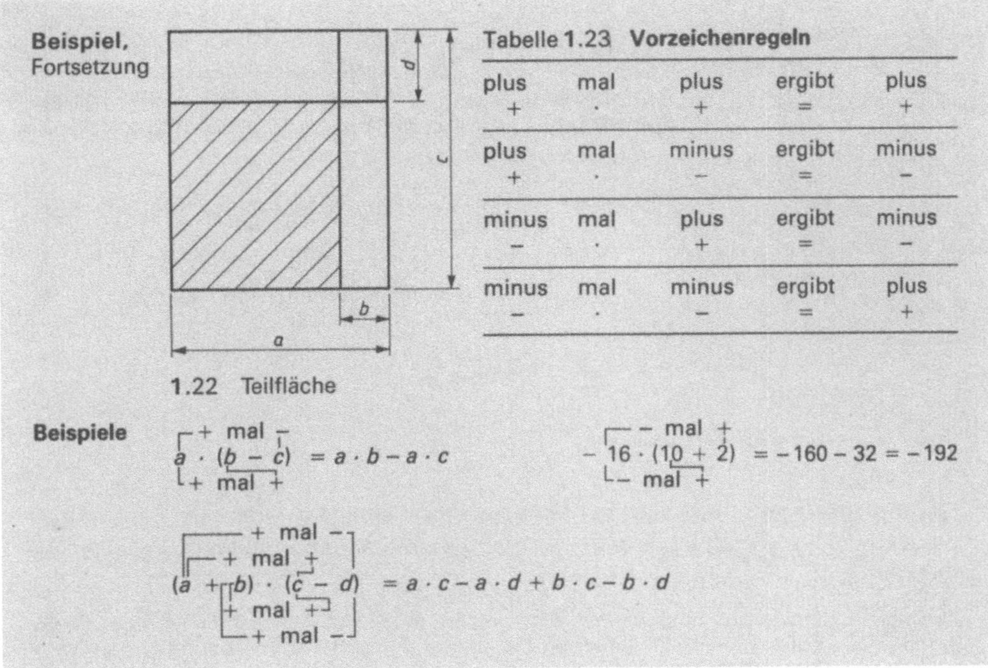

Beispiele

$$a \cdot (b - c) = a \cdot b - a \cdot c$$

$$- 16 \cdot (10 + 2) = -160 - 32 = -192$$

$$(a + b) \cdot (c - d) = a \cdot c - a \cdot d + b \cdot c - b \cdot d$$

Aufgaben

12. Berechnen Sie die Gesamtfläche von Bild **1.21**. Gegeben: $a = 15{,}00$ m; $b = 2{,}50$ m; $c = 18{,}00$ m; $d = 3{,}00$ m.

13. Berechnen Sie die schraffierte Teilfläche in Bild **1.22**.
    Gegeben: $a = 12{,}40$ m; $b = 1{,}24$ m; $c = 22{,}12$ m; $d = 1{,}37$ m.

14. Stellen Sie das Produkt $a\,(b + c + d)$ in Form einer Rechteckfläche zeichnerisch dar.

15. Wird das Produkt aus $42 \cdot 16$ größer oder kleiner, wenn der 1. Faktor um 1 vermindert, der 2. Faktor um 1 vergrößert wird? Schreiben Sie die Rechnung als Klammerausdruck.

16. a) $6\,(4 + 9)$
    b) $(20 - 1{,}8)\,1{,}20$
    c) $1{,}36\,(0{,}4 + 1{,}2 - 0{,}5)$
    d) $24\,(12 - 6)$

17. a) $-6\,(a + b)$
    b) $(c + d)\,34$
    c) $25\,(m + n)$
    d) $16\,(r + s) - 2$

18. a) $(c + d)\,(e - f)$
    b) $(34 - 12)\,(16 + 4)$

19. a) $(24\text{ m} + 62\text{ m})\,(18\text{ m} + 7\text{ m})$
    b) $(60{,}40\text{ m} + 0{,}11\text{ m})\,(13{,}70\text{ m} + 1{,}26\text{ m})$
    c) $(34 - 12)\,(16 - 6)\,(22 - 4)$
    d) $(14{,}62 - 7{,}11)\,(24{,}34 + 16{,}07 + 8{,}42)$

20. a) $(12{,}55\text{ m} + 14{,}69\text{ m}) : 2 + (18{,}97\text{ m} - 7{,}12\text{ m})$
    b) $5{,}16\text{ m} : 3 - 7{,}5\text{ dm} \cdot 5{,}8\text{ dm}$
    c) $2{,}5\,(16{,}22\text{ m} + 8{,}76\text{ m}) - 19{,}38\text{ m} \cdot 2$
    d) $393{,}24\text{ m} : 2\,(45{,}48\text{ dm} - 18{,}36\text{ dm})$

21. a) $(5{,}78\text{ m}^2 + 23{,}18\text{ m}^2) : (45{,}98\text{ m} - 36{,}93\text{ m})$
    b) $(16{,}71\text{ m} + 18{,}19\text{ m}) : 2 - (5{,}36\text{ m} + 8{,}23\text{ m})$
    c) $(8{,}78\text{ m} - 3{,}46\text{ m} + 11{,}72\text{ m}) : 3\text{ m} - (0{,}32\text{ m} + 2{,}87\text{ m})$
    d) $(14{,}37\text{ m} + 7{,}39\text{ m}) - (18{,}36\text{ m}^2 - 4{,}58^2) : 2\text{ m}$

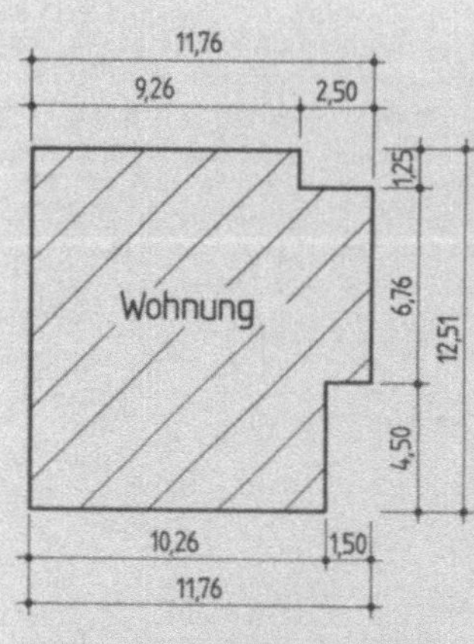

Eckige Klammern werden dann in einer Rechnung verwendet, wenn die Ergebnisse einer oder mehrerer Klammerrechnungen mit dem gleichen Faktor malgenommen werden sollen. Auch hier lösen wir die runden Klammern zuerst auf.

Beispiel Für die Wohnung 1.24 ist die Grundrißfläche zu berechnen.

$(11{,}76 \cdot 12{,}51) - (4{,}50 \cdot 1{,}50 + 1{,}25 \cdot 2{,}50) = A$

Für zwei gleich große Wohnungen beträgt die Gesamtgrundrißfläche:

$2[(11{,}76 \cdot 12{,}51) - (4{,}50 \cdot 1{,}50 + 1{,}25 \cdot 2{,}50)] =$
274,49 m²

1.24 Grundrißfläche einer Wohnung

Geschweifte Klammern sind in der Bautechnik eine Besonderheit. Sie werden gelegentlich verwendet, um beim Aufmaß zusammengehörige Maße kenntlich zu machen.

Beispiel In den drei Etagen eines Wohnhauses mit je vier Wohnungen wurde auf jeder Etage in allen Wohnungen die gleiche Estrichfläche hergestellt. Die gesamte Estrichfläche ergibt sich aus dem Ansatz:

$$\{[(4{,}49 \cdot 1{,}24) - (0{,}99 \cdot 2{,}24)] \cdot 4\} \cdot 3 = ?$$

Fläche   Abzug   Wohnungen   Etagen

Berechnung 1. Schritt: Auflösen der runden Klammern $\{[5{,}57 - 2{,}22] \cdot 4\} \cdot 3$

2. Schritt: Berechnen der Differenz $\{[3{,}35] \cdot 4\} \cdot 3$

3. Schritt: Auflösen der eckigen Klammer $\{13{,}40\} \cdot 3$

4. Schritt: Auflösen der geschweiften Klammer = **40,20 m²**

Bei mehreren Klammern werden zuerst die runden, dann die eckigen, zuletzt die geschweiften Klammern aufgelöst.

Aufgaben

22. a) $[(20 + 8)\,5]\,2$
    b) $8 + [(25 - 7) - 4]\,3$
    c) $[(34 \cdot 2 + 3) \cdot 2]\,4$
    d) $5\,[2\,(6 + 3)]$

23. a) $\{[14\,(6 + 2)]\,3\}\,2$
    b) $[(12 + 7 - 2)\,5]\,3$
    c) $4\,\{6\,[3\,(8 - 2)]\}$
    d) $[(24 - 16)\,2]\,5$

24. a) $13{,}10 \cdot 4{,}25 + [(6{,}30 + 1{,}10) - (2{,}15 - 1{,}00)]\,2$
    b) $[(3{,}15 - 0{,}25)\,(4{,}70 + 0{,}12)]\,2$
    c) $\{[(2{,}64\,\text{m} + 1{,}13\,\text{m})\,2 - 0{,}33\,\text{m}]\,3 + (1{,}50\,\text{m} - 0{,}70\,\text{m})\}\,4$

25. In vier Geschossen wurden bei einer jeweils 18stufigen Treppe für die Trittstufe 0,27 m² und die Setzstufe 0,21 m² Marmor verlegt. Wieviel m² Marmor wurden insgesamt verbraucht? Schreiben Sie die Rechnung als Klammerausdruck.

1.6 Bruchrechnen

Wie wir bereits festgestellt haben, ist Bruchrechnen nichts anderes als Dividieren. Teilt man eine bestimmte Menge oder Größe, erhält man einen Bruch.

Ein Tischler zerschneidet auf der Säge eine Holzplatte von 1 m² Größe in vier gleiche Teile (1.25).

Jedes der Teilstücke ist ein Viertel $\left(\dfrac{1}{4}\right)$ von der ganzen Platte. Drei Teilstücke sind also drei Viertel der Platte $\left(\dfrac{3}{4}\right)$. Der Bruch ist dadurch entstanden, daß ein Ganzes (1 m²) in vier gleiche Teile geteilt wurde und wir davon 3 Teile genommen haben. Der gleiche Bruch entsteht, wenn wir 3 Ganze durch 4 teilen.

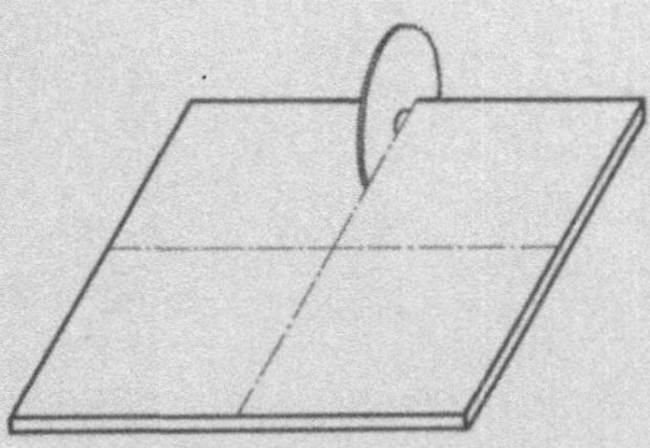

1.25 Sägeschnitte durch Holzplatte

Über dem waagerechten Bruchstrich steht der **Zähler**. Er gibt die Anzahl der Teilstücke an. Unter dem Bruchstrich steht der **Nenner**. Er beschreibt die Teile des Ganzen.

Beispiel $\dfrac{3}{4}$ ist 3 mal der vierte Teil von 1 oder 3 : 4

Tabelle **1.26 Brucharten**

Beispiele	Benennung	Erklärung
$\dfrac{1}{2}$ $\dfrac{1}{4}$ $\dfrac{2}{3}$	echte Brüche	Zähler < Nenner
$\dfrac{6}{2}$ $\dfrac{5}{4}$ $\dfrac{15}{3}$	unechte Brüche	Zähler > Nenner
$\dfrac{5}{5}$ $\dfrac{7}{1}$	Scheinbrüche	Zähler = Vielfaches des Nenners
$\dfrac{2}{8}$ $\dfrac{7}{8}$ $\dfrac{1}{8}$	gleichnamige Brüche	Nenner sind gleich
$\dfrac{1}{6}$ $\dfrac{2}{5}$ $\dfrac{4}{11}$	ungleichnamige Brüche	Nenner sind ungleich
$2\dfrac{1}{2}$ $5\dfrac{1}{6}$	gemischte Zahlen	bedeutet: $2 + \dfrac{1}{2}$, $5 + \dfrac{1}{6}$
0,5	Dezimalbruch	entsteht aus der schriftlichen Teilung 1 : 2 (Zähler : Nenner)

> Jede Division kann auch als Bruch geschrieben werden.

In technischen Berechnungen ist die Schreibweise einer Division mit dem Bruchstrich vorteilhafter.

Beispiel

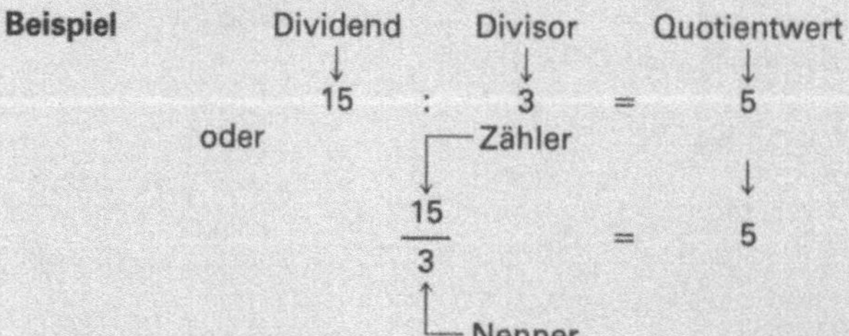

Vorzeichen. Ein Bruch kann, wie jede Zahl, ein positives oder negatives Vorzeichen
haben. Das Vorzeichen eines negativen Bruches kann vor dem Bruchstrich, im
Zähler oder Nenner stehen. Der Wert des Bruches bleibt gleich. Zahlen ohne Vorzeichen sind positiv.

Beispiel
$$-\frac{3}{4} = \frac{-3}{4} = \frac{3}{-4}$$

In Bild **1.27** sind die echten und unechten, positiven und negativen Brüche in
einer Zahlengeraden dargestellt.

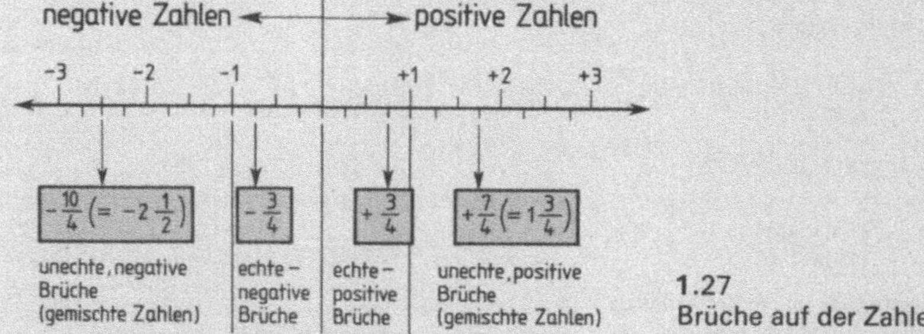

1.27
Brüche auf der Zahlengeraden

Erweitern und Kürzen erleichtern das Rechnen mit Brüchen. Einen Bruch erweitern heißt, Zähler u n d Nenner mit derselben Zahl multiplizieren. Beim Kürzen
werden Zähler u n d Nenner durch dieselbe Zahl geteilt. Erweitern und Kürzen
ändern nicht den Wert, sondern nur die Schreibweise des Bruches.

Beispiele
$$\frac{3}{4} \quad \text{erweitert mit 5} = \frac{3 \cdot ⑤}{4 \cdot ⑤} = \frac{15}{20}$$

$$\frac{14}{21} \quad \text{gekürzt durch 7} = \frac{14 : ⑦}{21 : ⑦} = \frac{2}{3}$$

Umständliche Rechnungen beim Kürzen ersparen Sie sich, wenn Sie die Teilbar-
keitsregeln nach Tabelle **1.19** anwenden.

In einem Bruch können auch Summen und Differenzen auftreten. Hier dürfen die
einzelnen Glieder nicht gekürzt werden. Wenn in den Summen oder Differenzen

gleiche Faktoren enthalten sind, werden sie vor dem Kürzen ausgeklammert und können dann gekürzt werden.

Beispiel $\dfrac{4 \cdot 6 + 4 \cdot 8}{12 - 4} = \dfrac{\cancel{4} \cdot (6 + 8)}{\cancel{4} \cdot (3 - 1)} = \dfrac{14}{2} = 7$

> Erweitern heißt, Zähler und Nenner mit derselben Zahl multiplizieren.
> Kürzen heißt, Zähler und Nenner durch die gleiche Zahl dividieren.

Aufgaben

1. Kürzen Sie folgende Brüche.

   a) $\dfrac{2}{6}$ d) $\dfrac{144}{192}$ g) $\dfrac{3060}{4860}$

   b) $\dfrac{7}{21}$ e) $\dfrac{504}{792}$ h) $\dfrac{4\ m^2}{12\ m^2}$

   c) $\dfrac{28}{35}$ f) $\dfrac{534}{882}$ i) $\dfrac{10\ m}{15\ m}$

2. Erweitern Sie die Brüche

   $\dfrac{1}{2}$, $\dfrac{3}{4}$, $\dfrac{7}{8}$, $\dfrac{14}{15}$, $\dfrac{20}{21}$

   a) mit 2, b) mit 3, c) mit 5, d) mit 10.

3. Erweitern Sie den Nenner auf 24

   a) $\dfrac{6}{12}$ b) $\dfrac{5}{8}$ c) $\dfrac{7}{6}$

4. Wandeln Sie die unechten Brüche in gemischte Zahlen um.

   a) $\dfrac{123}{18}$ b) $\dfrac{26}{8}$ c) $\dfrac{222}{16}$ d) $\dfrac{138}{8}$

5. Erweitern Sie die Brüche auf den kleinsten gleichnamigen Nenner.

   a) $\dfrac{3}{4} + \dfrac{6}{2} + \dfrac{4}{3}$ b) $\dfrac{4}{6} - \dfrac{2}{8} + \dfrac{1}{2}$

Addieren und Subtrahieren von Brüchen

Gleichnamige Brüche werden addiert oder subtrahiert, indem man die Zähler addiert oder subtrahiert. Der Bruchstrich kann dabei durchgezogen werden, weil alle Brüche einen gemeinsamen Nenner haben.

Beispiele $\dfrac{4}{6} + \dfrac{5}{6} + \dfrac{3}{6} = \dfrac{4 + 5 + 3}{6} = \dfrac{12}{6} = 2$

$\dfrac{11}{12} - \dfrac{3}{12} + \dfrac{5}{12} = \dfrac{11 - 3 + 5}{12} = \dfrac{13}{12} = 1\dfrac{1}{12}$

> Beim Addieren und Subtrahieren gleichnamiger Brüche werden die Zähler addiert oder subtrahiert.

Ungleiche Brüche müssen wir erst gleichnamig machen, bevor wir sie addieren oder subtrahieren können. Gleichnamig machen wir sie mit Hilfe des Erweiterns. Der gesuchte gemeinsame Nenner (Hauptnenner) muß jeden Einzelnenner ein- oder mehrmals enthalten. Bevor man umständlich nach dem Hauptnenner sucht, kann man auch das Produkt der Einzelnenner als Hauptnenner nehmen. Nach der Ausrechnung wird immer gekürzt.

Beispiele

$$\frac{2}{3} + \frac{1}{5} = \frac{2 \cdot 5 + 1 \cdot 3}{\text{Hauptnenner } 15} = \frac{13}{15}$$

$$\text{Rechnung: } \frac{2}{3} \text{ erweitert mit } 5 = \frac{10}{15}$$

$$\frac{1}{5} \text{ erweitert mit } 3 = \frac{3}{15}$$

$$\frac{3}{17} + \frac{4}{21} = \frac{3 \cdot 21 + 4 \cdot 17}{17 \cdot 21} = \frac{131}{357}$$

$17 \cdot 21 = 357$ ist der Hauptnenner.

> Ungleichnamige Brüche müssen vor dem Addieren oder Subtrahieren gleichnamig gemacht werden.

Gemischte Zahlen sind vor dem Addieren oder Subtrahieren in einen unechten Bruch zu verwandeln.

Beispiele

$$6\frac{1}{4} = 6 + \frac{1}{4} = \frac{6 \cdot 4}{4} + \frac{1}{4} = \frac{24}{4} + \frac{1}{4} = \frac{25}{4}$$

$$6\frac{1}{4} + 2\frac{2}{3} = \frac{25}{4} + \frac{8}{3} = \frac{25 \cdot 3 + 8 \cdot 4}{12} = \frac{107}{12} = 8\frac{11}{12}$$

$$\frac{1}{3} + 2\frac{1}{2} + \frac{2}{5} = \frac{10 + 75 + 12}{30} = \frac{97}{30} = 3\frac{7}{30}$$

Hauptnenner: $3 \cdot 2 \cdot 5 = 30$

> Gemischte Zahlen werden vor jeder Rechnung in einen unechten Bruch verwandelt.

Ein unechter Bruch kann in eine gemischte Zahl oder einen Dezimalbruch verwandelt werden, wenn wir den Zähler durch den Nenner teilen. Bruchstrich und Divisionszeichen (:) sind gleichbedeutend.

Beispiele

$$\frac{19}{5} = 19 : 5 = 3 \text{ Rest } \frac{4}{5} = 3\frac{4}{5}$$

unechter Bruch $\longrightarrow$ gemischte Zahl

$$\frac{19}{5} = 19 : 5 = 3{,}80$$

unechter Bruch $\longrightarrow$ Dezimalbruch

Aufgaben

6. a) $\dfrac{4}{6} + \dfrac{2}{6} + \dfrac{3}{6}$ e) $2\dfrac{1}{5} + 4\dfrac{1}{5}$

 b) $\dfrac{11}{14} + \dfrac{24}{14} + \dfrac{21}{14}$ f) $\dfrac{a}{5} + \dfrac{b}{5}$

 c) $4\dfrac{1}{4}\,l + 2\dfrac{3}{4}\,l$ g) $\dfrac{3x}{c} + \dfrac{4x}{c}$

 d) $\dfrac{5}{9} + 3\dfrac{1}{9} + \dfrac{3}{9}$ h) $\dfrac{4a}{2\,m} + \dfrac{6a}{2\,m}$

7. a) $\dfrac{2}{3} + \dfrac{1}{4} + \dfrac{1}{2}$ 8. a) $2\dfrac{2}{7} + 6\dfrac{4}{14} + \dfrac{1}{21}$

 b) $\dfrac{4}{5} + \dfrac{1}{10} - \dfrac{2}{5}$ b) $4\dfrac{4}{5} + 1\dfrac{1}{8} - \dfrac{1}{2}$

 c) $\dfrac{2}{3} - \dfrac{4}{9} - \dfrac{1}{6}$ c) $5\dfrac{11}{20} - \dfrac{1}{5} + 3\dfrac{1}{10}$

 d) $\dfrac{6}{7} - \dfrac{1}{3} + \dfrac{1}{2}$ d) $8\dfrac{4}{9} - \dfrac{2}{3} + \dfrac{5}{6}$

9. Zum Betonieren werden drei Mischer eingesetzt. Der 1. Mischer drei Tage lang und schafft an einem Tag ⅙ der Betonmenge, der 2. Mischer 2 Tage lang und schafft ⅛ der Betonmenge je Tag, der 3. Mischer 2½ Tage lang und schafft ¹⁄₁₂ der Betonmenge am Tag. Welcher Rest als Bruch bleibt übrig bis zur vollen Betonmenge?

10. Eine Kolonne aus 6 Stukkateuren hat mehrere Außenwandflächen zu putzen. Jeder Stukkateur schafft an einem Arbeitstag ¹⁄₃₆ des gesamten Außenputzes. 3 Stukkateure arbeiten alle 6 Tage, 2 Stukkateure an 4 Tagen und 1 Stukkateur 2½ Tage in der Kolonne. Welcher Rest der Außenwandfläche als Bruch bleibt übrig zu putzen?

Aufgaben

11. a) $\dfrac{1}{3} \cdot \dfrac{3}{4}$ b) $\dfrac{2}{5} \cdot \dfrac{1}{6}$

 c) $1\dfrac{1}{4} \cdot 2\dfrac{1}{2}$ d) $3\dfrac{2}{6} \cdot \dfrac{1}{5}$

 e) $\dfrac{2}{3} \cdot \dfrac{1}{3} \cdot \dfrac{1}{2}$

12. a) $\dfrac{7}{84} \cdot 2\dfrac{1}{2}$ b) $\dfrac{4}{7} \cdot 3 \cdot \dfrac{2}{3}$

 c) $15\,m \cdot \dfrac{1}{3}$ d) $3\dfrac{1}{4}\,cm \cdot 2\dfrac{1}{2}$

 e) $24{,}36\,m \cdot \dfrac{1}{3}$

Brüche werden dividiert, indem man den ersten Bruch mit dem Kehrwert des folgenden bzw. der folgenden Brüche multipliziert. Den Kehrwert (auch reziproker Wert genannt) eines Bruches bilden wir, indem wir Zähler und Nenner miteinander austauschen.

Beispiele

$$\text{Bruch } \frac{3}{8} \diagdown \frac{8}{3} \quad \text{Kehrwert } \frac{8}{3} = \text{reziproker Wert von } \frac{3}{8}$$

$$\frac{3}{4} : \frac{5}{6} = \frac{3 \cdot ⑥}{4 \cdot ⑤} = \frac{18}{20} = \frac{9}{10}$$

Ein Bruch wird durch eine ganze Zahl dividiert, indem man den Nenner mit der ganzen Zahl multipliziert und den Zähler beibehält. Eine ganze Zahl wird durch einen Bruch dividiert, indem wir die ganze Zahl mit dem Nenner multiplizieren und durch den Zähler dividieren.

Beispiele

$$\frac{2}{3} : ② = \frac{2}{3 \cdot ②} = \frac{2}{6} = \frac{1}{3}$$

$$② : \frac{2}{3} = \frac{② \cdot 3}{2} = \frac{6}{2} = 3$$

Dividieren von Brüchen: Ersten Bruch mit dem Kehrwert des zweiten malnehmen

Dividieren von Bruch durch ganze Zahl: Nenner mit der ganzen Zahl malnehmen, Zähler beibehalten

Dividieren von ganzer Zahl durch Bruch: Ganze Zahl mit Kehrwert des Bruches multiplizieren

---

Vor der Rechnung soll möglichst gekürzt werden. Dies vereinfacht die Rechnung.

Aufgaben

13. a) $\dfrac{2}{3} : \dfrac{1}{4}$ b) $\dfrac{1}{2} : \dfrac{2}{3}$

     c) $\dfrac{28}{35} : \dfrac{2}{5}$ d) $\dfrac{1}{2} : \dfrac{1}{6}$

     e) $\dfrac{4}{5} : \dfrac{3}{4}$

14. a) $3\dfrac{1}{5} : 2\dfrac{1}{2}$ b) $3\dfrac{3}{15} : 2\dfrac{2}{3}$

     c) $4\dfrac{1}{2}\,\text{km} : 1\dfrac{1}{3}$ d) $4\dfrac{1}{2} : 3\dfrac{1}{2}$

     e) $1\dfrac{1}{6} : 2\dfrac{13}{18}$

15. a) $\dfrac{3}{5} : 2\dfrac{1}{3}$ b) $9\,\text{m} : \dfrac{1}{3}$

     c) $4\dfrac{4}{5} : 2$ d) $a : \dfrac{1}{2}$

     e) $3\dfrac{1}{3}\,\text{m}^2 : 2$

16. a) $5 : \dfrac{3}{8}$ b) $7 : \dfrac{5}{6}$

     c) $4 : 2\dfrac{1}{3}$ d) $12 : 5\dfrac{1}{2}$

     e) $24 : 3\dfrac{2}{5}$

1.7 Potenzieren und Radizieren

Potenzieren. In technischen Formeln der Bautechnik kommen häufig Potenzen vor. So werden die Fläche eines Quadrats mit $A = a^2$ und das Volumen eines Würfels mit $V = a^3$ angegeben (1.28). Potenzen sind nur abgekürzte Schreibweisen für eine Multiplikation gleicher Faktoren.

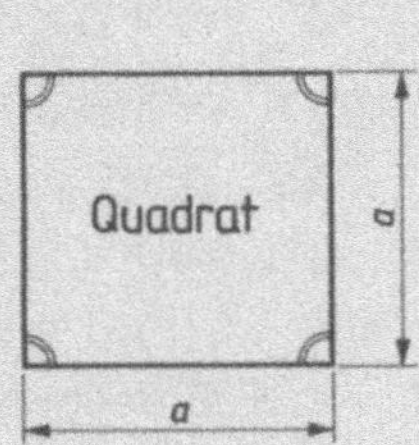
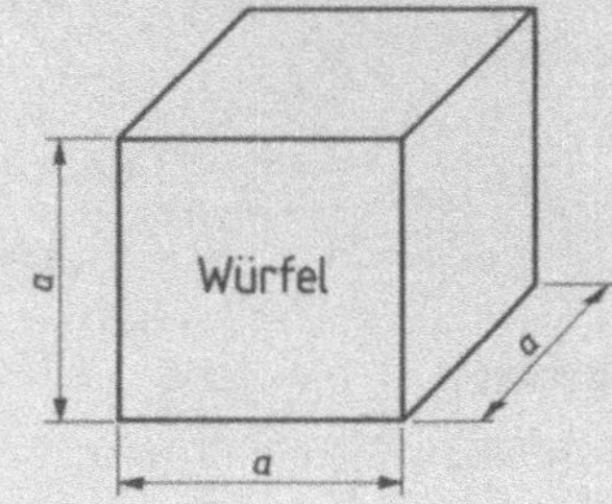

1.28
Quadrat und Würfel

Beispiel A = Flächeninhalt, a = Seitenlänge, V = Volumen (Inhalt)

Flächeninhalt Quadrat $A = a \cdot a = a^2$

Volumen Würfel $V = a \cdot a \cdot a = a^3$

Die hochgeschriebene Zahl (Hochzahl) nennen wir Exponent. Er gibt an, wie oft die Basis (Grundzahl) mit sich selbst malgenommen werden soll. Das Ergebnis ist der Potenzwert. Basis und Hochzahl bilden die Potenz.

Beispiel

Potenz → 2^3 Hochzahl $= 2 \cdot 2 \cdot 2 = 8$ (Potenzwert)

Basis

Wir lesen: zwei hoch drei gleich acht

> Eine Potenz ist die abgekürzte Schreibweise für das Produkt gleicher Faktoren.

Die Basis einer Potenz kann positiv oder negativ sein. Der Potenzwert einer positiven Zahl bleibt immer positiv. Der Potenzwert einer negativen Zahl ist positiv, wenn die Hochzahl gerade, und negativ, wenn die Hochzahl ungerade ist.

Beispiele
$(+3)^2 = (+3) \cdot (+3) \qquad = +9$
$(-3)^2 = (-3) \cdot (-3) \qquad = +9$
$(-3)^3 = (-3) \cdot (-3) \cdot (-3) = -27$

Steht bei der negativen Basis einer Potenz das Vorzeichen nicht in der Klammer, bezieht sich die Hochzahl nur auf die Basis, nicht aber auf das Vorzeichen.

Beispiele
$-10^2 = -10 \cdot 10 \qquad = -100$
aber $(-10)^2 = (-10) \cdot (-10) = +100$

Ist die Basis kleiner als 1, ist auch der Potenzwert kleiner als 1.

Beispiele $\qquad \left(\dfrac{1}{2}\right)^2 = \dfrac{1}{2} \cdot \dfrac{1}{2} = \dfrac{1}{4} \qquad \left(\dfrac{3}{4}\right)^2 = \dfrac{3}{4} \cdot \dfrac{3}{4} = \dfrac{9}{16}$

Die Technik verwendet häufig Zehnerpotenzen, um große Zahlen kurz schreiben zu können.

Beispiel $\qquad 10^4 \quad = 10 \cdot 10 \cdot 10 \cdot 10 = 10\,000$
$10\,000 = 10^4$

Das Licht legt in einer Sekunde (s) 300 000 km zurück. Lichtgeschwindigkeit = $3 \cdot 10^5$ km/s.

Aufgaben

1. Schreiben Sie als Potenz

   a) $a \cdot a \cdot a$ b) 64   c) 1024

   d) $\dfrac{2}{5} \cdot \dfrac{2}{5}$ e) 1000

2. Berechnen Sie den Potenzwert

   a) 5^3 b) 13^2 c) 1^5 d) 6^1

   e) $0,4^2$ f) $\left(\dfrac{3}{4}\right)^2$ g) $\dfrac{2^2}{5}$ h) $\dfrac{5^2}{6}$

3. Berechnen Sie den Potenzwert

   a) -2^3 b) $(-10)^2$ c) -10^2

   d) $(-1)^3$ e) -1^2 f) $(-4)^2$

4. Schreiben Sie als Potenz

   a) $m \cdot m$ b) $\dfrac{2}{7} \cdot \dfrac{2}{7}$ c) $b \cdot b \cdot b \cdot b$

   d) b e) $10 \cdot 10 \cdot 10$ f) $0,5 \cdot 0,5 \cdot 0,5$

Das Radizieren (Wurzelziehen) ist die Umkehrung der Potenzrechnung. Der Potenzwert und die dazugehörige Hochzahl sind bekannt, die Grundzahl (Basis) wird gesucht.

Beispiel $\qquad \boxed{?}^{\,2} = 16$

Suchen wir die Basis, schreiben wir vereinfacht als Wurzel

Wurzelexponent $\rightarrow \sqrt[2]{16} \leftarrow$ Radikand

Wir lesen: zweite Wurzel aus 16, oder kürzer: Wurzel aus 16

Bei den in der Bautechnik am häufigsten vorkommenden Wurzeln – zweite und dritte Wurzel – sind auch andere Bezeichnungen üblich:

$\sqrt[2]{16}$ oder $\sqrt{16}$ zweite Wurzel oder Quadratwurzel

$\sqrt[3]{125}$ dritte Wurzel oder Kubikwurzel

Das Rechnen mit Wurzeln wird notwendig, wenn aus einem Potenzwert die Faktoren (Basis) ermittelt werden sollen, die der Potenz zugrundeliegen.

Beispiel 1   Gegeben: Fläche eines Quadrats $A = 36$ m^2
            gesucht: Seitenlänge des Quadrats a

            Formel: $A = \boxed{a}^{\,2}$

            Rechnung: $a = \sqrt{36 \text{ m}^2} = \mathbf{6\ m}$
            Probe: 6 m $\cdot$ 6 m $= 36$ m^2

Beispiel 2   Gegeben: Volumen eines Würfels $V = 125\ \text{cm}^3$
                 gesucht: Seitenlänge des Würfels a

Formel: $V = a^3$

Rechnung: $a = \sqrt[3]{125\ \text{cm}^3} = \mathbf{5\ cm}$
Probe: $5\ \text{cm} \cdot 5\ \text{cm} \cdot 5\ \text{cm} = 125\ \text{cm}^3$

Radizieren ist die Umkehrung des Potenzierens.

Lösung mit Taschenrechner

Beispiel 1 $\sqrt{36\ \text{m}^2}$ $\boxed{3}\ \boxed{6}$ $\boxed{\sqrt{\ }}$ 6

Beispiel 2 $\sqrt[3]{125\ \text{cm}^3}$
                 $= 125^{\frac{1}{3}}\ \text{cm}^3$ $\boxed{1}\ \boxed{2}\ \boxed{5}$ $\boxed{y^x}\ \boxed{(}$ 0

$\boxed{1}$ $\boxed{\div}$ 1

$\boxed{3}$ $\boxed{)}\ \boxed{=}$ 5

mit Speicheranwendung

Beispiel 2 $\sqrt[3]{125\ \text{cm}^3}$ $\boxed{1}$ $\boxed{\div}$ 1

$\boxed{3}$ $\boxed{=}$ 0.3333333

$\boxed{STO}$ 0.3333333

$\boxed{1}\ \boxed{2}\ \boxed{5}$ $\boxed{y^x}\ \boxed{EXC}\ \boxed{=}$ 5

mit $\boxed{INV}$-Taste

Beispiel 2 $\sqrt[3]{125\ \text{cm}^3}$ $\boxed{1}\ \boxed{2}\ \boxed{5}$ $\boxed{INV}\ \boxed{y^x}$ 125

$\mathrel{\hat{=}} (\sqrt[x]{y})$

$\boxed{3}$ $\boxed{=}$ 5

Ein Wurzelzeichen ersetzt die Klammer um eine Summe, die zu radizieren ist. Bei Brüchen unter dem Wurzelzeichen werden Zähler und Nenner getrennt radiziert.

Beispiele $\sqrt{5 + 20} = \sqrt{25} = 5$ $\sqrt{\dfrac{4}{16}} = \dfrac{\sqrt{4}}{\sqrt{16}} = \dfrac{2}{4} = \dfrac{1}{2}$

Das Radizieren wird in technischen Berechnungen meist mit Rechnern oder Tabellen durchgeführt. So ist auf fast jedem Taschenrechner mit Hilfe der Taste $\sqrt{x}$ die Quadratwurzel zu ziehen. Doch aus besonderen Gründen ist eine Quadratwurzel auch einmal schriftlich zu ziehen. Wie gehen wir dabei vor?

Beim schriftlichen Radizieren ist von grundlegender Bedeutung, daß je z w e i Stellen einer Quadratwurzel e i n e r Stelle des Ergebnisses entsprechen.

Beispiele $\sqrt{9} = 3$; $\sqrt{49} = 7$; $\sqrt{144} = 12$

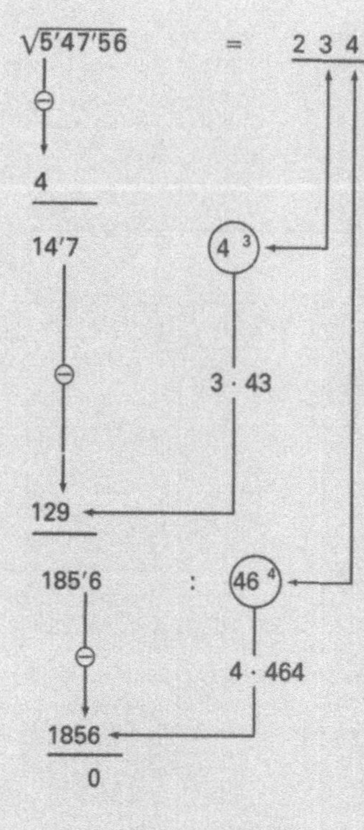

Deshalb wird als erster Schritt die Quadratzahl unter der Wurzel von rechts nach links in 2er-Gruppen geteilt. Die erste Gruppe besteht aus der Zahl 5. Gesucht wird die Zahl, die als Quadrat in dieser ersten Gruppe enthalten ist. Das ist $2 \cdot 2 = 4$.

Rest 1 wird in die zweite Gruppe geschrieben, die letzte Stelle 7 abgeteilt. Die Zahl vor dem Trennstrich (14) wird durch das Doppelte des bisherigen Ergebnisses geteilt ($2 \cdot 2 = 4$). Ergebnis ist die zweite Stelle der Wurzel (3). Die Zahl wird sowohl ins Ergebnis als auch an die 2. Stelle des Teilers geschrieben. Der ergänzte Teiler (43) wird mit der gefundenen Zahl multipliziert ($3 \cdot 43 = 129$) und abgezogen.

Aus der zweiten Gruppe bleibt ein Rest (18). Zu diesem wird die nächste Gruppe geschrieben, die letzte Stelle wieder abgeteilt und durch das Doppelte des bisherigen Wurzelergebnisses geteilt ($2 \cdot 23 = 46$). Die gefundene Zahl (4) wird zum Ergebnis und zum Teiler geschrieben. Das Produkt aus gefundener Zahl und Teiler wird abgezogen. Rest = 0. Die Rechnung geht auf.

Beim schriftlichen Radizieren von Dezimalzahlen werden die 2er-Gruppen vom Komma aus nach rechts und links eingeteilt. Beim Überschreiten des Kommas ist auch im Wurzelergebnis das Komma zu setzen.

Beispiel

$$\sqrt{19'18{,}44'}$$

		Rechengang:
16	= **43,8**	Wurzel aus 19 $\approx$ 4
31'8		$4 \cdot 4 = 16$ Rest 3
249	: 8 · 3	$31 : 8 = 3$
69 4'4		$3 \cdot 83 = 249$
69 44	: 86 · 8	Rest 69
0		$694 : 86 = 8$
		$8 \cdot 868 : 6944$ Rest 0

Probe: $43{,}8 \cdot 43{,}8 = 1918{,}44$ oder Taschenrechner:

$43{,}8 \rightarrow$ Taste $\boxed{x^2} = 1918{,}44$, $1918{,}44 \rightarrow$ Taste $\boxed{\sqrt{x}} = 43{,}8$

Aufgaben

5. Ziehen Sie schriftlich die Wurzel mit Proberechnung.

   a) $\sqrt{196}$,   b) $\sqrt{585{,}64}$,   c) $\sqrt{25\,600}$,

   d) $\sqrt{0{,}529}$,   e) $\sqrt{75 + 2112 + 949}$,

   f) $\sqrt{16 + 14}$.

6. Ein Kantholz hat die Querschnittfläche von 324 cm². Wie groß ist die Kantenlänge bei quadratischem Querschnitt?

7. Ein quadratisches Zimmer mit einer Türöffnung $b = 76$ cm hat eine Grundfläche von 20,25 m². Wieviel m Fußleisten sind erforderlich?

8. Ein quadratisches Grundstück hat 600 m² Grundfläche. Auf zwei Seiten soll ein Zaun gesetzt werden. Berechnen Sie die erforderliche Zaunlänge auf cm genau.

1.8 Rechnen mit Rechenhilfen

In der Praxis der Bautechnik wird fast ausschließlich mit Quadrat- und Kubikwurzeln gerechnet. Wie wir gesehen haben, kann man Wurzeln zwar schriftlich ziehen, doch ist es praktischer, sie mit Hilfe von Zahlentafeln oder Taschenrechnern zu ziehen. Mit Zahlentafeln können wir auch weitere Berechnungen durchführen (Quadrieren, Kreisdurchmesser, Kreisumfang und -fläche).

Tabelle 1.29 bringt einen Auszug aus einer Zahlentafel für die ganzen Zahlen $n = 760$ bis $n = 763$. Meist enthalten Zahlentafeln die ganzen Zahlen von 1 bis 1000. Für alle anderen Zahlen (z.B. 765,6) muß zwischengerechnet (interpoliert) oder der Stellenwert durch Kommaverschiebung bestimmt werden.

Tabelle 1.29 **Auszug aus einer Zahlentafel**

n	n^2	n^3	$\sqrt{n}$	$\sqrt[3]{n}$
760	577 600	438 976 000	27,5681	9.1258
761	▶ 579 121	440 711 081	▶ 27,5862	9.1298
762	580 644	442 450 728	27,6043	9.1338
763	582 169	444 194 947	27,6225	9.1378

Für die in Spalte n aufgeführten Zahlen können die Quadrate n^2 direkt abgelesen werden.

Beispiel $n = 761$ $n^2 = 579\,121$

Wollen wir die Quadratzahl für eine Dezimalzahl ablesen, ermitteln wir den Stellenwert des Ergebnisses durch Kommaverschiebung.

Beispiel $n = 7,61$ $n^2 = 57,9121$
              2 Stellen   4 Stellen
                                           Doppelte Stellenzahl!

Wird das Quadrat einer Zahl gesucht, die in Spalte n nicht zu finden ist, müssen Zwischenwerte ermittelt werden.

Beispiel $n = 761,6$

$$761 \longrightarrow n^2 = 579\,121$$
$$762 \longrightarrow n^2 = \underline{580\,644}$$
$$\text{Differenz} = \quad 1523$$

$$\frac{6}{10} \text{ von } 1523 = \frac{6 \cdot 1523}{10} = 913,8$$

$$n^2 = 579\,121 + 913,8 \cong \mathbf{580\,034,8}$$

Wie wir gesehen haben, ist das Quadratwurzelziehen die Umkehrung des Quadrierens. Für die Zahlen 1 bis 1000 können wir in üblichen Zahlentafeln die Wurzelwerte direkt in Spalte $\sqrt{n}$ ablesen.

Beispiel $n = 761$ $\sqrt{n} = 27{,}5862$

Für die Zahlen, die gegenüber den in Spalte n aufgeführten ganzen Zahlen um jeweils 2 Stellen größer oder kleiner sind, ergibt sich die gleiche Ziffernfolge für $\sqrt{n}$. Der Wurzelwert wird durch Kommaverschiebung ermittelt.

Beispiel $n = 761 \longrightarrow \sqrt{n} = 27{,}5862$
             $n = 76100 \longrightarrow \sqrt{n} = 275{,}862$

                 2 Stellen   1 Stelle

             $n = 7{,}61 \longrightarrow \sqrt{n} = 2{,}75862$

                 2 Stellen   1 Stelle

Für je 2 Stellen im Radikand wird das Komma im Wurzelwert um eine Stelle nach rechts oder links verschoben.

Für Zahlen, die in Spalte n nicht zu finden sind, kann der Wurzelwert auch ermittelt werden durch Aufsuchen der Zahl in Spalte n^2. Der Wurzelwert wird dann in Spalte n abgelesen. Ist die Zahl in Spalte n^2 nicht zu finden, muß wiederum zwischengerechnet werden.

Beispiel $n = 579\,121 \rightarrow \sqrt{n} = 761$

	Maße in cm	Wand-dicke	je m² Wand Steine Stck.	je m² Wand Mörtel Liter
→ NF	24 × 11,5 × 7,1			
		24	66	49

1.30 Baustoffbedarf für Maurerarbeiten

Tabellen werden in der Bautechnik für viele Zwecke verwendet. Nicht zuletzt, um das Rechnen zu erleichtern. In Bild **1.30** ist ein Tabellenteil dargestellt, mit dem wir ohne große Berechnungen den Baustoffbedarf für Maurerarbeiten ermitteln können.

Beispiel Unter den Steingrößen (Steinformaten) steht die Abkürzung NF für Normalformat. Ein Mauerstein im Normalformat hat die Abmessungen 24 cm/11,5 cm/7,1 cm.

Für die Materialbestellung braucht der Maurer die Anzahl der Steine im NF für 10,00 m² Wand bei einer Wanddicke von 24 cm. Dazu die erforderliche Mörtelmenge. Wir können die gesuchten Mengen aus Bild **1.28** direkt ablesen.

Ablesung: je m² Wand 66 Steine NF, 49 Liter Mörtel für 10 m² 660 Steine, 490 Liter Mörtel.

Aufgaben

1. Bestimmen Sie die Quadratzahlen aus der Tabelle im Anhang.
   a) 350, b) 70,   c) 94,
   d) 2,67, e) 48,6, f) 0,77

2. Bestimmen Sie die Quadratzahlen durch Zwischenrechnen
   a) 872,6,   b) 988,2.

3. Ermitteln Sie die Quadratwurzeln aus der Tabelle im Anhang.
   a) $\sqrt{360}$, b) $\sqrt{3{,}70}$,
   c) $\sqrt{47{,}9}$, d) $\sqrt{0{,}435}$.

4. Wieviel Steine im NF und Liter Mörtel brauchen Sie für 56 m² Wand, die 24 cm dick ist? (Lösung mit **1.30**)

1.9 Gleichungen

Die meisten Rechenaufgaben sind Gleichungen, ohne daß es erwähnt wird.

Beispiel $6 + 5 - 3 = 8$

Die beiden Seiten einer Gleichung links und rechts vom Gleichheitszeichen müssen also den gleichen Wert haben. Da dies bei unserem Beispiel der Fall ist, handelt es sich um eine **w a h r e   A u s s a g e**. Diese Aussage $7 - 3 + 9 \neq 15$ ist keine Gleichung. Durch das Zeichen wird kenntlich gemacht, daß die beiden Seiten **u n g l e i c h**wertig sind.

> Vor allem wird das Gleichungsrechnen dazu benutzt, eine unbekannte Zahl oder Größe zu bestimmen.

1.9.1 Bestimmungsgleichungen und Umformen von Gleichungen

Eine Bestimmungsgleichung stellt man auf, wenn unbekannte Größen zu ermitteln sind. Die unbekannte Zahl oder Größe wird meist mit x bezeichnet.

Beispiel   Eine Mörtelmischung soll mit insgesamt 80 kg Zement hergestellt werden. 25 kg Zement wurden schon in den Mischkübel geschaufelt. Wieviel kg Zement müssen noch hinzugegeben werden? (**1.31 a**)

$80 \text{ kg} = x + 25 \text{ kg}$

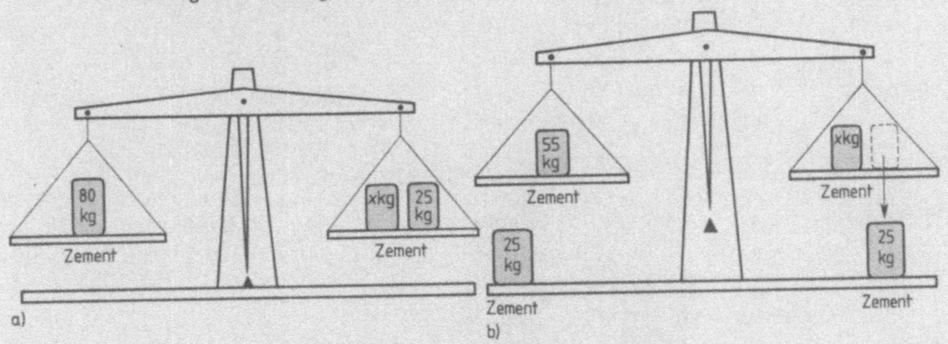

1.31 a) Bestimmungsgleichung, b) Formelumstellung

Umformen von Gleichungen. Zum Ausrechnen müssen Gleichungen umgeformt werden. Dazu isolieren wir auf einer Seite die unbekannte Zahl oder Größe als Platzhalter (Lösungsvariable), so daß auf der anderen Seite die bekannten Zahlen oder Größen stehen. Üblich ist es, die Lösungsvariable auf die linke Seite zu stellen. Zur Umformung werden auf **b e i d e n** Seiten stets **g l e i c h e** Rechnungen durchgeführt (**1.31 b**).

Beispiel

$$\overset{\displaystyle\lceil\ \text{Lösungsvariable}}{}$$

$$
\begin{aligned}
80\ \text{kg} &= x + 25\ \text{kg} \\
x + 25\ \text{kg} &= 80\ \text{kg} \qquad \text{Seiten vertauscht} \\
x + 25\ \text{kg}\ \boxed{-25\ \text{kg}} &= 80\ \text{kg}\ \boxed{-25\ \text{kg}} \\
x &= \mathbf{55\ kg}
\end{aligned}
$$

Probe
$$
\begin{aligned}
80\ \text{kg} &= x + 25\ \text{kg} \\
80\ \text{kg} &= 55\ \text{kg} + 25\ \text{kg} \\
80\ \text{kg} &= 80\ \text{kg} \leftarrow \text{wahre Aussage}
\end{aligned}
$$

Die Probe zeigt uns, ob die Lösungsvariable x richtig berechnet wurde. Dazu setzen wir in die Aufgabenstellung für x das Ergebnis ein. Die Gleichung ist richtig ausgerechnet, wenn das Ergebnis der Probe eine wahre Aussage ergibt.

> Beim Umformen von Gleichungen müssen auf b e i d e n Seiten die gleichen Rechnungen durchgeführt werden. Die Gleichungsseiten können vertauscht werden.

Beim Ausrechnen von Gleichungen sind die Rechenregeln zu beachten:

– Klammern werden vor allen anderen Rechnungen ausgerechnet.

– Potenzieren und Radizieren gehen vor Multiplizieren und Dividieren, diese wiederum vor Addieren und Subtrahieren.

Gleichungen mit Summen und Differenzen

Beispiel 1
$$
\begin{aligned}
x + 9 &= 14 \\
x + 9\ \boxed{-9} &= 14\ \boxed{-9} \\
x &= 14 - 9 = 5
\end{aligned}
$$

Probe
$$
\begin{aligned}
x + 9 &= 14 \\
5 + 9 &= 14 \\
14 &= 14
\end{aligned}
$$

Beispiel 2
$$
\begin{aligned}
x - 5 &= 18 \\
x - 5\ \boxed{+5} &= 18\ \boxed{+5} \\
x &= 18 + 5 = \mathbf{23}
\end{aligned}
$$

Probe
$$
\begin{aligned}
x - 5 &= 18 \\
23 - 5 &= 18 \\
18 &= 18
\end{aligned}
$$

Beispiel 3
$$
\begin{aligned}
3(2x - 4b) &= 5x - 10b \\
6x - 12b &= 5x - 10b \\
6x - 12b\ \boxed{-5x} &= 5x - 10b\ \boxed{-5x} \\
6x - 5x - 12b\ \boxed{+12b} &= -10b\ \boxed{+12b} \\
x &= \mathbf{2b}
\end{aligned}
$$

Probe
$$
\begin{aligned}
3(2x - 4b) &= 5x - 10b \\
3(2 \cdot 2b - 4b) &= 5 \cdot 2b - 10b \\
3(4b - 4b) &= 10b - 10b \\
3 \cdot 0 &= 0 \\
0 &= 0
\end{aligned}
$$

> Muß eine Zahl, die a d d i e r t wird, auf einer Seite der Gleichung beseitigt werden, wird sie auf beiden Seiten der Gleichung s u b t r a h i e r t.
>
> Muß eine Zahl, die s u b t r a h i e r t wird, auf einer Seite der Gleichung beseitigt werden, wird sie auf beiden Seiten der Gleichung a d d i e r t.

Gleichungen mit Produkten und Quotienten

Beispiel 1

$$4 \cdot x = 28$$

$$\frac{\cancel{4} \cdot x}{\boxed{\cancel{4}}} = \frac{28}{\boxed{4}}$$

$$x = 7$$

Probe $\quad 4 \cdot x = 28$
$$4 \cdot 7 = 28$$
$$28 = 28$$

Beispiel 2

$$6\,(x + 2d) = 55d - 7d$$
$$6x + 12d = 48d$$
$$6x \; \cancel{+\;12d} \; \boxed{=\;12d} = 48d \; \boxed{-\;12d}$$
$$6x = 36d$$
$$\frac{6x}{\boxed{\cancel{6}}} = \frac{\overset{6}{\cancel{36}}d}{\boxed{\cancel{6}}}$$
$$x = 6d$$

Probe $\quad 6\,(x + 2d) = 55d - 7d$
$$6\,(6d + 2d) = 48d$$
$$36d + 12d = 48d$$
$$48d = 48d$$

Beispiel 3

$$\frac{x}{6b} - 6 = \frac{2}{4}$$

$$\frac{x \; \boxed{\cdot\,6b}}{\cancel{6b}} - 6 \; \boxed{\cdot\,6b} = \frac{2 \; \boxed{\cdot\,6b}}{4}$$

$$x - 36b = \frac{12b}{4}$$

$$x \cdot 4 \; \boxed{} - 36b \; \boxed{\cdot\,4} = \frac{12b \; \boxed{\cdot\,\cancel{4}}}{\cancel{4}}$$

$$x \cdot 4 - 144b = 12b$$

$$x \cdot \cancel{4 - 144b} \; \boxed{+\;144b} = 12b \; \boxed{+\;144b}$$

$$x \cdot 4 = 156b$$

$$\frac{x \cdot 4}{\boxed{\cancel{4}}} = \frac{156b}{\boxed{4}}$$

$$x = 39b$$

oder:

$$x - 36b = \frac{\overset{3}{\cancel{12}}b}{\cancel{4}}$$

$$x - 36b = 3b$$

$$x \; \cancel{-\;36b} \; \boxed{+\;36b} = 3b \; \boxed{+\;36b}$$

$$x = 39b$$

Probe

$$\frac{x}{6b} - 6 = \frac{2}{4}$$

$$\frac{39b}{6b} - 6 = \frac{2}{4}$$

$$\frac{39b \; \boxed{\cdot\,\cancel{6b}}}{\cancel{6b}} - 6 \; \boxed{\cdot\,6b} = \frac{2 \; \boxed{\cdot\,6b}}{4}$$

$$39b - 36b = \frac{\overset{3}{\cancel{12}}b}{\cancel{4}}$$

$$3b = 3b$$

> Müssen ein **Faktor** oder ein **Divisor** auf einer Seite der Gleichung beseitigt werden, werden **beide** Seiten der Gleichung mit der gleichen Zahl **dividiert** oder **multipliziert**.

Verkürztes Ausrechnen von Gleichungen. Betrachten wir die Beispielrechnungen noch einmal. Wenn wir eine Zahl auf der einen Gleichungsseite beseitigt haben, steht sie auf der anderen Seite im umgekehrten Rechenverfahren. Diese Erkenntnis können wir uns zunutze machen:

> Eine Zahl wird auf einer Seite beseitigt, indem sie mit umgekehrtem Rechenzeichen auf die andere Seite gebracht wird.
>
> Aus $\boxplus$ wird auf der anderen Gleichungsseite $\boxminus$, aus $\boxminus$ wird $\boxplus$, aus $\boxdot$ wird $\boxed{:}$, aus $\boxed{:}$ wird $\boxdot$.

Beispiel 1

$$x\ \boxed{+\ 18}\ \boxed{-\ 7} = 45$$
$$x\ = 45\ \boxed{-\ 18}\ \boxed{+\ 7}$$
$$x\ = \mathbf{34}$$

Probe

$$x + 18 - 7 = 45$$
$$34 + 18 - 7 = 45$$
$$45 = 45$$

Beispiel 2

$$x\ \boxed{\cdot\ 6}\ \boxed{:\ 2} = 36$$
$$x = 36\ \boxed{:\ 6}\ \boxed{\cdot\ 2}$$
$$x = \mathbf{12}$$

Probe

$$x \cdot 6 : 2 = 36$$
$$12 \cdot 6 : 2 = 36$$
$$36 = 36$$

Gleichungen mit Potenz- und Wurzelrechnungen. In einer Gleichung kann die Lösungsvariable auch in der Potenz oder unter einem Wurzelzeichen stehen.

Beispiele $\qquad x^2 \cdot 4 = 64 \qquad\qquad \sqrt{x} + 8 = 28$

Quadratische Gleichungen. Kommt die Lösungsvariable x im Quadrat vor, ist die Gleichung quadratisch. Wir lösen sie, indem wir

– die Lösungsvariable x^2 auf einer Gleichungsseite isolieren und
– dann beide Seiten radizieren.

Beispiel 1

$$x^2 \cdot 4 = 64$$
$$\frac{x^2 \cdot 4}{\boxed{4}} = \frac{64}{\boxed{4}}$$
$$\sqrt{x^2} = \sqrt{16}$$
$$x = \mathbf{4}$$

Probe

$$x^2 \cdot 4 = 64$$
$$4^2 \cdot 4 = 64$$
$$16 \cdot 4 = 64$$
$$64 = 64$$

Beispiel 2

$$54 = \frac{x^2 \cdot 8}{12}$$
$$54\ \boxed{\cdot\ 12} = \frac{x^2 \cdot 8\ \boxed{\cdot\ 12}}{12}$$
$$\frac{648}{\boxed{8}} = \frac{x^2 \cdot 8}{\boxed{8}}$$
$$\sqrt{x^2} = \sqrt{81}$$
$$x = \mathbf{9}$$

Probe

$$54 = \frac{x^2 \cdot 8}{12}$$
$$54 = \frac{9^2 \cdot 8}{12}$$
$$54 = \frac{81 \cdot 8}{12}$$
$$54 = 54$$

> Muß die Lösungsvariable aus dem Q u a d r a t gebracht werden, radiziert man b e i d e Seiten der Gleichung.

Wurzelgleichungen. Auch diese Gleichungen sind zunächst so umzuformen, daß die Wurzel mit der Lösungsvariablen isoliert steht. Dann kann die Wurzel durch Quadrieren beider Gleichungsseiten beseitigt werden.

Beispiel 1

$$\sqrt{x + 8} = 28$$
$$(\sqrt{x + 8})^2 = 28^2$$
$$x + 8 = 784$$
$$x + 8 \boxed{-8} = 784 \boxed{-8}$$
$$x = 776$$

Probe

$$\sqrt{x + 8} = 28$$
$$\sqrt{776 + 8} = 28$$
$$\sqrt{784} = 28$$
$$28 = 28$$

Beispiel 2

$$\sqrt{2x} - 5 = 7$$
$$\sqrt{2x} - 5 \boxed{+5} = 7 \boxed{+5}$$
$$\sqrt{2x} = 12$$
$$(\sqrt{2x})^2 = 12^2$$
$$2x = 144$$
$$\frac{2x}{2} = \frac{144}{2}$$
$$x = 72$$

Probe

$$\sqrt{2x} - 5 = 7$$
$$\sqrt{2 \cdot 72} - 5 = 7$$
$$\sqrt{144} - 5 = 7$$
$$12 - 5 = 7$$
$$7 = 7$$

> Muß die Lösungsvariable aus der W u r z e l gebracht werden, quadriert man b e i d e Seiten der Gleichung.

Aufgaben

1. $x - 5\,m^3 = 6\,m^3$
2. $x + 12\,m^2 = -13\,m^2$
3. $8x - 42\,cm = 6x - 12\,cm$
4. $-12x + 20\,kg = -18x + 38\,kg$
5. $0{,}78\,m - 3{,}64x = +2{,}18x - 18{,}31\,m$
6. $-3x + 5a = -8x + 20a$
7. $\dfrac{1}{3}x + \dfrac{1}{3}l = \dfrac{3}{6}l$
8. $\dfrac{14 + 4x}{3} - 5x = \dfrac{6x}{2} - 2x + 4$
9. $4x + 4\,(9\,dm - 15\,dm) = 2x$
10. $5\,(2x - 8\,cm^3) = 2\,(x - 8\,cm^3)$
11. $6\,(2x - 4c) = 4\,(2x + 4c)$
12. $\dfrac{x - 4}{3} = \dfrac{2\,(x + 3)}{8}$
13. $\dfrac{30}{6x} + 7 = 12$
14. $18 = \dfrac{81}{x}$
15. $\dfrac{5d}{x} = 2\,(15{,}5d - 8d)$
16. $\dfrac{x^2}{9} = \dfrac{8}{2}$
17. $4x^2 = 2\,(151 - 23)$
18. $5 + x^2 = -8 + 62$
19. $\dfrac{x^2 - 5}{4} = 181$
20. $256 + x^2 = 34^2$
21. $\sqrt{6 \cdot (x - 7)} = 18$
22. $\sqrt{x} + 3 = 2\,(13 - 5)$
23. $16 - 3 \cdot \sqrt{x} = 4$
24. $\dfrac{72}{\sqrt{36x^2}} = 4\,(8 - 5)$
25. $\dfrac{21}{6} = \dfrac{7}{6x - 16}$
26. $\sqrt{10 + 7^2} = \sqrt{3x - 4^2}$
27. $30\,m = \sqrt{3\,(x + 7\,m^2)}$

1.9.2 Textgleichungen

In der Bautechnik kommt die Gleichung nur selten als Zahlenansatz vor. Vielmehr müssen wir den Gleichungsansatz erst aus der Aufgabenstellung (dem Text) aufstellen.

Beispiel Wieviel cm liegt ein Betonsturz an jedem Ende auf, wenn er 8,14 m lang ist, 3 Fensteröffnungen von 2,26 m Länge überdeckt und von zwei Mauerpfeilern von 36,5 cm Breite unterstützt wird (1.32)?

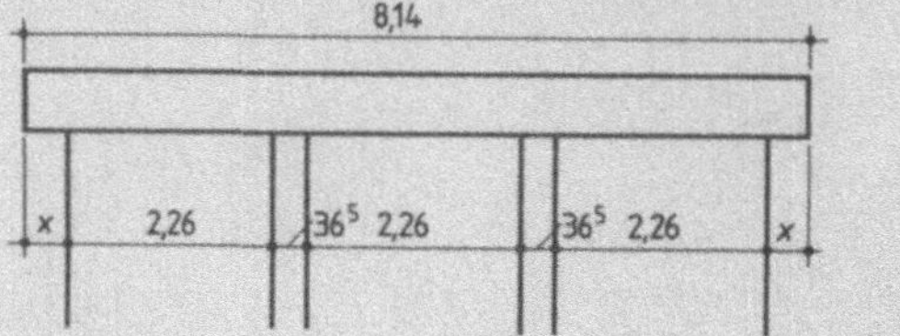

1.32
Betonsturz
(Maße in cm, m)

Um x berechnen zu können, müssen wir von der Gesamtlänge des Betonsturzes 8,14 m dreimal die Fensteröffnung mit einer Länge von 2,26 m und zweimal den Mauerpfeiler mit einer Breite von 36,5 cm subtrahieren. Da die Auflagerlänge für jede der beiden Seiten auszurechnen ist, muß die gebildete Differenz durch 2 dividiert werden.

$$x = \frac{8{,}14\ \text{m} - 3 \cdot 2{,}26\ \text{m} - 2 \cdot 0{,}365\ \text{m}}{2}$$

$$x = \frac{8{,}14\ \text{m} - 6{,}78\ \text{m} - 0{,}73\ \text{m}}{2} = \frac{0{,}63\ \text{m}}{2}$$

$$x = 0{,}315\ \text{m} \cdot 100 = \mathbf{31{,}5\ cm}$$

Probe $$x = \frac{8{,}14\ \text{m} - 3 \cdot 2{,}26\ \text{m} - 2 \cdot 0{,}365\ \text{m}}{2}$$

$$0{,}315\ \text{m} = \frac{8{,}14\ \text{m} - 6{,}78\ \text{m} - 0{,}73\ \text{m}}{2} = \frac{0{,}63\ \text{m}}{2}$$

$$0{,}315\ \text{m} = 0{,}315\ \text{m}$$

Bei der Aufstellung von Gleichungen aus Textaufgaben ist besonders darauf zu achten, daß nur Zahlenwerte in g l e i c h e n E i n h e i t e n eingesetzt werden. In unserem Beispiel hätten wir auch alle Zahlenwerte in cm einsetzen können. Weil aber in m gerechnet wurde, mußten wir das Ergebnis in cm umrechnen.

Das Aufstellen von Gleichungen mit Größen, dem Produkt aus Zahlenwert und Einheit, vermeidet Fehler.

Größengleichungen erleichtern die Prüfung, ob alle Größen in der richtigen Einheit eingesetzt wurden und welche Maßeinheit das Ergebnis haben muß. Deshalb fordert DIN 1313, daß für Formelzeichen die Produkte aus Zahlenwert und Einheit eingesetzt werden.

Beispiel Über den Raum **1.33** soll eine Holzbalkendecke mit 9 Balken 12/16 cm gelegt werden.
a) Wie groß ist der Mittenabstand der Balken in cm?
b) Wieviel m Balken sind zu verlegen, wenn die Auflagerlänge an jeder Seite 25 cm beträgt?

Beispiel,   **a) Mittenabstand der Balken**
Fortsetzung

$$x = \frac{4{,}52\ m + 0{,}06\ m \cdot 2}{8}$$

$$x = \frac{4{,}52\ m + 0{,}12\ m}{8} = \frac{4{,}64\ m}{8}$$

$$x = 0{,}58\ m \cdot 100 = \mathbf{58\ cm}$$

Probe $x = \dfrac{4{,}52\ m + 0{,}06\ m \cdot 2}{8}$

$$x = \frac{4{,}52\ m + 0{,}12\ m}{8}$$

$$0{,}58\ m = 0{,}58\ m$$

b) Meter Balken

$$x = (3{,}76\ m + 2 \cdot 0{,}25\ m) \cdot 9$$
$$x = (3{,}76 + 0{,}50) \cdot 9 = 4{,}26\ m \cdot 9$$
$$x = \mathbf{38{,}34\ m}$$

Probe $x = (3{,}76\ m + 2 \cdot 0{,}25\ m) \cdot 9$
$$38{,}34\ m = (3{,}76\ m + 0{,}50\ m) \cdot 9$$
$$38{,}34\ m = 4{,}26\ m \cdot 9$$
$$38{,}34\ m = 38{,}34\ m$$

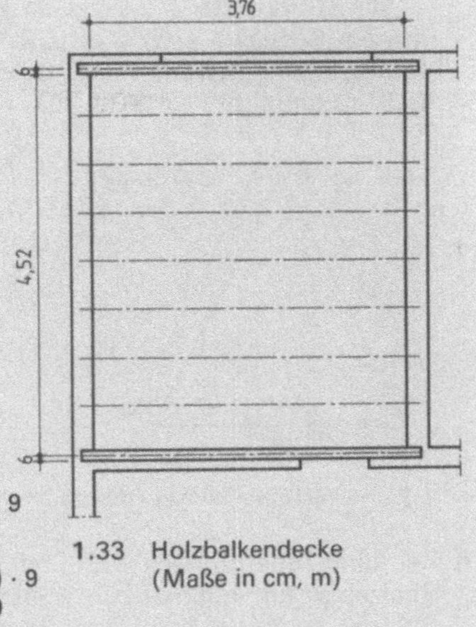

1.33   Holzbalkendecke
(Maße in cm, m)

Aus Textaufgaben sind der Gleichungsansatz aufzustellen und für die gesuchte Größe die Lösungsvariable x anzusetzen.

Achten Sie darauf, daß in der Gleichung nur Zahlen in gleichen Einheiten eingesetzt werden.

Aufgaben

28. Der Treppenlauf 1.34 hat eine Lauflänge von 2,34 m und eine Podesthöhe von 1,62 m.
    a) Wieviel cm breit wird jede Stufe (Auftrittsbreite a)?
    b) Wieviel cm hoch wird jede Stufe (Steigungshöhe s)?

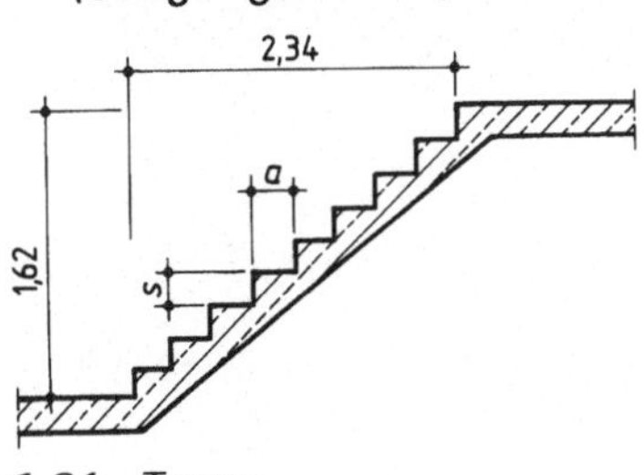

1.34   Treppe

29. Ein Maurer bekommt im Monat 1563,57 DM netto ausgezahlt. Von seinem Bruttolohn werden 205,60 DM Lohnsteuer, 12,44 DM Kirchensteuer und 368,79 DM Sozialversicherungsbeitrag abgezogen. Wie hoch ist sein Stundenlohn bei 168 Arbeitsstunden im Monat?

30. Eine Wand aus Kalksandsteinen ist 2,125 m hoch. Die Steine sind 11,3 cm hoch, die Lagerfuge ist 1,2 cm dick. Wieviel Schichten sind zu mauern?

31. In dem gleichschenkligen Dreieck **1.35** ist die Grundseite g 2,5mal so groß wie ein Schenkel a. Wie groß ist die Grundseite g, wenn der Umfang 75,51 m beträgt?

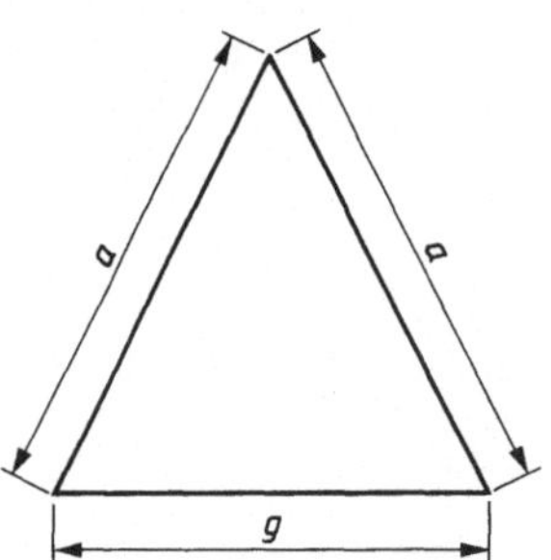

1.35 Gleichschenkliges Dreieck

32. Bei dem Sparrendach **1.36** ist der Sparren s_1 um 1,35mal kürzer als der Sparren s_2, der 6,48 m lang ist. Wie lang ist der Deckenbalken, wenn für den Binder – bestehend aus den beiden Sparren und dem Deckenbalken – 19,98 m Holz gebraucht werden?

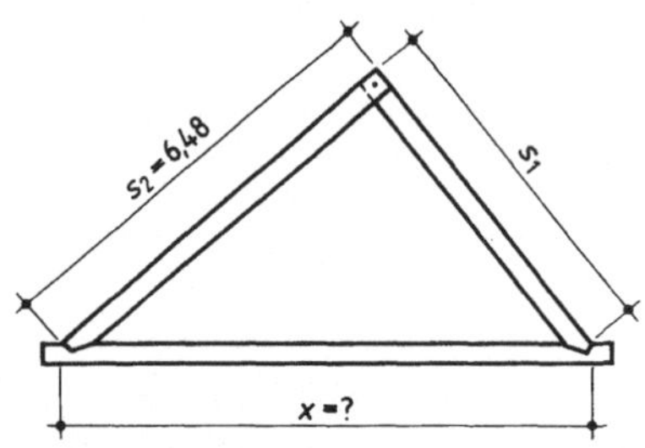

1.36 Sparrendach

33. Die Stützwand **1.37** von 35,75 m Länge hat 6 Vorlagen, die 35 cm breit sind.

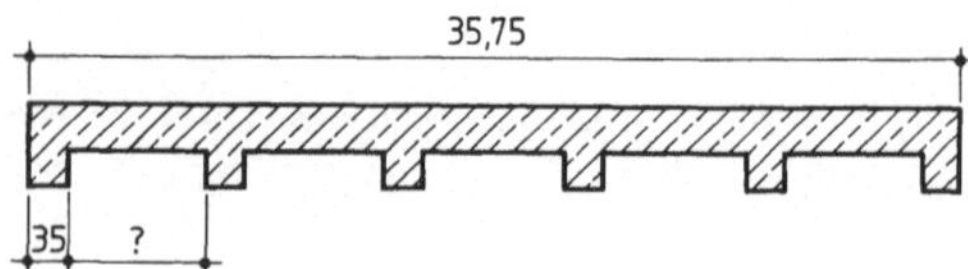

1.37 Stützwand

Wie lang (in m) sind die Felder zwischen den Vorlagen?

34. Für 5 Rollen Wärmedämm-Material, 3 Rollen Aluminiumfolie und 2 Pakete Nägel wurden zusammen 294,25 DM bezahlt. Wieviel DM kostet eine Rolle Wärmedämm-Material, wenn der Preis für eine Rolle Aluminiumfolie 9,85 DM und für ein Paket Nägel 3,05 DM betrug?

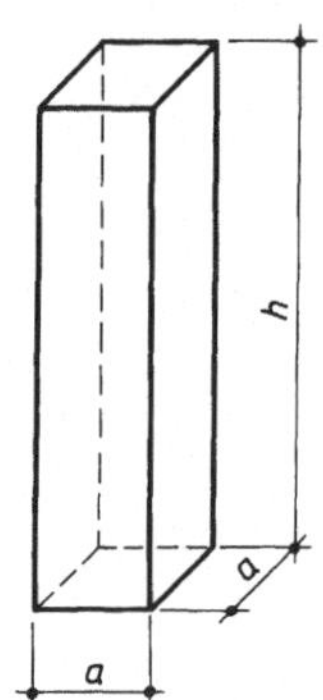

1.38 Betonsäule

35. Die quadratische Betonsäule **1.38** hat eine Höhe von 2,76 m. Welche Länge a und Breite a in m hat die Betonsäule bei einem Volumen (Rauminhalt) von 0,358 m²?

1.9.3 Umstellen von Formeln

Die Fläche des Dreiecks **1.39** wird nach der Formel $A = \dfrac{g \cdot h}{2}$ berechnet. Dabei stehen A für die Fläche, g für die Grundseite und h für die Höhe. Nicht immer ist aber die bereits in der Formel isolierte Größe (hier A) zu bestimmen.

Beispiel Wie groß ist die Höhe h eines Dreiecks, dessen Fläche A 9,23 m² und Grundseite g 3,25 m betragen?

$$A = \frac{g \cdot h}{2}$$

$$A \boxed{\cdot 2} = \frac{g \cdot h \cdot \cancel{2}}{\cancel{2}} \quad ; \quad \frac{2 \cdot A}{\boxed{g}} = \frac{g \cdot h}{\boxed{g}}$$

$$h = \frac{2 \cdot A}{g} = \frac{2 \cdot 9{,}23 \text{ m}^2}{3{,}25 \text{ m}} = \frac{18{,}46 \text{ m}^2}{3{,}25 \text{ m}} = 5{,}68 \text{ m}$$

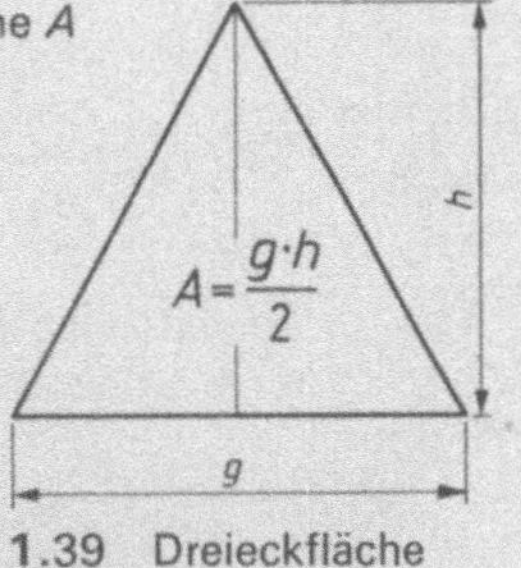

1.39 Dreieckfläche

Soll wie in diesem Beispiel die Höhe bestimmt werden, ist es zweckmäßig, die Formel nach h umzustellen, bevor man die Größen einsetzt.

Da Formeln auch Bestimmungsgleichungen darstellen (Variablen statt Größen), werden sie nach den gleichen Regeln wie Gleichungen umgeformt.

> Zum Bestimmen einer Variablen ist die Formel vor dem Einsetzen der Größen (Zahlenwert · Einheit) nach der gesuchten Variablen umzustellen.

Aufgaben

36. Stellen Sie die Formel $A = \dfrac{g \cdot h}{2}$ für die Fläche des Dreiecks nach g für die Grundseite um.

37. Die Fläche des Kreises **1**.40 wird nach der Formel $A = r^2 \cdot \pi$ gerechnet. Stellen Sie die Formel nach r für den Radius um.

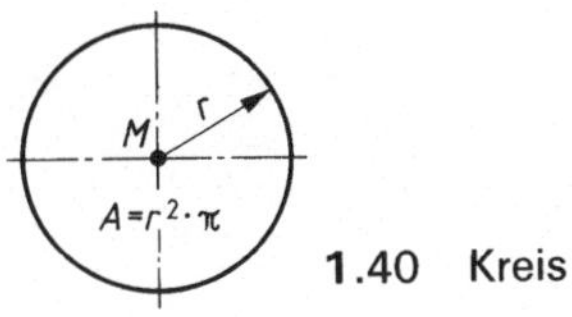

1.40 Kreis

38. Der Umfang des Rechtecks **1**.41 wird nach der Formel $U = 2a + 2b$ berechnet. Stellen Sie die Formel nach a für eine Rechteckseite um.

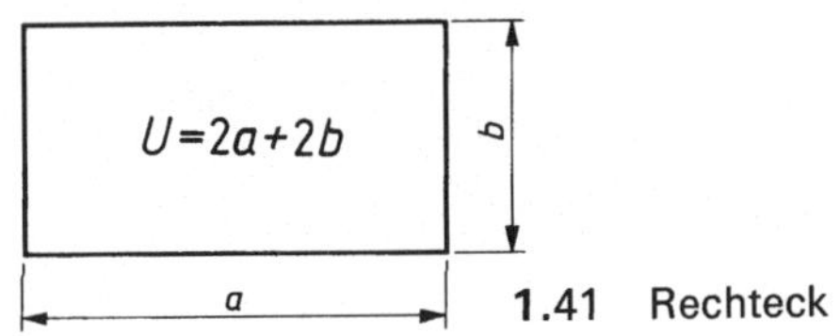

1.41 Rechteck

39. Die Fläche des Quadrats **1**.42 wird nach der Formel $A = a^2$ gerechnet. Stellen Sie die Formel nach a für eine Quadratseite um.

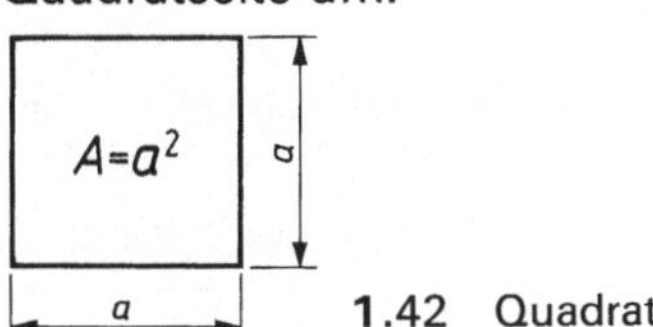

1.42 Quadrat

40. Die Fläche des Trapezes **1**.43 wird nach der Formel $A = m \cdot h$ gerechnet.
a) Setzen Sie in die Flächenformel die Formel für die Mittellinie ein:
$$m = \frac{g_1 + g_2}{2}$$
b) Stellen Sie die Flächenformel nach g_1 für eine Grundseite um.

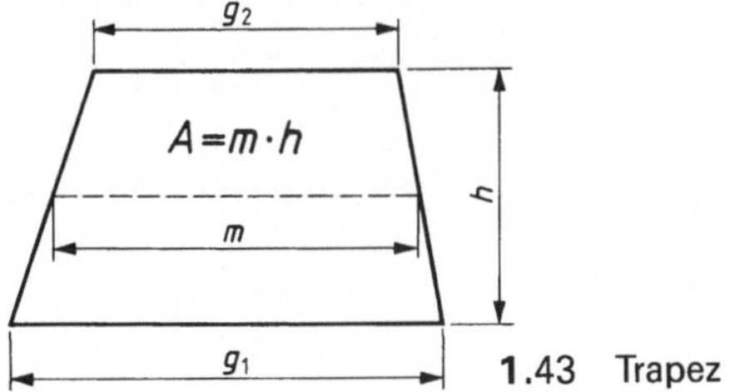

1.43 Trapez

1.10 Verhältnisrechnen

Die Facharbeiterkolonne unter Leitung des Poliers Adams mit 3 Maurern kann die Außenwände im EG in 48 Stunden mauern. Die Kolonne unter Polier Schmitz mit 5 Maurern braucht für die gleichen Wände 32 Stunden.

Um die Arbeitsleistung beider Kolonnen zu vergleichen, kann das Verhältnis ausgerechnet werden: Wievielmal schneller ist die Kolonne Schmitz als die Kolonne Adams?

48 Stunden $:$ 32 Stunden = **1,5mal**

$$\text{Verhältnis} \qquad \underbrace{a \;:\; b}_{\text{Verhältnisglieder}} \;=\; \underset{\text{Verhältniszahl}}{p}$$

Wie wir gesehen haben, entstand die Verhältniszahl durch die Ausrechnung des Quotienten. Daher gelten hier die Regeln der B r u c h r e c h n u n g, besonders die Regeln über das K ü r z e n und Erweitern von Brüchen.

Die Aufgaben der Verhältnisrechnung können wir mit dem Schluß- oder Dreisatz bzw. der Verhältnisgleichung lösen. Aus dem Verhältnis zwischen zwei bekannten Größen und einer dritten bekannten Größe wird eine unbekannte vierte Größe berechnet.

1.10.1 Dreisatz

Beispiel Eine Mischmaschine stellt 42 m³ Beton in 7 Stunden her. Wieviel Stunden braucht sie für 72 m³ Beton?

Lösung in drei Sätzen:

> **1. Satz** Das bekannte Verhältnis wird aufgestellt.

42 m³ Beton werden in 7 h gemischt

> **2. Satz** Das Verhältnis wird auf die Einheit bezogen.

1 m³ Beton wird in $\dfrac{7}{42}$ h gemischt

> **3. Satz** Von der Einheit wird auf das gesuchte Verhältnis geschlossen.

72 m³ Beton werden in $\dfrac{72 \cdot 7}{42}$ h gemischt $\qquad \dfrac{7\,\text{h} \cdot 72\,\text{m}^3}{42\,\text{m}^3} =$ **12 Stunden**

Die Mischmaschine braucht 12 Stunden, um 72 m³ Beton herzustellen.

1.10.2 Verhältnisgleichung

Beispiel Ein Bagger hebt für einen Rohrleitungsgraben in 6 Stunden 300 m³ Boden aus. Wieviel Stunden (h) braucht er für 750 m³ Boden?

$$6 \text{ h} : 300 \text{ m}^3 \text{ Boden} = x \text{ h} : 750 \text{ m}^3 \text{ Boden}$$

$$300 \text{ m}^3 \text{ Boden} \cdot x \text{ h} = 750 \text{ m}^3 \text{ Boden} \cdot 6 \text{ h}$$

$$x = \frac{750 \text{ m}^3 \cdot 6 \text{ h}}{300 \text{ m}^3} = 15 \text{ Stunden}$$

Der Bagger braucht 15 Stunden, um 750 m³ Boden auszuheben.

> Wertgleiche Verhältnisse können durch ein Gleichheitszeichen zu einer Verhältnisgleichung (Proportion) verbunden werden.

Wir lösen eine Verhältnisgleichung, indem wir sie in eine Produktengleichung umwandeln. Dazu multiplizieren wir jeweils Außen- und Innenglieder miteinander.

Außenglied $\cdot$ Innenglied = Innenglied $\cdot$ Außenglied
Außenglied $\cdot$ Außenglied = Innenglied $\cdot$ Innenglied

> In einer Verhältnisgleichung ist das Produkt der Außenglieder gleich dem Produkt der Innenglieder.

Aufgaben

Lösen Sie die Aufgaben wahlweise mit dem Dreisatz oder der Verhältnisgleichung.

1. Für 1025 l Zementmörtel werden 410 kg Zement gebraucht. Wieviel kg Zement sind für 575 l Mörtel erforderlich?

2. Aus 292,5 l Kalk können 750 l Hydraulischer Kalkmörtel hergestellt werden. Wieviel Liter Mörtel lassen sich aus 479,7 l Kalk mischen?

3. Für eine Wand mit einem Rauminhalt von 2,8 m³ wurden 770 Steine im 2 DF-Format verbraucht. Wieviel Steine verarbeiten Sie, wenn die Wand 1,6 m³ Rauminhalt hat?

4. Aus 1681 Steinen im NF-Format lassen sich 4,1 m³ Wand mauern. Wieviel m³ Wand können aus 3526 Steinen erstellt werden?

5. Ein 3,5 m langer Stahlträger I 100 wiegt 29,19 kg. Wieviel kg wiegt ein 4,5 m langer Stahlträger?

6. Ein Facharbeiter verdient im Monat (23 Arbeitstage) 2364,40 DM. Wieviel DM erhält er für eine Woche (5 Arbeitstage)?

7. Ein Fußboden besteht aus 560 Bodenfliesen (20 × 20 cm). Er soll aus Fliesen in der Größe 20 × 40 cm neu gefliest werden. Wieviel Fliesen sind erforderlich?

8. 22 Kanthölzer wiegen 387,2 kg. Wie schwer sind 14 Kanthölzer?

9. Um 32 m³ Betondecke zu betonieren, sind 75 186 kg Frischbeton nötig. Wieviel t Frischbeton braucht man für 59 m³ Betondecke?

Gerades Verhältnis. Wenn wir das Ergebnis des letzten Beispiels mit der Aufgabe vergleichen, stellen wir fest, daß der Bagger desto mehr Stunden braucht, je mehr Boden er ausheben muß. Nehmen beide Größen eines Verhältnisses zu oder ab, liegt ein gerades Verhältnis vor:

Je mehr
– doppelte Menge
– dreifache Arbeitszeit

desto mehr
– doppelte Stundenzahl
– dreifacher Arbeitslohn

Je weniger
– halbe Menge
– ein Drittel Arbeitszeit

desto weniger
– halbe Stundenzahl
– ein Drittel Arbeitslohn

Beim geraden Verhältnis stellen wir die Verhältnisgleichung nach dieser Formel auf:

$$a_1 : b_1 = a_2 : b_2$$

Umgekehrtes Verhältnis. Hier nimmt die eine veränderliche Größe zu, während die andere abnimmt (bzw. nimmt die eine ab, während die andere zunimmt):

Je mehr
– doppelte Arbeiterzahl
– dreifache Geschwindigkeit

desto weniger
– halbe Arbeitszeit
– ein Drittel Fahrzeit

Je weniger
– halbe Arbeiterzahl
– halbe Geschwindigkeit

desto mehr
– doppelte Arbeitszeit
– doppelte Fahrzeit

Beim umgekehrten Verhältnis wird die Verhältnisgleichung nach dieser Formel aufgestellt:

$$a_1 : \frac{1}{b_1} = a_2 : \frac{1}{b_2}$$

Dreisatz beim umgekehrten Verhältnis

Beispiel   Um einen Parkplatz zu pflastern, brauchen 6 Facharbeiter 48 Stunden. Wie lange brauchen 4 Facharbeiter dazu?

1. Satz   6 Facharbeiter brauchen   = 48 Stunden

2. Satz   1 Facharbeiter braucht $6 \cdot 48$ = 288 Stunden

3. Satz   4 Facharbeiter brauchen $\dfrac{288}{4}$ = **72 Stunden**

4 Facharbeiter brauchen 72 Stunden – ein umgekehrtes Verhältnis, denn je weniger Arbeiter, desto mehr Arbeitszeit. Dies dient uns zugleich als Kontrollüberlegung.

Verhältnisgleichung

Beispiel Eine Rohrleitung kann von 4 Arbeitern in 8 Tagen verlegt werden. Wieviel Tage dauert die Arbeit, wenn 5 Arbeiter eingesetzt werden?

$$4 \text{ Arbeiter} : \frac{1}{8 \text{ Tage}} = 5 \text{ Arbeiter} : \frac{1}{x \text{ Tage}}$$

$$\frac{4 \text{ Arbeiter} \cdot 1}{x \text{ Tage}} = \frac{5 \text{ Arbeiter} \cdot 1}{8 \text{ Tage}}$$

$$4 \text{ Arbeiter} \cdot 8 \text{ Tage} = 5 \text{ Arbeiter} \cdot x \text{ Tage}$$

$$x = \frac{4 \text{ Arbeiter} \cdot 8 \text{ Tage}}{5 \text{ Arbeiter}} = \mathbf{6{,}4 \text{ Tage}}$$

5 Arbeiter brauchen also nur 6,4 Tage – ein umgekehrtes Verhältnis, denn je mehr Arbeiter desto weniger Arbeitszeit.

Aufgaben

10. 2 Lastwagen fahren Abbruchmaterial in 73,5 Stunden ab. Wieviel Stunden brauchen 3 Lastwagen derselben Größe für die gleiche Menge Abbruchmaterial?

11. Für Kanalisationsarbeiten, die nach 48 Tagen fertig sein sollen, sieht der Bauunternehmer eine Kolonne von 8 Mann vor. Durch Krankheit können aber nur 6 Mann eingesetzt werden. Um wieviel Tage verlängert sich die Ausführungszeit?

12. Insgesamt 12 Stunden braucht eine Mischmaschine, die 12 Mischungen/Stunde macht, für das Betonieren von Betonsäulen. In wieviel Stunden können die Säulen betoniert werden, wenn noch eine zweite Mischmaschine mit gleicher Trommelgröße aber 6 Mischungen/Stunde eingesetzt wird?

13. Eine Grenzwand soll durch 20 Wandvorlagen im Abstand von 1,24 m ausgesteift werden. Wie groß wird der Abstand bei 16 Wandvorlagen?

14. Eine Treppe mit 17 Steigungen hat eine Steigungshöhe von 16,2 cm. Wie groß wird die Steigungshöhe bei 18 Steigungen?

15. Für größere Erdarbeiten können statt 2 Bagger, die dafür 2 Tage und 5 Stunden (Arbeitstag 8 Stunden) brauchen würden, 3 Bagger eingesetzt werden. In wieviel Tagen und Stunden sind die Erdarbeiten dann ausgeführt?

Zusammengesetzter Dreisatz. Wenn mehr als drei Größen bekannt sind, ermitteln wir die gesuchte Größe stufenweise mit dem zusammengesetzten Dreisatz.

Beispiel 4 Betonbauer schalen eine Wand von 16 m Länge in 3 Tagen ein (tägliche Arbeitszeit 8 Stunden). In wieviel Tagen schalen 6 Betonbauer eine Wand von 24 m Länge ein, wenn sie täglich 6,4 Stunden arbeiten?

1. Stufe Anzahl der Betonbauer verändern

umgekehrtes Verhältnis
1. Satz 4 Betonbauer (16 m bei 8 h täglich) in   3 Tagen
2. Satz 1 Betonbauer (16 m bei 8 h täglich) in   4 · 3 = 12 Tagen
3. Satz 6 Betonbauer (16 m bei 8 h täglich) in 12 : 6 = **2 Tagen**

> **2. Stufe**   Länge der Wand verändern

gerades Verhältnis

1. Satz   16 m Wand (6 Betonbauer täglich 8 h) in   2 Tagen

2. Satz   1 m Wand (6 Betonbauer täglich 8 h) in $\dfrac{2}{16} = \dfrac{1}{8}$ Tag

3. Satz   24 m Wand (6 Betonbauer täglich 8 h) in $\dfrac{24 \cdot 1}{8} = 3$ Tagen

$\qquad\qquad\qquad\qquad\qquad\qquad\qquad\qquad\qquad = \textbf{24 Stunden}$

> **3. Stufe**   tägliche Arbeitszeit verändern

umgekehrtes Verhältnis

1. Satz   Bei 8 h   (24 m Wand, 6 Betonbauer) in   24 Stunden
2. Satz   Bei 1 h   (24 m Wand, 6 Betonbauer) in $24 \cdot 8 = 192$ Stunden

3. Satz   Bei 6,4 h (24 m Wand, 6 Betonbauer) in $\dfrac{192}{6,4} = 30$ Stunden

$\qquad\qquad\qquad\qquad\qquad\qquad\qquad\qquad\qquad = \textbf{4 Tage 4,4 Stunden}$

6 Betonbauer schalen eine 24 m lange Wand in 4 Tagen 4,4 Stunden ein, wenn
sie täglich 6,4 Stunden arbeiten.

> Im zusammengesetzten Dreisatz wird auf jeder Stufe nur e i n e Größe mit
> den Sätzen des einfachen Dreisatzes verändert. Die anderen Größen bleiben
> zunächst unberücksichtigt.
>
> Gelöst ist der zusammengesetzte Dreisatz, wenn alle Bedingungsgrößen
> verändert worden sind.

Lösen mit der Verhältnisgleichung an Stelle des zusammengesetzten Dreisatzes

Beispiel   3 Estrichleger stellen in 5 Tagen bei 6 Stunden täglicher Arbeitszeit 600 m²
Estrich her. Wieviel m² Estrich können 4 Estrichleger in 3 Tagen bei 8 Stunden
Arbeitszeit am Tag herstellen?

> **1. Stufe**   Anzahl der Estrichleger verändern

gerades Verhältnis

3 Estrichleger : 600 m² Estrich = 4 Estrichleger : x m² Estrich

$$3 \cdot x = 600 \text{ m}^2 \cdot 4$$
$$x = \textbf{800 m}^2 \textbf{ Estrich}$$

> **2. Stufe**   Anzahl der Tage verändern

gerades Verhältnis

5 Tage : 800 m² Estrich = 3 Tage : x m² Estrich

$$5 \cdot x = 800 \text{ m}^2 \cdot 3$$
$$x = \textbf{480 m}^2 \textbf{ Estrich}$$

3. Stufe   Tägliche Arbeitszeit verändern

gerades Verhältnis

$$6\,h : 480\ m^2\ \text{Estrich} = 8\,h : x\ m^2\ \text{Estrich}$$
$$6 \cdot x = 480\ m^2 \cdot 8$$
$$x = \mathbf{640\ m^2\ Estrich}$$

4 Estrichleger stellen in 3 Tagen bei 8 h täglicher Arbeitszeit 640 m² Estrich her.

Aufgaben

Lösen Sie die Aufgaben wieder wahlweise mit dem Dreisatz oder der Verhältnisgleichung. Stellen Sie zunächst jeweils fest, ob ein gerades oder umgekehrtes Verhältnis vorliegt.

16. Vier Betonpumpen fördern in 18 Stunden 2880 m³ Beton. Wieviel Betonpumpen sind einzusetzen, wenn 3840 m³ Beton in 12 Stunden gefördert werden sollen?

17. Eine Kolonne aus 9 Facharbeitern braucht für ein Kellergeschoß 9 Arbeitstage je 8 Stunden. Wieviel Überstunden muß jeder am Arbeitstag leisten, wenn ein Kollege erkrankt, aber das Kellergeschoß in derselben Zeit fertig sein soll?

18. Für 14 Betonsäulen sind 5,88 m² Schalholz nötig. Wieviel m² Schalholz brauchen Sie für 9 Betonsäulen?

19. Fünf Betonbauer stellen in sechs Tagen 18 Kanalschächte her. Wieviel Schächte können drei Betonbauer in 8 Tagen ausführen?

20. 7 Maurer benötigen für den Rohbau bei einer täglichen Arbeitszeit von 8 Stunden 184,5 Tage. Wieviel Maurer mehr müssen beschäftigt werden, wenn der Rohbau schon nach 128 Tagen fertig sein soll, wobei jeder Maurer zusagt, eine Überstunde am Tag zu machen?

21. Fünf Fliesenleger fliesen in vier Tagen 336 m² Wandfläche. Wieviel m² Wandfläche können in 6 Tagen gefliest werden, wenn noch 3 Fliesenleger hinzukommen?

22. Eine Kolonne von 5 Betonbauern verdient für eine Arbeit in 4 Tagen 2468,70 DM, wobei aber 2 Betonbauer nur an 3 Tagen mitgearbeitet haben.
a) Wieviel DM erhält jeder der 3 Betonbauer die 4 Tage und
b) jeder der 2 Betonbauer, die 3 Tage gearbeitet haben?

23. Für den Aushub einer 720 m³ großen Baugrube müssen 4 Lkw 28,8 Stunden lang Erdreich abfahren. Wieviel Lkw sind für eine 900 m³ große Baugrube notwendig, die aber schon in 16 Stunden ausgehoben sein soll?

24. 6 Betonbauer brauchen zum Betonieren einer 120 m² großen Decke 6 Stunden. Wieviel Stunden brauchen 8 Betonbauer für eine 80 m² große Decke?

25. Für den Bau einer Straße brauchen 13 Arbeiter 55 Tage. Nachdem die Arbeit zu 3/5 fertig ist, kommen zur Beschleunigung 9 Arbeiter hinzu. Wieviele Tage eher kann die Straße nun fertig werden?

26. In 8 Stunden fahren sechs Lkw 576 t Boden ab. Wieviel Stunden brauchen vier Lkw für 936 t?

27. Sechs Kanalbauer brauchen zum Verlegen einer 780 m langen Rohrleitung 3 Tage und 2 Stunden. Um wieviel Stunden verkürzt sich die Ausführungszeit, wenn nach 2 Tagen Verlegearbeit 2 Kanalbauer hinzukommen, aber statt 780 m nun 840 m Leitung zu verlegen sind?

1.11 Prozent- und Zinsrechnen

1.11.1 Prozentrechnen

Vielfach werden in der Bautechnik Größen in Prozentzahlen angegeben. So z.B. die Neigung einer Straße, das Gefälle einer Entwässerungsleitung oder die Eigenfeuchte des Zuschlags für Beton. Das Wort „Prozent" stammt aus dem Lateinischen (pro = für, centum = hundert) und gibt die Bruchteile eines Ganzen in Hundertstel an.

$$1 \text{ Prozent (Kurzzeichen: 1\%)} = 1 \quad \text{Hundertstel}$$

$$1\% = \frac{1}{100}$$

Bei sehr kleinen Werten werden auch Zahlen in Promille (Kurzzeichen ‰, mille = tausend) angegeben $\left(1‰ = \dfrac{1}{1000}\right)$.

Umrechnen von Dezimal- und Bruchzahlen in Prozentzahlen. Um eine Dezimal- oder Bruchzahl in Prozent anzugeben, multiplizieren wir sie mit 100%. Der Wert ändert sich dadurch nicht, denn 100% sind 100 Hundertstel (= 1).

Beispiel $\qquad 0{,}25 \cdot 100\% = 25\% \qquad\qquad \dfrac{1}{4} \cdot 100\% = 25\%$

Umgekehrt können wir Prozentzahlen in Dezimal- und Bruchzahlen umwandeln, wenn wir sie durch 100 dividieren.

Beispiel $\qquad \dfrac{4\%}{100\%} = \dfrac{1}{25} = 0{,}04$

Lösen von Prozentrechenaufgaben. In der Prozentrechnung kommen 3 Größen vor.

Beispiel
$$\underset{\text{Prozentsatz } p}{6\%} \quad \text{von} \quad \underset{\text{Grundwert } g}{480 \, \text{kg}} \quad = \quad \underset{\text{Prozentwert } w}{28{,}8 \, \text{kg}}$$

Grundwert g entspricht 100%, stellt also das Ganze dar; den Wert auf den wir uns in der Prozentrechnung beziehen.

Prozentsatz p gibt die Anzahl der Prozente (der Hundertstel) vom Grundwert an.

Prozentwert w ist der Teil des Grundwerts, der dem Grundwert entspricht. Er hat dieselbe Einheit wie der Grundwert g.

Wenn zwei der 3 Größen p, g oder w bekannt sind, können wir mit der Prozentrechnung die dritte berechnen.

Prozentrechnung mit dem Dreisatz

Beispiel 1 Bei einer Holzbestellung wird mit 5% Verschnitt gerechnet, was 0,22 m³ Holz entspricht. Wieviel m³ Rohholz wurden bestellt?

gesucht: Grundwert g ≙ 100%

1. Schritt   5% ≙ 0,22 m³ Holz

2. Schritt   1% ≙ $\dfrac{0{,}22 \text{ m}^3}{5}$ ≙ 0,044 m³ Holz

3. Schritt 100% ≙ 0,044 m³ · 100 ≙ **4,40 m³ Rohholz**

Beispiel 2 Von 1400 angelieferten Dachpfannen waren 3,5% gebrochen. Wieviel Dachpfannen sind das?

gesucht: Prozentwert w

1. Schritt 100% ≙ 1400   Dachpfannen

2. Schritt   1% ≙ $\dfrac{1400}{100}$ ≙ 14 Dachpfannen

3. Schritt 3,5% ≙ 14 · 3,5 ≙ **49 Dachpfannen**

Beispiel 3 Ein Betonzuschlag von 2500 kg hat eine Eigenfeuchtigkeit von 75 kg. Wieviel Prozent sind das?

gesucht: Prozentsatz p

1. Schritt 2500 kg ≙ 100%

2. Schritt   1 kg ≙ $\dfrac{100}{2500}$ ≙ 0,04%

3. Schritt 75 kg ≙ 0,04% · 75 ≙ **3% Eigenfeuchtigkeit**

Prozentrechnungen lösen wir mit dem Dreisatz in 3 Schritten:

1. Schritt   Die vorgegebene Mehrheit ausdrücken.

2. Schritt   Auf die Einheit schließen.

3. Schritt   Die gesuchte Mehrheit berechnen.

Prozentrechnung mit Formelgleichungen. Bei der Prozentrechnung ist das Verhältnis von Grundwert zum Prozentwert gleich dem von 100% zum Prozentsatz.

Grundwert g : Prozentwert w = 100% : Prozentsatz p

Aus dieser Verhältnisgleichung können wir die Formeln für die Berechnung der 3 Prozentrechengrößen ableiten.

$$\text{Grundwert } g \;=\; \frac{\text{Prozentwert } w \cdot 100\%}{\text{Prozentsatz } p\%}$$

$$\text{Prozentwert } w \;=\; \frac{\text{Grundwert } g \cdot \text{Prozentsatz } p\%}{100\%}$$

$$\text{Prozentsatz } p \;=\; \frac{\text{Prozentwert } w \cdot 100\%}{\text{Grundwert } g}$$

Beispiel 1 Bei einer Fliesenbestellung wurde mit 4% Bruch gerechnet, was 90 Stück entspricht. Wieviel Fliesen wurden insgesamt bestellt?

gesucht: Grundwert g

$$g = \frac{w \cdot 100\%}{p\%} = \frac{90 \text{ Fliesen} \cdot 100\%}{4\%} = \textbf{2250 Fliesen}$$

Beispiel 2 Bei Zahlungen eines Rechnungsbetrags von 555,– DM binnen 10 Tagen können 3% Skonto abgezogen werden. Wieviel DM beträgt der Skonto?

gesucht: Prozentwert w

$$w = \frac{g \cdot p\%}{100\%} = \frac{555,\!- \text{ DM} \cdot 3\%}{100\%} = \textbf{16,65 DM Skonto}$$

Beispiel 3 Von einer 240 m² großen Wandfläche sind schon 54 m² verklinkert. Wieviel Prozent der Wandfläche sind das?

gesucht: Prozentsatz p

$$p = \frac{w \cdot 100\%}{g} = \frac{54 \text{ m}^2 \cdot 100\%}{240 \text{ m}^2} = \textbf{22,5\%}$$

Rechenvorteile

Beim Berechnen des Prozentwerts wird durch 100 dividiert und mit dem Prozentsatz multipliziert. Diese Berechnung können wir vereinfachen, indem wir den Grundwert gleich mit dem hundertsten Teil des Prozentsatzes multiplizieren.

Beispiel Von einer 180 m² großen Decke sind schon 35% eingeschalt. Wieviel m² Decke sind das?

$$g = 180 \text{ m}^2 \cdot 0,\!35 = \textbf{63 m}^2 \textbf{ Decke}$$

Soll der ausgerechnete Prozentwert hinzuaddiert werden, können wir den Grundwert gleich mit der Summe aus 1 und dem Hundertstel des Prozentsatzes multiplizieren.

$$g + w = g + \frac{g \cdot p\%}{100\%} = g \cdot \boxed{\left(\frac{1 + p\%}{100\%} \right)}$$

Beispiel Der Stundenlohn eines Maurers steigt um 4%. Wieviel DM beträgt der neue Stundenlohn, wenn der bisherige Lohn 11,25 DM war?

$$g + w = 11,\!25 \text{ DM} \cdot 1,\!04 = \textbf{11,70 DM}$$

Lösung mit Taschenrechner

		Eingaben	Tasten	Anzeige

Beispiel 1 $\dfrac{90 \text{ Fliesen} \cdot 100\%}{4\%}$

Eingaben	Tasten	Anzeige
9 0	✳	90
1 0 0	÷	9000
4	=	2250

Beispiel 2 $\dfrac{555{,}00 \text{ DM} \cdot 3\%}{100\%}$

Eingaben	Tasten	Anzeige
5 5 5	✳	555
3	÷	1665
1 0 0	=	16.65

Beispiel 3 $\dfrac{54 \text{ m}^2 \cdot 100\%}{240 \text{ m}^2}$

Eingaben	Tasten	Anzeige
5 4	✳	54
1 0 0	÷	5400
2 4 0	=	22.5

Lösung mit Taschenrechner und Prozenttaste

Beispiel 1 $\dfrac{90 \text{ Fliesen} \cdot 100\%}{4\%}$

Eingaben	Tasten	Anzeige
9 0	÷	90
4	% =	2250

Beispiel 2 $\dfrac{555{,}00 \text{ DM} \cdot 3\%}{100\%}$

Eingaben	Tasten	Anzeige
5 5 5	✳	555
3	% =	16.65

Beispiel 3 $\dfrac{54 \text{ m}^2 \cdot 100\%}{240 \text{ m}^2}$

Eingaben	Tasten	Anzeige
5 4	÷	54
2 4 0	% =	22.5

Aufgaben

1. Berechnen Sie den Prozentwert, Prozentsatz oder Grundwert.

Prozentwert?

Prozentsatz	Grundwert
a) 4%	1,356 m²
b) 6,5%	836,– DM
c) 5¼%	126,824 m³
d) 2%	2950 Stück
e) 3½%	200 Tage

Prozentsatz?

Grundwert	Prozentwert
f) 2400 Fliesen	150 Fliesen
g) 15 635,– DM	625,40 DM
h) 16 125 Steine	1290 Steine
i) 532 m²	17,29 m²
k) 438,125 m³	22,432 m³

Grundwert?

Prozentwert	Prozentsatz
l) 628,293 m³	7,5%
m) 1256,24 DM	4%
n) 138 Marmorplatten	6%
o) 528,58 m²	3,8%
p) 28512 Steine	6¾%

2. Die Baukosten eines Vierfamilienhauses werden mit 1 400 711,– DM veranschlagt. Wie hoch sind die Rohbaukosten, wenn der Rohbau 46% der Baukosten entspricht?

3. Auf einer Baustelle wurden 136 m² Betondecke eingeschalt, wobei 12,58 m² Verschnitt anfiel. Wieviel Prozent betrug der Verschnitt?

4. Ein Betonbauer erhält 2684,– DM Bruttolohn, aber netto 1737,89 DM ausgezahlt. Wie hoch sind die Abzüge a) in DM und b) als Prozentsatz?

5. Der Stundenlohn eines Betonbauers von 12,– DM wird um 3,5% erhöht. Wieviel DM beträgt der neue Stundenlohn?

6. Ein Bauunternehmer gewährt auf die Auftragssumme von 13 528,75 DM 8% Nachlaß. Wieviel DM beträgt der Preisnachlaß?

7. Bei der Einschalung einer Betontreppe fiel 1,38 m² Verschnitt an. Wieviel Prozent betrug der Verschnitt bei insgesamt 18,4 m² Schalung?

8. Von einer Lieferung Dachpfannen waren 76 Stück gebrochen. Aus wieviel Dachpfannen bestand die Lieferung, wenn der Bruch 6,25% betrug?

9. Ein Betonzuschlag von 4630 kg hat eine Eigenfeuchtigkeit von 4,2%. Wieviel kg Wasser sind das?

10. Nach einer Preiserhöhung sind für ein Gartenhaus gegenüber den Angebotspreisen in der Rechnung die folgenden Gesamtpreise zu bezahlen. Um wieviel DM und Prozent haben sich die Einheitspreise für 1 m³ Mauerwerk und 1 m³ Beton verändert?

Mengen	Angebots-preis	Rechnungs-preis
a) 6,8 m³ Mauerwerk	3162,– DM	3320,10 DM
b) 1,7 m³ Beton B25 einschl. Bewehrung	450,50 DM	468,52 DM

11. Bei der Herstellung von Beton wird entgegen der Vorschrift nach DIN 1045 ständig statt der vorgeschriebenen Zementmenge von 280 kg/m³ 8% mehr hinzugegeben. Wieviel m³ Beton konnten mit 15 204 kg Zement hergestellt werden:
a) ohne Mehrzugabe von Zement?
b) mit 8% Mehrzugabe von Zement?

12. Ein Maurer erhält im Monat einen Bruttolohn von 2589,36 DM. Seine Abzüge betragen für die Lohnsteuer 18,1%, für die Rentenversicherung 9,25%, die Krankenversicherung 5,5% und die Arbeitslosenversicherung 2,3%.
a) Wie hoch sind die e i n z e l n e n Abzüge in DM?
b) Wieviel DM beträgt der Nettolohn?

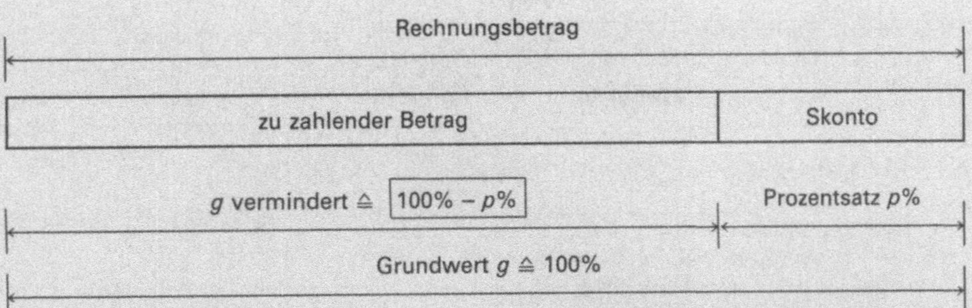

Ein vermehrter Grundwert ist dagegen z.B. der Betrag einer Rechnung einschließlich Mehrwertsteuer. Der Grundwert (= Rechnungsbetrag ohne Mehrwertsteuer) ist um 14% vermehrt.

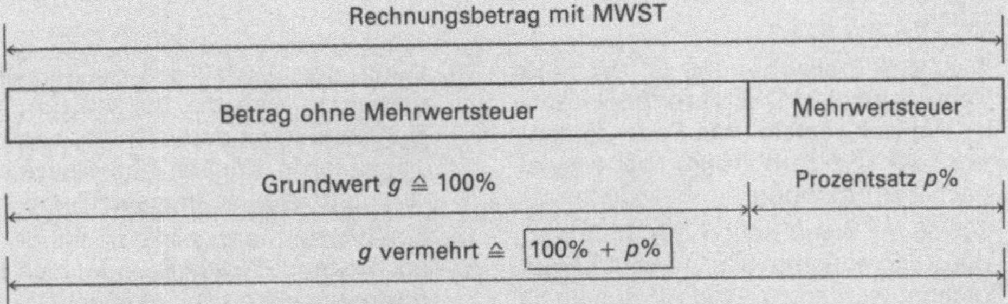

Aus bekanntem vermehrten oder verminderten Grundwert können wir den Grundwert mit dem Dreisatz oder mit Formeln berechnen.

$$\text{Grundwert } g = \frac{g_{\text{vermindert}} \cdot 100\%}{(100\% - p\%)} \quad \rightarrow \quad \textbf{aus verminderten Grundwert}$$

$$\text{Grundwert } g = \frac{g_{\text{vermehrt}} \cdot 100\%}{(100\% + p\%)} \quad \rightarrow \quad \textbf{aus vermehrten Grundwert}$$

Beispiel 1 **Verminderter Grundwert.** Für eine Lieferung Kalksandsteine muß ein Bauunternehmer, nachdem er 4% Skonto abgezogen hat, noch 12 524,16 DM bezahlen. Wie lautete der Rechnungsbetrag?

a) **Lösung mit Dreisatz**

1. Schritt $g_{\text{vermindert}}$ $\triangleq 100\% - 4\% \triangleq 96\% \triangleq 12\,524{,}16$ DM

2. Schritt $1\% \triangleq \dfrac{12\,524{,}16 \text{ DM}}{96} \triangleq 130{,}46$ DM

3. Schritt $g \triangleq 100\% \triangleq 130{,}46 \text{ DM} \cdot 100 \triangleq \textbf{13 046,– DM}$

b) **Lösung mit Formel**

$$g = \frac{12\,524{,}16 \text{ DM} \cdot 100\%}{(100\% - 4\%)} = \textbf{13 046,– DM}$$

Der Rechnungsbetrag lautete 13 046,– DM.

Aufgaben

13. Nach 3% Preiserhöhung ist der Sack Zement um 0,36 DM teurer geworden. a) Wieviel kostete der Sack Zement vor der Preiserhöhung, b) wieviel nach der Erhöhung?

14. 105,56 m^2 Wand sollen geschalt werden. Es muß mit 9% Verschnitt gerechnet werden. Wieviel m^2 Schalholz müssen bestellt werden?

15. Ein Bagger kostet einschließlich 14% Mehrwertsteuer 64 848,90 DM. Wie hoch ist der Nettopreis ohne Mehrwertsteuer?

16. Nachdem 3,5% Skonto abgezogen wurden, müssen für eine Baustofflieferung noch 6822,55 DM bezahlt werden. Wie lautete der Rechnungsbetrag?

17. 100 Sack Traßzement kosten nach einer Preiserhöhung von 4 Prozent 1233,18 DM. Wieviel kosteten 100 Sack Zement vor der Preiserhöhung?

18. Durch den Ausfall des zweiten Krans verlängert sich die Bauzeit um 25%. Der Rohbau ist dadurch erst nach 110 Tagen fertig. Wieviel Tage Bauzeit waren ursprünglich angesetzt?

19. Ein Zimmermann erhält in seiner neuen Stelle 11,76 DM/Stunde; das sind 5% mehr als bisher. Wieviel DM verdiente er in der alten Stelle?

20. Beim Bau eines Hauses wurden 7,5 m^3 Beton mehr verbraucht; das entspricht 12% der angenommenen Menge. Daher kosten die Betonarbeiten jetzt 18 550,– DM.

    a) Wie groß waren die angenommene Betonmenge und die tatsächlich verbrauchte?

    b) Wie teuer wären die Betonarbeiten vorher gewesen, und wieviel DM mußten mehr bezahlt werden?

1.11.2 Zinsrechnen

Beispiel 4%   von 2000,– DM für 1 Jahr = 80,– DM

↓	↓	↓	↓
Zinssatz $p\%$	Kapital k	Zeit t	Zinsen z
(Prozentsatz)	(Grundwert)		(Prozentwert)

Zinsaufgaben sind wie Prozentaufgaben mit Dreisatz oder Formelgleichungen zu lösen.

Zinsrechnen mit Dreisatz. Grundlage der Zinsrechnung ist das Zinsjahr, wobei die Zinsen nur von vollen DM-Beträgen gerechnet werden. Sind Zinsen für geringere Zeiträume zu berechnen, muß die Zeit entsprechend berücksichtigt werden. Dabei werden das Zinsjahr mit 360 Tagen und der Zinsmonat mit 30 Tagen gerechnet.

Beispiel 1 Auf wieviel DM wächst ein Guthaben von 4200,– DM bei einem Zinssatz von 8% in 7 Monaten an?

gesucht: Zinsen z

1% Zinssatz bringt von 4200,– DM Kapital in 12 Monaten

$$\frac{4200{,}– \text{ DM} \cdot 1\%}{100\%} = 42{,}– \text{ DM Zinsen}$$

8% Zinssatz bringt in 12 Monaten 42,– DM · 8 = 336,– DM Zinsen
1 Monat Zinszeit bringt 336,– DM : 12 = 28,– DM Zinsen
7 Monate Zinszeit bringen 28,– DM · 7 = **196,– DM Zinsen**
Das Guthaben wächst in 7 Monaten bei einem Zinssatz von 8% auf 4200,– DM + 196,– DM = 4396,– DM an.

Beispiel 2 Ein Maurer zahlt auf sein Sparbuch 2826,– DM ein. Nach einem Jahr kann er 2953,17 DM abheben. Wie hoch war der Sparzinssatz?

gesucht: Zinssatz $p\%$

1% Zinssatz von 2826,– DM Kapital ergibt in 1 Jahr

$$\frac{2826{,}– \text{ DM} \cdot 1\%}{100\%} = 28{,}26 \text{ DM Zinsen}$$

28,26 DM Zinsen werden von 2826,– DM Kapital in 1 Jahr bei 1% Zinssatz fällig.

1 DM Zinsen wird in 1 Jahr bei $\dfrac{1}{28{,}26}\%$ Zinssatz fällig.

Erhaltene Zinsen 2953,17 DM − 2826,– DM = 127,17 DM

127,17 DM Zinsen werden in 1 Jahr bei $\dfrac{1}{28{,}26}\% \cdot 127{,}17 =$ **4,5% Zinssatz** fällig.

Beispiel 3 Nach 1 Jahr erhält ein Dachdecker bei 4% Zinssatz 52,50 DM Zinsen. Wie hoch war das gesparte Kapital?

gesucht: Kapital k

1 DM Kapital bringt in 1 Jahr bei 4% $= \dfrac{1 \text{ DM} \cdot 4\%}{100\%} = 0{,}04 \text{ DM Zinsen}$

0,04 DM Zinsen werden in 1 Jahr bei 4% von 1 DM Kapital fällig.

1 DM Zinsen wird in 1 Jahr bei 4% von $\dfrac{1 \text{ DM}}{0{,}04} = 25{,}– \text{ DM Kapital fällig.}$

52,50 DM Zinsen werden in 1 Jahr bei 4% von 25 DM · 52,50 = **1312,50 DM Kapital** fällig.

Beispiel 4 Wieviel Monate muß ein Fliesenleger sparen, wenn das Guthaben 1500,– DM und der Zinssatz 5,5% betragen, um 1555,– DM ausbezahlt zu bekommen?

gesucht: Zeit t = Monate

Beispiel 4, 1555,– DM – 1500,– DM = 55,– DM Zinsen
Fortsetzung 1% Zinssatz von 1500,– DM ergibt in 12 Monaten

$$\frac{1500,- \text{DM} \cdot 1\%}{100\%} = 15,- \text{DM Zinsen.}$$

5,5% Zinssatz von 1500,– DM ergibt in 12 Monaten 15,– DM · 5,5 = 82,50 DM Zinsen.

82,50 DM Zinsen von 1500,– DM bei 5,5% werden in 12 Monaten fällig.

1 DM Zinsen von 1500,– DM bei 5,5% wird in $\dfrac{12}{82,50}$ Monaten fällig.

55,– DM Zinsen von 1500,– DM bei 5,5% werden in

$\dfrac{12}{82,50}$ Monaten · 55 = **8 Monate** fällig.

Zinsrechnung mit Formeln. Aus den Formeln der Prozentrechnung können wir die Formeln für Zinsrechnung ableiten:

<table>
<tr><td colspan="2">Prozentrechnung</td><td colspan="2">Zinsrechnung</td></tr>
<tr><td>Prozentwert $w = \dfrac{g \cdot p\%}{100\%}$</td><td>$\longrightarrow$</td><td>Zinsen $z = \dfrac{k \cdot p\% \cdot t}{100\%}$</td></tr>
<tr><td>Grundwert $g = \dfrac{w \cdot 100\%}{p\%}$</td><td>$\longrightarrow$</td><td>Kapital $k = \dfrac{z \cdot 100\%}{p\% \cdot t}$</td></tr>
<tr><td>Prozentsatz $p = \dfrac{w \cdot 100\%}{g}$</td><td>$\longrightarrow$</td><td>Zinssatz $p = \dfrac{z \cdot 100\%}{k \cdot t}$</td></tr>
<tr><td></td><td></td><td>Zinszeit $t = \dfrac{z \cdot 100\%}{k \cdot p\%}$</td></tr>
</table>

In die 4 Zinsformeln können wir jeweils t für Zinsmonate und Zinstage einsetzen.

$$t = \text{Anzahl der Jahre} \quad \text{oder} \quad \frac{\text{Anzahl der Monate}}{12} \quad \text{oder} \quad \frac{\text{Anzahl der Tage}}{360}$$

Aufgabe

21. Setzen Sie in die 4 Zinsformeln für Zinsjahre t für Zinsmonate und Zinstage ein.

	Zinsjahre	Zinsmonate	Zinstage
a)	$z = \dfrac{k \cdot p\% \cdot \text{Jahre}}{100\%}$	$z = ?$	$z = ?$
b)	$k = \dfrac{z \cdot 100\%}{p\% \cdot \text{Jahre}}$	$k = ?$	$k = ?$
c)	$p = \dfrac{z \cdot 100\%}{k \cdot \text{Jahre}}$	$p = ?$	$p = ?$
d)	$t = \dfrac{z \cdot 100\%}{k \cdot p\%}$	$t = ?$	$t = ?$

Beispiel 1   Ein Bauherr nimmt 84 000,– DM Darlehen zu 8,75% für 8 Monate auf. Berechnen Sie die zu zahlenden Zinsen.

gesucht: Zinsen z

$$z = \frac{k \cdot p\% \cdot \text{Monate}}{100\% \cdot 12} = \frac{84\,000,\!- \text{DM} \cdot 8,\!75\% \cdot 8 \text{ Monate}}{100\% \cdot 12 \text{ Monate}} = 4900,\!- \text{DM}$$

Beispiel 2   Ein Stukkateur bekommt nach 250 Tagen Sparzeit 24,50 DM mehr ausbezahlt, als er auf sein Sparbuch eingezahlt hat. Der Zinssatz betrug 4%. Wie hoch war sein Guthaben?

gesucht: Kapital k

$$k = \frac{z \cdot 100\% \cdot 360}{p\% \cdot \text{Tage}} = \frac{24,\!50 \text{ DM} \cdot 100\% \cdot 360 \text{ Tage}}{4\% \cdot 250 \text{ Tage}} = 882,\!- \text{DM}$$

Beispiel 3   Für sein Guthaben von 5428,– DM auf dem Sparbuch bekommt ein Estrichleger nach einem Jahr 230,69 DM Zinsen. Wie hoch war der Sparzinssatz?

gesucht: Zinssatz p

$$p = \frac{z \cdot 100\%}{k \cdot \text{Jahre}} = \frac{230,\!69 \text{ DM} \cdot 100\%}{5428,\!- \text{DM} \cdot 1 \text{ Jahr}} = 4,\!25\%$$

Beispiel 4   Nach wieviel Tagen erhält ein Betonbauer bei 5% Sparzinssatz und einem Guthaben von 960,– DM 34,– DM Zinsen?

gesucht: Zeit $t \triangleq$ Tage

$$t = \frac{z \cdot 100\% \cdot 360}{k \cdot p\%} = \frac{34,\!- \text{DM} \cdot 100\% \cdot 360 \text{ Tage}}{960,\!- \text{DM} \cdot 5\%} = 255 \text{ Tage}$$

Aufgaben

22. Ein Zimmermann möchte sich ein Auto für 16 344,90 DM kaufen. Zur Zeit hat er auf seinem Sparbuch nur 15 840,– DM. Wieviel Monate muß er bei einem Sparzins von 4,25% noch warten?

23. Ein Betonbauer bekommt für die 2422,92 DM auf seinem Sparbuch nach 255 Tagen 2495,86 DM ausbezahlt. Wie hoch war der Sparzins?

24. Ein Kredit für eine Fernreise von 5000,– DM soll nach 6 Monaten zurückgezahlt sein. Wieviel DM beträgt die Monatsrate (Tilgung + Kreditzinsen) bei einem Kreditzins von 12%?

25. Ein Bauunternehmer muß für die Anschaffung eines Baggers bei seiner Bank ein Darlehen von 56 520,– DM zum Zinssatz von 8,25% aufnehmen. Wieviel DM Zinsen muß er im 1. Jahr zahlen?

26. Ein Bauherr muß im Jahr 8075,– DM Zinsen bezahlen. Wie hoch ist sein Kredit in diesem Jahr bei einem Zinssatz von 9,5%?

27. Für ein Mehrfamilienhaus, das 1 260 000,– DM kostete, erhält der Bauherr 2100,– DM Monatsmiete. Wie hoch ist die Verzinsung seines eingesetzten Kapitals im Jahr, ohne Berücksichtigung der anfallenden Instandhaltungskosten?

28. Ein Bauherr, der ein Grundstück für 24 750,– DM kaufte, muß es schon 176 Tage später wieder verkaufen, da er beruflich gezwungen ist umzuziehen. Beim Verkauf erzielt er eine Verzinsung von 6,5%. Für wieviel DM hat er das Grundstück verkauft?

29. Für ein Guthaben von 14 236,– DM erhält ein Handwerker bei 5,25% Zinssatz 498,25 DM Zinsen. Wieviel Monate lag das Geld auf dem Sparkonto?

2.1 Maßordnung im Hochbau

Mauerlängen und -höhen werden nach der Maßordnung im Hochbau (DIN 4172) berechnet. Die Norm führt B a u r i c h t m a ß e auf, nach denen wir uns richten. Einheit ist das Meter. Das A c h t e l m e t e r (am) ist die Baunormzahl und damit

2.1 Baurichtmaß (Maße in cm)

Ausgangsgröße für die Berechnung von Mauerlängen (1 am = 100 cm : 8 = 12,5 cm). Baurichtmaße sind 12,5 cm, Teile von 12,5 cm wie auch Vielfache von 12,5 cm. In der Praxis wird für das Achtelmeter der Begriff „Kopf" verwendet. Ein Kopf ist die Breite der Kopffläche eines Steines im Normalformat (NF) von 11,5 cm mit einer Fuge von 1 cm Breite (2.1).

Mauerlängen. In den Ausführungszeichnungen oder Werkplänen, nach denen wir z.B. mauern, stehen die N e n n m a ß e (oder Rohbaumaße). Sie können um 1 cm von den Baurichtmaßen abweichen. Das Nennmaß (die Mauerlänge) wird aus dem Baurichtmaß unter Berücksichtigung der Fugen berechnet. Dabei unterscheiden wir drei Fälle:

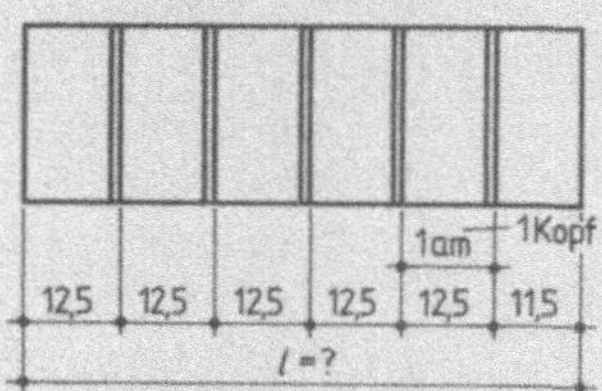

2.2 Beiderseits frei endigende Mauer (Pfeilermaß), Maße in cm

– Bei einer an beiden Seiten frei endigenden Mauer (2.2)

> Nennmaß = Baurichtmaß − 1 cm (Fuge)

– Bei einer an einer Seite angebauten Mauer (2.3)

> Nennmaß = Baurichtmaß

– Bei einer an beiden Seiten angebauten Mauer (2.4)

> Nennmaß = Baurichtmaß + 1 cm (Fuge)

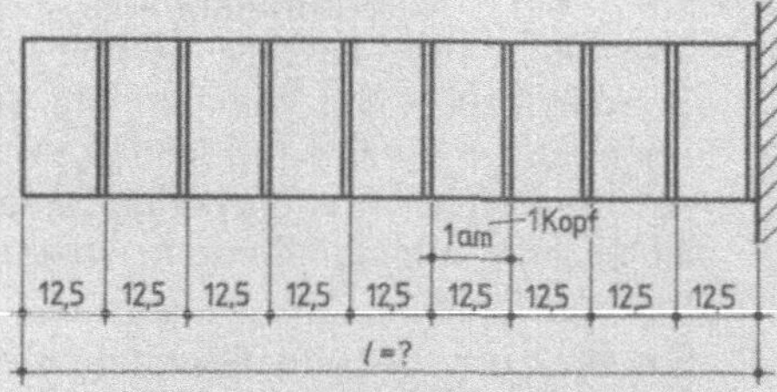

2.3 Einseitig angebaute Mauer (Vorlagemaß)

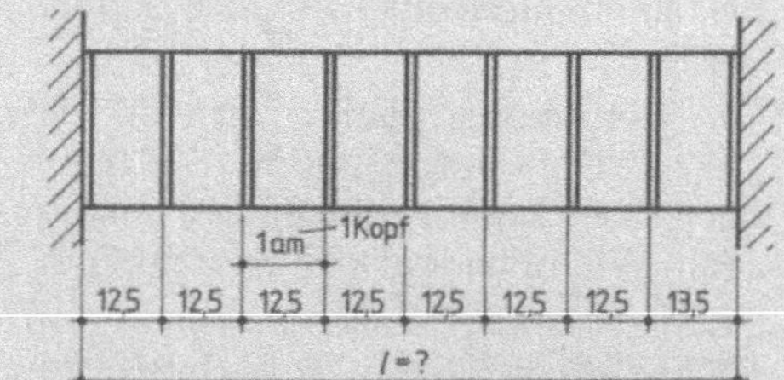

2.4 Beiderseits angebaute Mauer (Nischen- oder Öffnungsmaß)

Bei Wänden aus Bauteilen ohne nennenswerte Fugen (z.B. Betonbauteile bzw. Gasbeton-Planblöcke) ist das Nennmaß (Rohbaumaß) = Baurichtmaß.

Beispiele   Berechnen Sie die Länge der Mauern in den Bildern 2.2 bis 2.4.

$$2.2 \quad l = 6 \cdot 12,5 \text{ cm} - 1 \text{ cm} = \mathbf{74 \text{ cm}}$$
$$2.3 \quad l = 9 \cdot 12,5 \text{ cm} = 112,5 \text{ cm} = \mathbf{1,125 \text{ m}}$$
$$2.4 \quad l = 8 \cdot 12,5 \text{ cm} + 1 \text{ cm} = 101 \text{ cm} = \mathbf{1,01 \text{ m}}$$

Den Baustoffbedarf ermitteln wir, indem wir umgekehrt aus der Mauerlänge die Anzahl der Köpfe berechnen.

Beispiel 1 Wieviel Köpfe gehen auf einen Mauerpfeiler von 74 cm Länge (**2.2**)?
Anzahl der Köpfe = (74 cm + 1 cm) : 12,5 cm = **6**

Beispiel 2 Wieviel Köpfe gehen auf eine 1,125 m lange Mauervorlage (**2.3**)?
Anzahl der Köpfe = 1125 cm : 12,5 cm = **9**

Beispiel 3 Wieviel Köpfe gehen auf eine 1,01 m lange Mauernische (**2.4**)?
Anzahl der Köpfe = (101 cm − 1 cm) : 12,5 cm = **8**

Aufgaben

1. Wie lang ist die Außenmauer eines Hauses bei a) 151 Achtelmeter, b) 101 Achtelmeter, c) 79 Achtelmeter?

2. Wie breit ist die Fensteröffnung von 29 am?

3. Aus wieviel Köpfen besteht ein Brüstungsmauerwerk bei einer 2,385 m breiten Fensteröffnung?

4. Wie lang ist die Zwischenwand in einem Haus bei a) 71 am, b) 88 am, c) 41 am?

5. Wie lang ist der Mauervorsprung bei a) 14 am, b) 5 am, c) 9 am?

6. In dem Grundrißausschnitt **2.5** sind die Abmessungen in am angegeben. Berechnen Sie die Nennmaße ① bis ㉕ in m und cm.

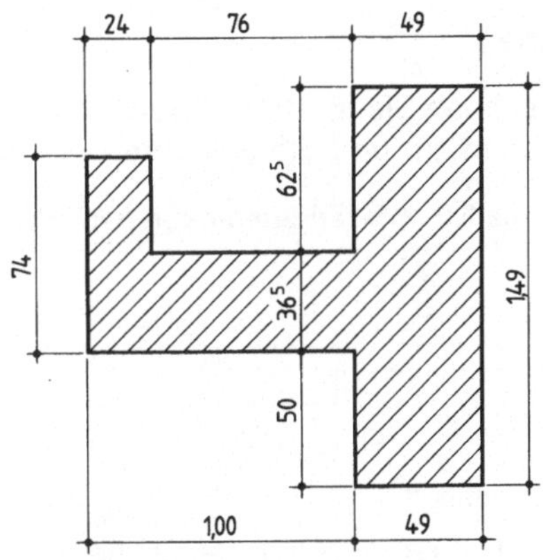

2.6   Mauerpfeiler (Maße in cm, m)

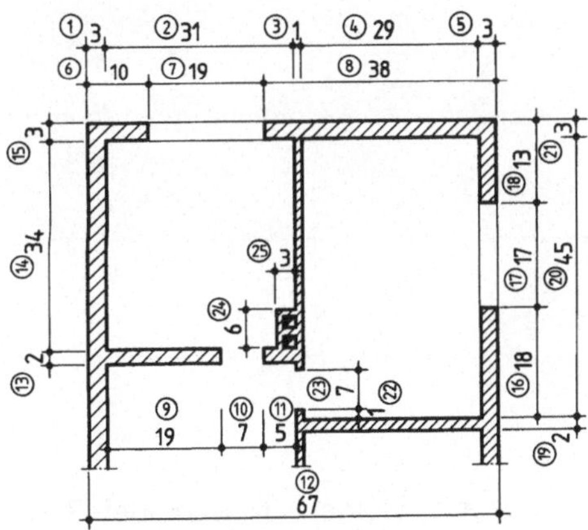

2.5   Grundriß (Maße in Achtelmeter)

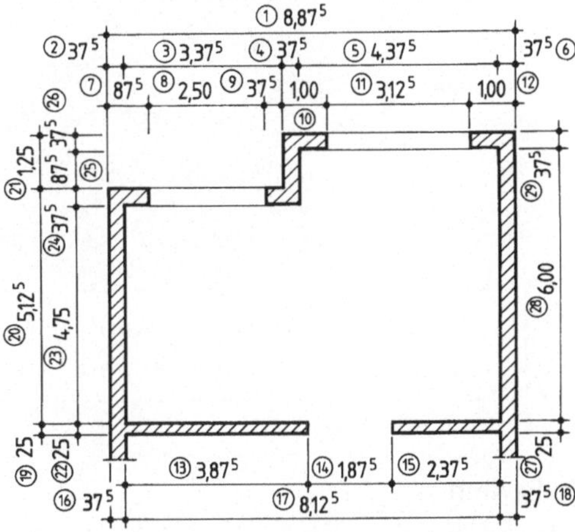

2.7   Grundriß – Baurichtmaße (Maße in cm, m)

7. Rechnen Sie die Anzahl der Mauersteine des Mauerpfeilers **2.6** im Normalformat (Breite 11,5 cm, Länge 24 cm, Höhe 7,1 cm) für eine Schicht.

8. Im Grundrißausschnitt **2.7** sind die Abmessungen als Baurichtmaße angegeben. Berechnen Sie die Maße ① bis ㉙ als Nennmaße in m und cm.

Mauerhöhen. Auch die Mauerhöhen sollen der Maßordnung für den Hochbau entsprechen. Sie werden aus den Baurichtmaßen 25 cm, 25/2 cm = 12,5 cm, 25/3 cm = 8,33 cm oder 25/4 cm = 6,25 cm abgeleitet (2.8).

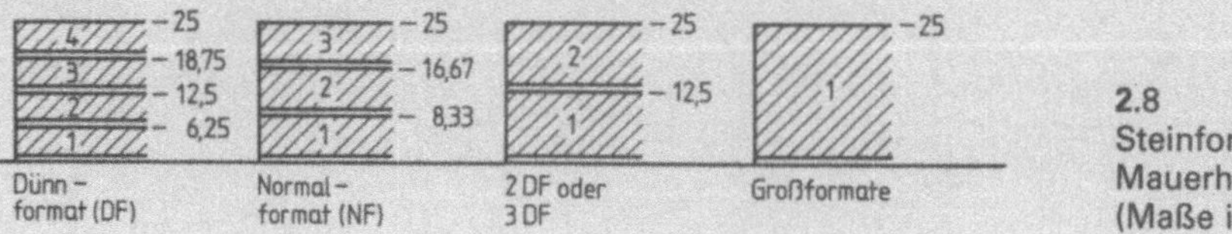

2.8
Steinformate und
Mauerhöhen
(Maße in cm)

Aufgabe

9. Berechnen Sie für die in Tabelle **2.9** vorgegebenen Schichthöhen die Dicke der Lagerfugen in cm und die Schichtenzahlen für die Mauerhöhe.

Tabelle **2.9**   **Mauerhöhenmaße nach der Maßordnung im Hochbau**

	Steinformate			
	DF	NF	2DF/3DF	Großformat
Schichthöhe in cm	6,25	8,33	12,5	25
Steinhöhe in cm	5,2	7,1	11,3	23,8
Lagerfuge in cm				
Schichtenzahl je 25 cm Mauerhöhe				
Schichtenzahl je 1 m Mauerhöhe				

Beispiel 1   Welche Mauerhöhe entsteht aus 22 Schichten mit Steinen im 3 DF-Format?
22 · 12,5 cm = 275 cm = **2,75 m**

Beispiel 2   Wieviel Schichten sind mit Steinen im NF für eine Mauerhöhe von 2,75 m zu mauern?
275 cm : 8,33 cm = 33,01 ≙ **33 Schichten**

Mauerhöhe = Schichtenzahl · Schichthöhe

Schichtenzahl = Mauerhöhe : Schichthöhe

Aufgaben

10. Wieviel Schichten sind zu mauern
    a) mit Steinen im DF bei 1,125 m Mauerhöhe?
    b) mit Steinen im Großformat bei 3,75 m Mauerhöhe?
    c) mit Steinen im NF bei 2,083 m Mauerhöhe?
    d) mit Steinen in 2 DF bei 3,375 m Mauerhöhe?

11. Welche Mauerhöhen (m) ergeben
    a) 14 Schichten im DF?
    b) 41 Schichten im NF?
    c) 19 Schichten im Großformat?
    d) 26 Schichten in 3 DF?

2.2 Maßstäbe

Grundrisse, Schnitte oder Ansichten von Bauwerken oder Bauteilen werden in Zeichnungen verkleinert dargestellt. Diese Verkleinerung wird in einem bestimmten Verhältnis ausgeführt. Wir geben es auf der Zeichnung als Maßstab in abgekürzter Schreibweise an, z.B. „M. 1 : 100" (2.10).

Der Maßstab gibt das Verhältnis vom Zeichnungsmaß zur wirklichen Größe an. Die erste Zahl ist bei Verkleinerungen immer 1, die zweite Zahl gibt an, um wieviel mal das wirkliche Maß größer ist als das Zeichnungsmaß.

Tabelle **2**.10 **Genormte Maßstäbe**

Anwendungsbereich	Maßstäbe
Vorentwurfspläne	1 : 500 1 : 200
Entwurfspläne und Bauvorlagen (Eingabepläne)	1 : 100
Ausführungszeichnungen	1 : 50
Teilzeichnungen	1 : 20 1 : 10 1 : 5 1 : 1
Lagepläne	1 : 1000 1 : 500

$$\text{Zeichnungsmaß : wirkliche Größe} = 1 : n$$

Durch Umstellen der Verhältnisgleichung erhalten wir die 3 Formeln zur Berechnung der wirklichen Größe, des Zeichnungsmaßes und der Maßstabszahl.

$$\text{Wirkliche Größe} = \text{Zeichnungsmaß : Maßstabszahl } n$$

$$\text{Zeichnungsmaß} = \frac{\text{wirkliche Größe}}{\text{Maßstabszahl } n}$$

$$\text{Maßstabszahl } n = \frac{\text{wirkliche Größe}}{\text{Zeichnungsmaß}}$$

Beispiel 1   **Wirkliche Größe.** In einer Zeichnung im Maßstab 1 : 20 wird das Maß 15,8 cm gemessen. Wie groß ist das Maß in m wirklich?

$$\text{Wirkliche Größe} = \text{Zeichnungsmaß} \cdot \text{Maßstabszahl } n$$
$$= 15{,}8 \text{ cm} \cdot 20 = 316 \text{ cm} = \textbf{3,16 m}$$

Beispiel 2   **Zeichnungsmaß.** Wie groß muß ein Gebäude mit der Länge von 14,65 m und der Breite von 12,25 m im Grundriß im Maßstab 1 : 50 in cm dargestellt werden?

$$\text{Zeichnungsmaß der Länge} = \frac{\text{wirkliche Größe}}{\text{Maßstabszahl } n} = \frac{1465 \text{ cm}}{50} = \textbf{29,3 cm}$$

$$\text{Zeichnungsmaß der Breite} = \frac{1225 \text{ cm}}{50} = \textbf{24,5 cm}$$

Rechenvorteile. Um uns beim Kopfrechnen die Division zu erleichtern, können wir die wirkliche Größe zuerst durch 10 oder ein Vielfaches von 10 dividieren. Danach müssen wir das Zwischenergebnis mit der Zahl multiplizieren, die zusammen mit der Maßstabszahl das verwendete Vielfache ergibt.

Beispiel 3 Maßstab. Das Maß für die Höhe eines Geschosses ist in der Zeichnung mit 2,75 m angegeben. Gezeichnet ist die Höhe 55 cm lang. In welchem Maßstab ist die Zeichnung?

$$\text{Maßstabszahl } n = \frac{\text{wirkliche Größe}}{\text{Zeichnungsmaß}}$$

$$= \frac{275 \text{ cm}}{55 \text{ cm}} = 5$$

Die Zeichnung ist im Maßstab 1 : 5

Maßstab	vereinfachter Rechengang für Zeichnungsmaß
1 : 500	$\dfrac{\text{wirkliche Größe}}{1000} \cdot 2$
1 : 200	$\dfrac{\text{wirkliche Größe}}{1000} \cdot 5$
1 : 50	$\dfrac{\text{wirkliche Größe}}{100} \cdot 2$
1 : 20	$\dfrac{\text{wirkliche Größe}}{100} \cdot 5$
1 : 5	$\dfrac{\text{wirkliche Größe}}{10} \cdot 2$

Aufgaben

1. In welchen Zeichnungsmaßen in cm müssen die angegebenen wirklichen Größen in dem jeweiligen Maßstab dargestellt werden?

	wirkliche Größe	Maßstab
a)	3,375 m	1 : 100
b)	86,5 cm	1 : 50
c)	4,885 m	1 : 20
d)	14,615 m	1 : 500
e)	61,5 cm	1 : 5
f)	32,49 m	1 : 1000
g)	8,76 m	1 : 200
h)	38,5 cm	1 : 10

2. Ein Betonbauteil hat die Länge 3,74 m und die Breite 2,81 m. Welches Papierformat wird für die Zeichnung gebraucht

a) im Maßstab 1 : 20 und
b) im Maßstab 1 : 5?

Format	Zeichenfläche in mm nach DIN 823
A0	831 × 1179
A1	584 × 831
A2	410 × 584
A3	287 × 410
A4	200 × 287

3. Berechnen Sie die wirklichen Größen in m aus den Zeichnungsmaßen

a) 14,2 cm – M 1 : 50
b) 583 mm – M 1 : 100
c) 0,76 m – M 1 : 20
d) 46 mm – M 1 : 500
e) 2,65 dm – M 1 : 1000
f) 5,8 cm – M 1 : 5
g) 32 mm – M 1 : 200
h) 7,4 cm – M 1 : 10

4. In welchen Maßstäben sind die wirklichen Größen gezeichnet, wenn aus der Zeichnung gemessen wurde:

	wirkliche Größe	Zeichnungsmaß
a)	5,885 m	11,8 cm
b)	74 cm	3,7 cm
c)	29,50 m	5,9 cm
d)	0,56 m	56 mm
e)	3,14 m	6,28 dm
f)	42 m	4,2 cm
g)	7,30 m	7,3 cm
h)	5,20 m	26 mm

5. Der senkrechte Schnitt durch einen Dachstuhl mit 18,49 m Breite und 6,76 m Höhe soll größtmöglich auf einem DIN-A3-Blatt dargestellt werden. In welchem genormten Maßstab muß gezeichnet werden?

6. Ermitteln Sie den Maßstab und die fehlenden Maße (in m) im Fundamentplan **2.11**.

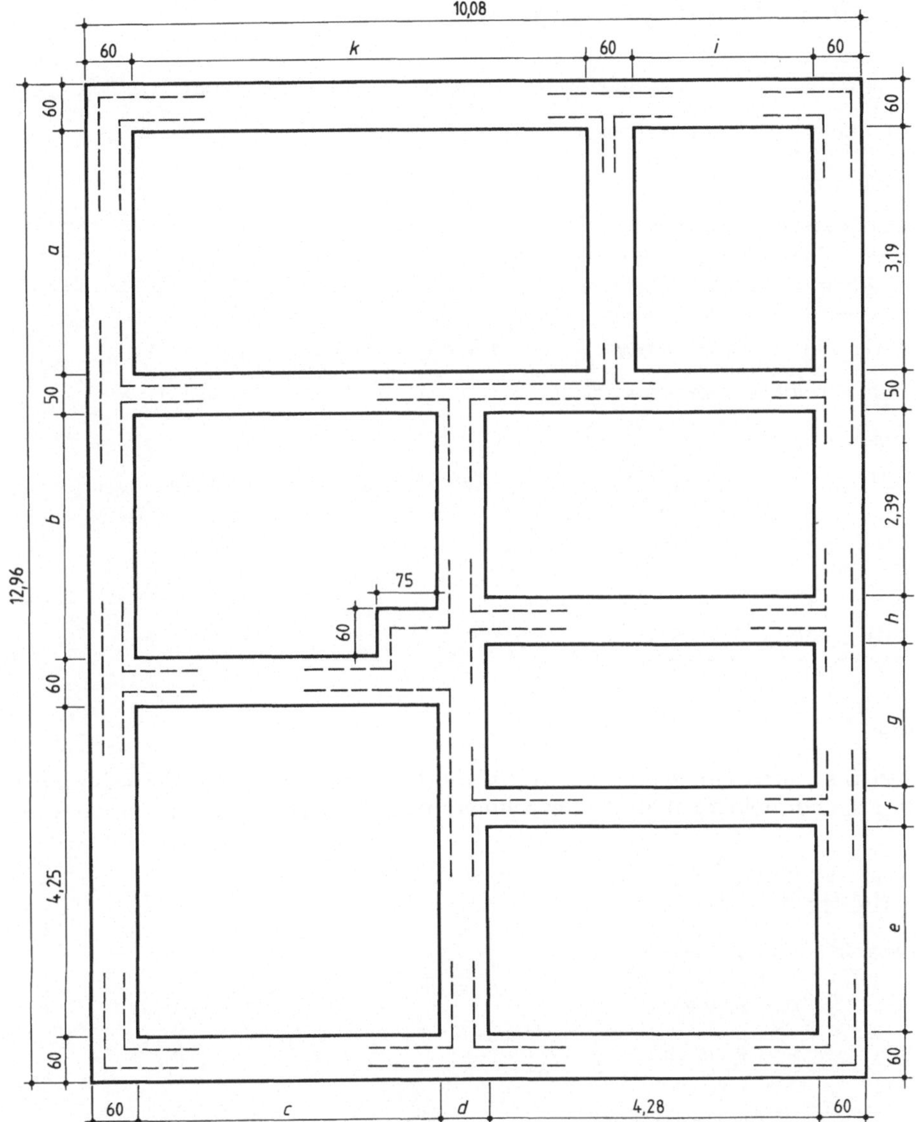

2.11 Fundamentplan (Maße in cm, m)

7. Ein Grundstück hat im Lageplan (Maßstab 1 : 500) die Länge 12,42 cm und die Breite 3,48 cm. Welche Maße in m hat das Grundstück in Wirklichkeit?

8. Mit welcher Länge, Breite und Höhe in cm muß ein Mauerziegel NF im Maßstab 1 : 5 gezeichnet werden?

9. Die Maueröffnung für eine Tür von 88,5 cm Breite und 2,125 m Höhe soll im M 1 : 50 gezeichnet werden. Mit wieviel cm sind die Maße zu zeichnen?

10. Aus einem Lageplan M 1 : 500 werden für eine rechteckige Pflasterfläche die Maße für die Breite = 12,5 cm und für die Länge = 16,0 cm abgegriffen. Wie groß ist die Fläche in Wirklichkeit (Lösung in m^2).

2.3 Gefälle – Neigung – Steigung

Die drei Begriffe werden nach ihrer Verwendung unterschieden:

– Gefälle bei Straßen und Entwässerungsanlagen
– Neigung bei Dächern und Böschungen
– Steigung bei Treppen

Rechnerisch gibt es jedoch keinen Unterschied.

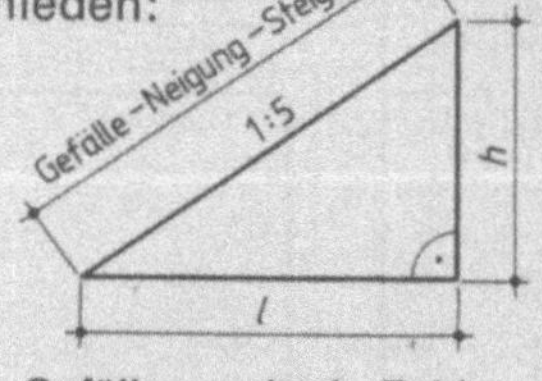

2.12 Gefälleangabe in Zahlenverhältnis

> Gefälle ≙ Neigung ≙ Steigung

Das Gefälle geben wir entweder als Zahlenverhältnis oder in Prozent an.

Gefälleangabe in Zahlenverhältnis

Beispiel   Gefälle 1 : 5 (2.12)

Die Verhältniszahl 1 gibt die Höhe h, die zweite Verhältniszahl die waagerechte Länge l im rechtwinkligen Dreieck an. Für die Gefällerechnung mit Verhältniszahlen gilt daher die Verhältnisgleichung:
$$1 : n = h : l$$

> Steigungsverhältnis $= h : l$

Aufgabe

1. Leiten Sie durch Umstellen der Verhältnisgleichung für die Gefällerechnung $1 : n = h : l$ die Formeln ab a) für die Verhältniszahl n, b) für die Länge l, c) für die Höhe h.

Bei der Gefällerechnung kann also aus zwei bekannten Größen die dritte berechnet werden.

Beispiel 1   Auf 1250 m waagerechte Länge fällt die Straße um 62,50 m (**2.13**). Wie groß ist das Gefälle?

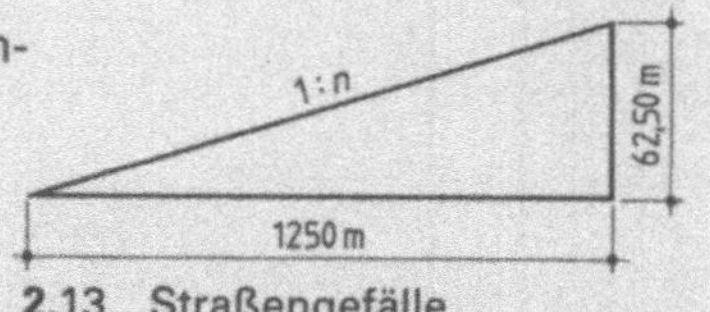

2.13 Straßengefälle

Verhältniszahl $n = \dfrac{l}{h} = \dfrac{1250\ m}{62,50\ m} = 20$ **Gefälle 1 : 20**

Beispiel 2   Das Satteldach **2.14** hat eine Neigung von 1 : 1,5 bei einer Hausbreite von 14,40 m. Welche Höhe hat das Dach?

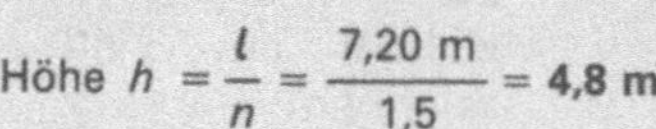

Höhe $h = \dfrac{l}{n} = \dfrac{7,20\ m}{1,5} = $ **4,8 m**

2.14 Satteldach

Beispiel 3   Eine Böschung ist 3,50 m hoch und hat eine Neigung von 1 : 8. Wie breit ist der Böschungsfuß (**2.15**)?

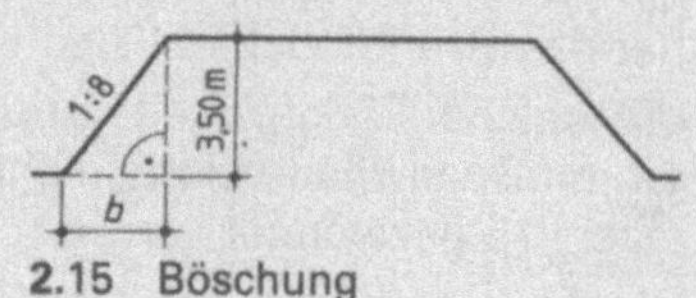

Länge $l = n \cdot h = 8 \cdot 3,50\ m = $ **28 m**

2.15 Böschung

Andere Angabe des Steigungsverhältnisses. Ist die Höhe größer als die Länge, käme als Verhältniszahl n eine Zahl < 1 heraus.

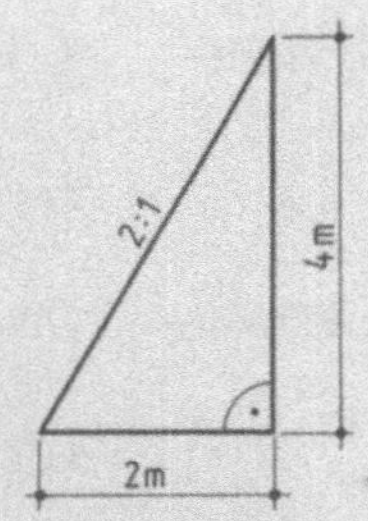

Beispiel Höhe = 4 m, Länge = 2 m (2.16)

$$\text{Verhältniszahl } n = \frac{l}{h} = \frac{4\,\text{m}}{2\,\text{m}} = 0,5$$

Steigungsverhältnis = **1 : 0,5**

In der Bautechnik geben wir aber ein Steigungsverhältnis nicht mit Zahlen < 1 an. In diesen Fällen wird die kleinere Verhältniszahl für die Länge mit 1 angesetzt.

$$h : l = h : l$$
$$1 : 0,5 = x : 1$$
$$0,5x = 1$$
$$x = 2 \qquad \text{Steigungsverhältnis} = \mathbf{2 : 1}$$

2.16 Andere Angabe des Steigungsverhältnisses

$$\boxed{\text{Steigungsverhältnis} = x : 1 = h : l}$$

Auch bei dieser Angabe des Steigungsverhältnisses stehen an erster Stelle stets die Verhältniszahl für die Höhe und an zweiter Stelle die Verhältniszahl der Länge.

Aufgabe

2. Leiten Sie durch Umstellen der Verhältnisgleichung für die Gefällerechnung $x : 1 = h : l$ die Formeln ab a) für die Verhältniszahl x, b) für die Länge l, c) für die Höhe h.

Gefälleangaben in Prozent

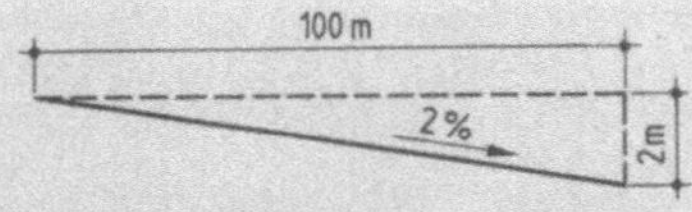

Beispiel Gefälle einer Rohrleitung = 2%

Ein Gefälle von 2% bedeutet, daß die Rohrleitung auf 100 m waagerechte Rohrleitungslänge um 2 m fällt (2.17).

2.17 Gefälleangabe in Prozent

Die Prozentzahl 2 gibt die Höhe h in m auf 100 m waagerechte Länge im rechtwinkligen Dreieck an. Für die Gefällerechnung mit Prozentzahlen gilt daher die Verhältnisgleichung:

$$\boxed{p\% : 100\% = h : l}$$

Aufgabe

3. Leiten Sie durch Umstellen der Verhältnisgleichung für die Gefällerechnung $p\% : 100\% = h : l$ die Formeln ab a) für die Prozentzahl p, b) für die Länge l und c) für die Höhe h.

Beispiel 1   Auf 2,24 km waagerechte Länge fällt die Straße um 151,20 m. Wie groß ist das Gefälle in Prozent?

$$\text{Prozentzahl } p = \frac{h \cdot 100\%}{l} = \frac{151{,}20 \text{ m} \cdot 100\%}{2240 \text{ m}} = \mathbf{6{,}75\%}$$

Beispiel 2   Eine Garagenzufahrt soll eine Neigung von 4,5% auf einer Länge von 12,85 m haben. Um wieviel m liegt die obere Kante der Zufahrt höher als die untere?

$$\text{Höhe } h = \frac{p\% \cdot l}{100\%} = \frac{4{,}5\% \cdot 12{,}85 \text{ m}}{100\%} = 0{,}57825 \text{ m} \triangleq \mathbf{0{,}58 \text{ m}}$$

Beispiel 3   Ein Pultdach mit einer Neigung von 8% hat eine Höhe von 1,10 m. Welche Länge des Hauses überdeckt das Pultdach?

$$\text{Länge } l = \frac{h \cdot 100\%}{p\%} = \frac{1{,}10 \text{ m} \cdot 100\%}{8\%} = \mathbf{13{,}75 \text{ m}}$$

Umrechnung von Steigungsverhältnis in Prozent und umgekehrt. Das Steigungsverhältnis $1 : n$ bedeutet 1 m Höhe auf n m Länge, während die Steigung $p\%$ p m Höhe auf 100 m Länge ausmacht. Beide Steigungsangaben können wir in einer Gleichung einsetzen:

$$h : l = h : l \qquad\qquad\boxed{1 \text{ m} : n = p\% : 100 \text{ m}}$$

Rechnen wir diese Verhältnisgleichung aus und formen sie um, erhalten wir die Umrechnungsformeln für die Verhältniszahl n aus der Prozentzahl p oder die Formel für die Prozentzahl p aus der Verhältniszahl n.

$$\text{Verhältniszahl } n = \frac{100}{p} \qquad\qquad \text{Prozentzahl } p = \frac{100}{n}$$

Beispiel 1   Welchem Steigungsverhältnis entspricht die Steigung 5%?

$$\text{Verhältniszahl } n = \frac{100}{p} = \frac{100}{5} = 20$$

$$\text{Steigung} = \mathbf{1 : 20}$$

Beispiel 2   Welcher Steigung in % entspricht das Steigungsverhältnis $1 : 8$?

$$\text{Prozentzahl } p = \frac{100}{n} = \frac{100}{8} = 12{,}5$$

$$\text{Steigung} = \mathbf{12{,}5\%}$$

Aufgaben

4. Die Einfahrt einer Garage (**2.18**) steigt 7,5% an. Wie groß sind der Höhenunterschied h in m und die Steigung, ausgedrückt als Steigungsverhältnis?

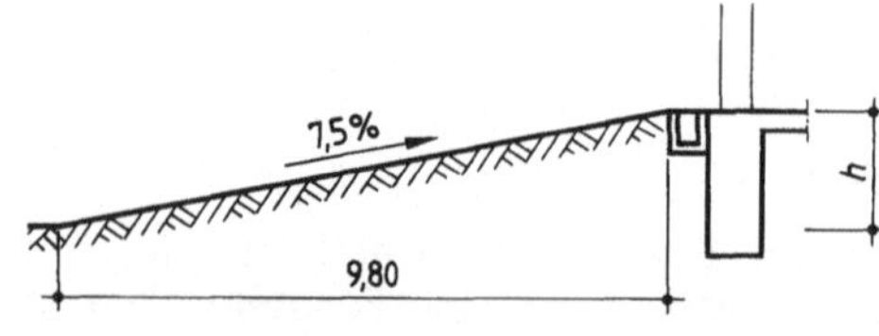

2.18   Garageneinfahrt

5. Bei einer Treppe betragen die Steigungshöhe 18,33 cm und die Auftrittsbreite 26 cm (**2.19**). Berechnen Sie das Steigungsverhältnis und die Steigung in Prozent.

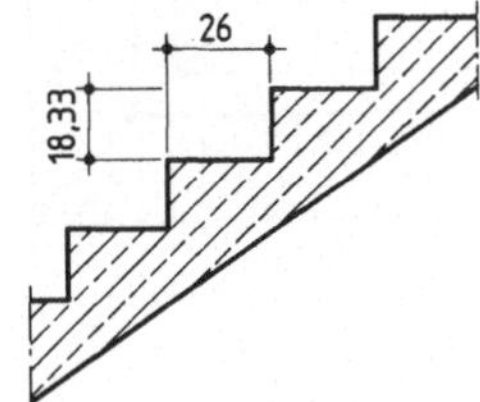

2.19   Treppe (Maße in cm)

6. Das Längsgefälle einer Straße beträgt 5,5%. Um wieviel m fällt die Straße auf der waagerechten Länge von 2,152 km, und wie groß ist das Gefälle, ausgedrückt als Steigungsverhältnis?

7. Wieviel % beträgt die Neigung des Pultdaches **2.20**, und wie groß ist die Neigung ausgedrückt als Steigungsverhältnis?

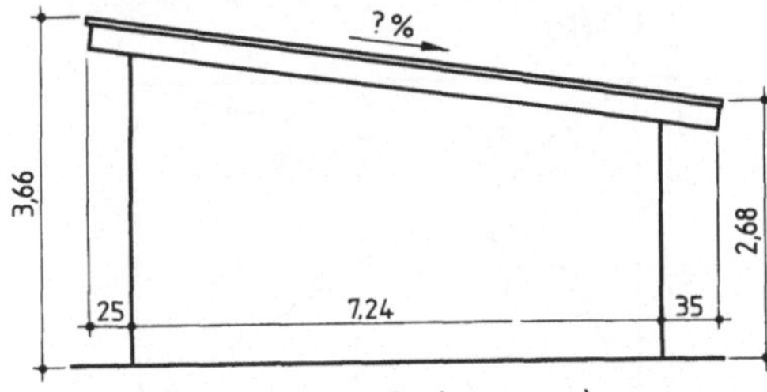

2.20   Pultdach (Maße in cm, m)

8. Berechnen Sie die Prozentangaben bzw. Steigungsverhältnisse.

	Steigungsverhältnis		Prozent
a)	1 : 12,5	f)	10%
b)	1 : 4	g)	2%
c)	1 : 1	h)	4%
d)	1 : 2,5	i)	25%
e)	2 : 1	j)	400%

9. Das Satteldach **2.21** hat zwei unterschiedliche Dachneigungen. Welche Höhe in m hat es, und wie groß ist das Neigungsverhältnis der weniger geneigten Dachfläche?

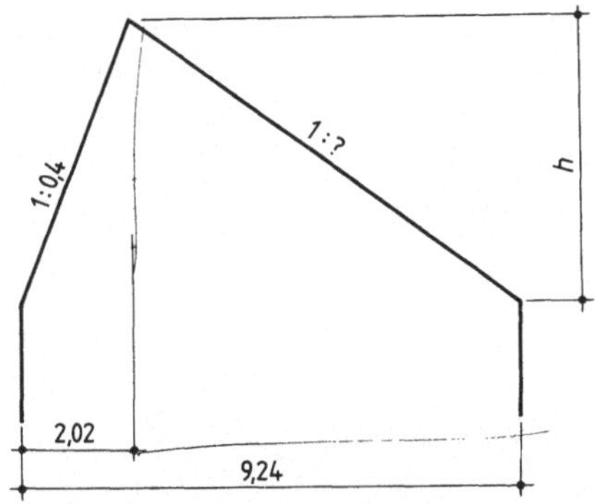

2.21   Satteldach

10. Berechnen Sie die obere Breite des Arbeitsraums **2.22** bei einer Böschungsneigung von 2,5 : 1.

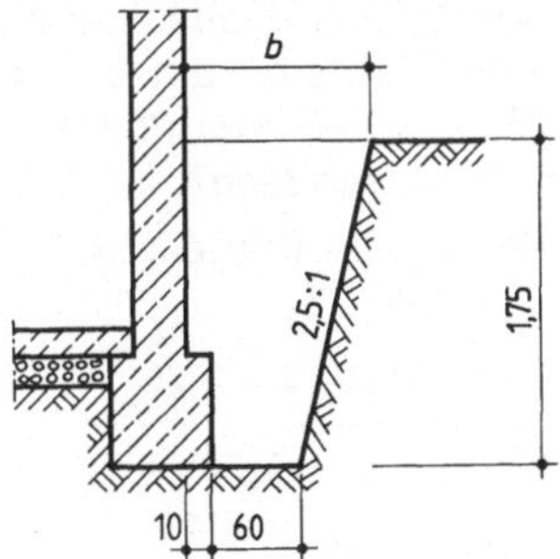

2.22   Arbeitsraum (Maße in cm, m)

11. Für eine Grundleitung der Entwässerung ist das Gefälle mit 1,5% geplant. Berechnen Sie den Höhenunterschied der Grundleitung auf 12,65 m Länge in cm.

12. Der Einschnitt **2.23** soll entlang eines Berghangs hergestellt werden. Berechnen Sie die Längen in m und das fehlende Neigungsverhältnis.

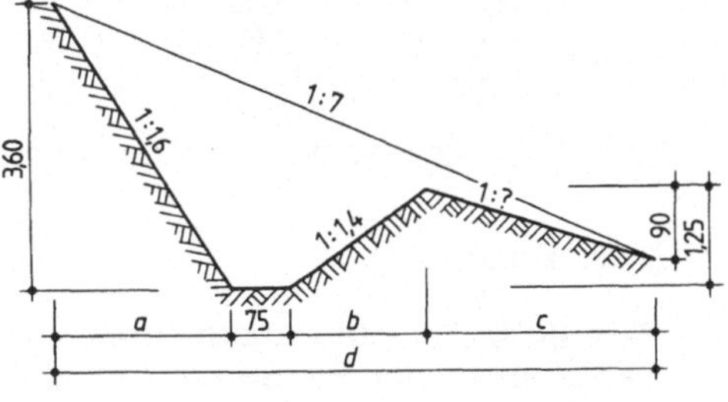

2.23   Einschnitt (Maße in cm, m)

13. Berechnen Sie das Neigungsverhältnis der beiden schrägen Betonoberflä-
chen einer Stützwand (**2.24**).

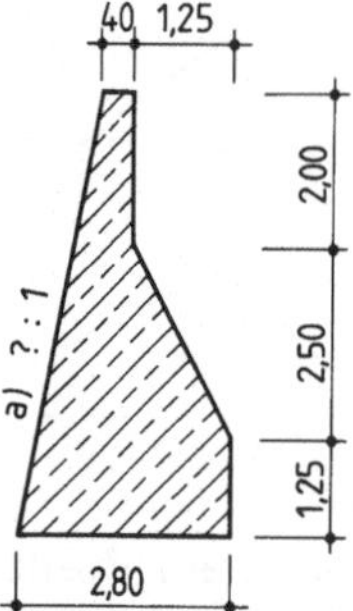

2.24 Stützwand (Maße in m, cm)

14. Der First eines Flachdachs liegt 4,84 m
höher als die Traufe bei einer Hauslän-
ge von 25,49 m. Wieviel Prozent Neigung hat das Flachdach?

15. Berechnen Sie die Breite der Damm-
krone **2.25** in m.

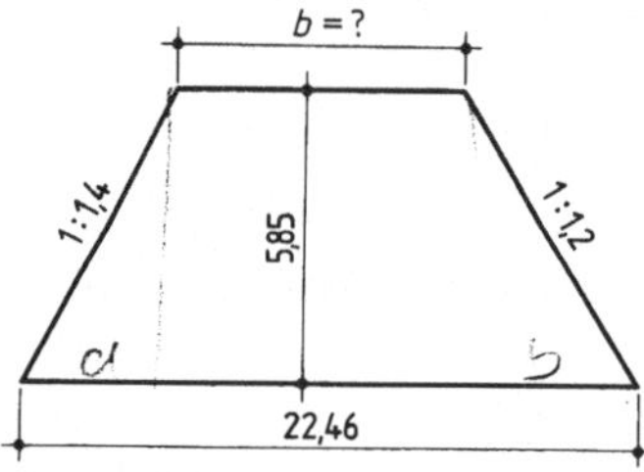

2.25 Damm

16. Wie groß ist die Sohlenbreite des Gra-
bens **2.26** in m, der im leichten Fels-
boden hergestellt werden muß?

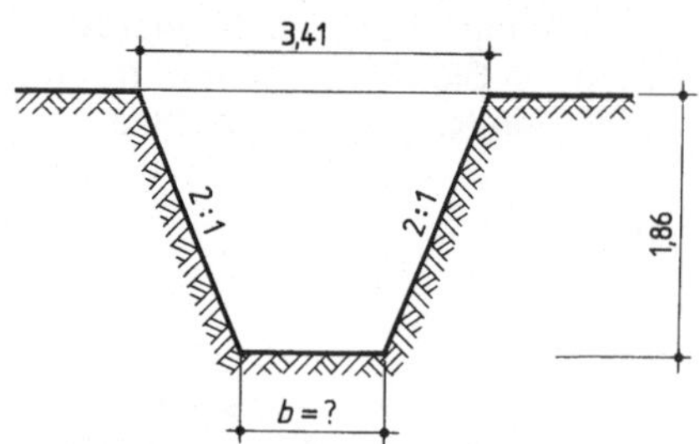

2.26 Graben

17. Wie groß muß die obere Breite und
Länge in m der Baugrube **2.27** sein,
wenn sie 1,58 m tief ausgehoben wird,

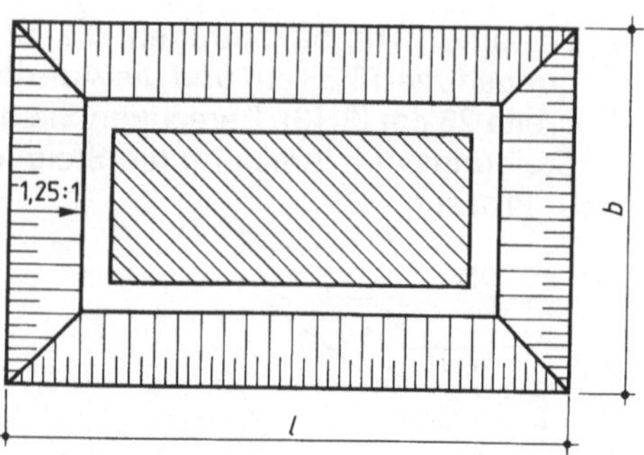

2.27 Baugrube

das geplante Haus 14,74 m lang und
9,24 m breit sowie der Arbeitsraum an
allen Seiten 60 cm breit werden soll?

18. Der Waschhallenboden einer Tank-
stelle (**2.28**) soll auf der Länge 8,02 m
zum Bodeneinlauf ein Gefälle von
1,25% erhalten.
a) Wieviel cm muß der Bodeneinlauf
tiefer liegen als der Boden an den
Wänden?
b) Welches Gefälle in Prozent haben
dann die drei anderen Bodenflächen?

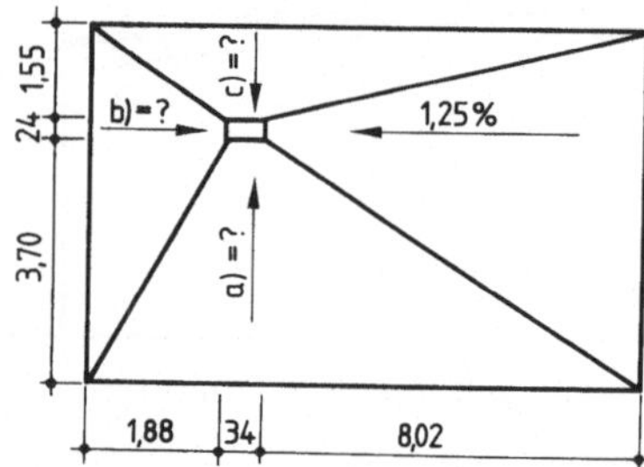

2.28 Waschhallenboden (Maße in cm, m)

19. Der Belag des Balkons **2.29** soll ein Gefälle von 1,4% erhalten. Wie groß ist
der Höhenunterschied h in cm?

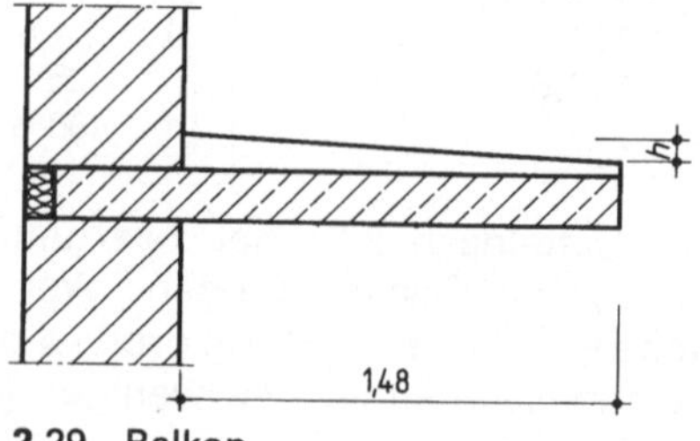

2.29 Balkon

20. Der Boden einer Kellergarage liegt 1,98 m unter der Straßenoberkante. Wie groß ist das Steigungsverhältnis, wenn die Zufahrt nur 9,90 m lang werden kann?

21. Wieviel % Gefälle hat die Entwässerungsleitung **2.30** auf der gesamten Länge bis zum Einlauf Straßenkanal?

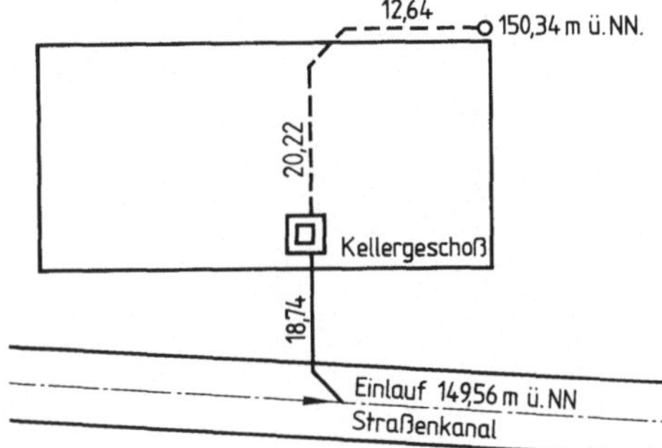

2.30 Entwässerungsleitung

22. Berechnen Sie für die Winkelstützmauer **2.31** die fehlenden Maße und Steigungsverhältnisse.

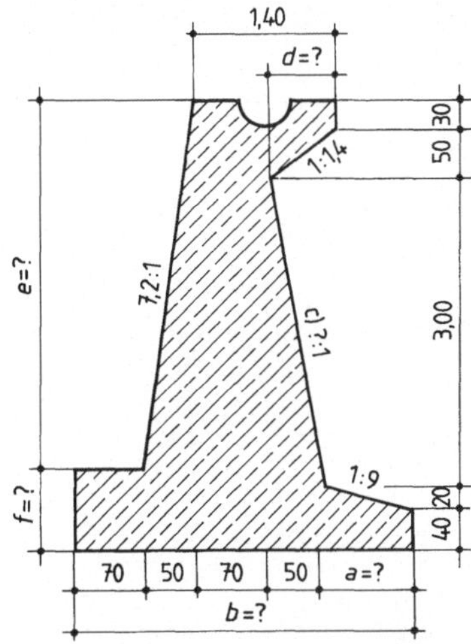

2.31 Winkelstützmauer (Maße in cm, m)

2.4 Flächenberechnung

Flächen müssen wir in der Bautechnik oft berechnen, z.B. um den Baustoffbedarf zu ermitteln. Dies gilt auch für Flächen der Mutterbodenandeckung, Trennwände, Mauerwerksöffnungen, Dachflächen usw. Die Flächenformen sind sehr vielfältig, z.B. viereckig, dreieckig, kreisförmig, unregelmäßig. Flächeneinheit ist das m^2 (s. Abschn. 1.1).

Tabelle 2.32 **Flächenformelzeichen**

A	Fläche
U	Umfang einer Fläche
a, b, c, d	Seiten einer Fläche
h	Höhe einer Fläche (z.B. im Trapez)
d	kleiner Durchmesser
D	großer Durchmesser
r	Radius

Flächenformeln schreiben wir mit bestimmten Variablen (2.32).

2.4.1 Viereckige Flächen

Flächen von regelmäßigen Vierecken sind das Produkt aus Grundseite mal Höhe. Wenn die Seiten wie beim Quadrat oder Rechteck senkrecht aufeinander stehen, ersetzen wir bei der Flächenberechnung die Höhe durch eine Seite. Die Fläche der Raute oder des Parallelogramms ist genau so groß wie Fläche des entsprechenden (in Bild **2.33a** schraffierten) Rechtecks. Denn wenn wir das nicht schraffierte Dreieck abtrennen und es an die Seite BC ansetzen, entsteht ein Rechteck. Beim Trapez ist die Grundseite = Länge der Mittellinie $m = \dfrac{a + c}{2}$ (**2.33b**).

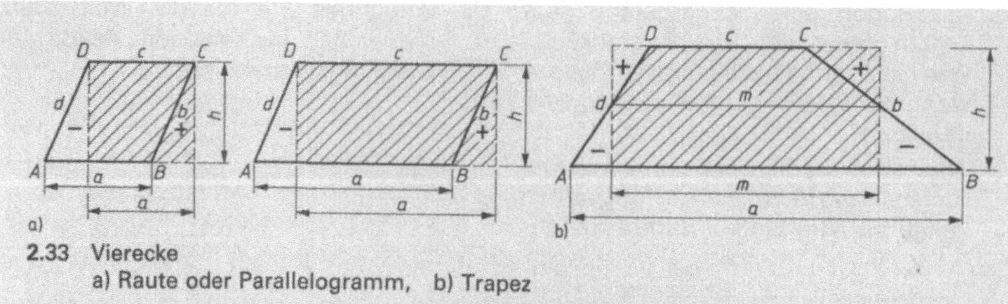

2.33 Vierecke
a) Raute oder Parallelogramm, b) Trapez

Tabelle **2.34** **Berechnungsformeln für viereckige Flächen**

Viereck	Form	Fläche in m²	Umfang in m	besondere Merkmale
Quadrat		$A = a \cdot a$	$U = 4 \cdot a$	4 gleiche Seiten 4 gleiche Winkel 90°
z.B.	$a = 6,00$ m	$A = 6 \cdot 6$ $A = 36$ m²	$U = 4 \cdot 6$ $U = 24$ m	
Rechteck		$A = a \cdot b$	$U = 2 \cdot (a + b)$	gegenüberliegende Seiten gleich lang und parallel 4 Winkel mit 90°
z.B.	$a = 4,00$ m $b = 2,00$ m	$A = 2 \cdot 4$ $A = 8,00$ m²	$U = 2 \cdot (4 + 2)$ $U = 12,00$ m	
Raute oder **Rhombus**		$A = a \cdot h$	$U = 4 \cdot a$	gegenüberliegende Seiten parallel gegenüberliegende Winkel gleich groß alle Seiten gleich lang
z.B.	$a = 5,00$ m $h = 3,00$ m	$A = 5 \cdot 3$ $A = 15,00$ m²	$U = 4 \cdot 5,00$ $U = 20,00$ m	
Parallelo- **gramm** oder **Rhomboid** z.B.	$a = 6,00$ m $b = 3,00$ m $h = 2,00$ m	$A = a \cdot h$ $A = 6 \cdot 2$ $A = 12,00$ m²	$U = 2 (a + b)$ $U = 2 (6 + 3)$ $U = 18,00$ m	gegenüberliegende Seiten gleich lang und parallel gegenüberliegende Winkel gleich groß
Trapez		$A = m \cdot h$ $m = \dfrac{a + c}{2}$	$U = a + b$ $+ c + d$	2 Seiten parallel
z.B.	$a = 6,79$ m $b = 4,00$ m $c = 1,50$ m $d = 3,50$ m $h = 2,65$ m	$A = \dfrac{6,79 + 1,50}{2} \cdot 2,65$ $A = 10,98$ m²	$U = 6,79 + 4,00$ $+ 1,50 + 3,50$ $U = 15,79$ m	

Aufgaben

1. Berechnen Sie Fläche und Umfang folgender Vierecke.

   a) Quadrat, $a = 10,50$ m
   b) Quadrat, $a = 95$ cm
   c) Rechteck, $a = 0,84$ m, $b = 1,12$ m
   d) Rechteck, $a = 72$ cm, $b = 34$ cm
   e) Raute, $a = 4,72$ m, $h = 1,13$ m
   f) Parallelogramm, $a = 2,14$ m,
      $b = 1,64$ m, $h = 1,10$ m
   g) Trapez, $a = 12,43$ m, $b = 3,56$ m,
      $c = 9,81$ m, $d = 3,18$ m, $h = 3,07$ m

2. Berechnen Sie die Querschnittsflächen für Türöffnungen (1,135 m × 2,385 m) und Fensteröffnungen eines Gebäudes (88,5 cm × 2,01 m). Flächenmaße in m², drei Stellen hinter dem Komma.

3. Berechnen Sie Grundlinie und Umfang eines Rechtecks mit

   a) $A = 85$ m², $h = 6,25$ m
   b) $A = 7,12$ m², $h = 4,23$ m

4. Die Trennwand **2.35** soll verputzt werden. Die Türöffnung ist abzuziehen. Wieviel m² Wandfläche sind zu verputzen?

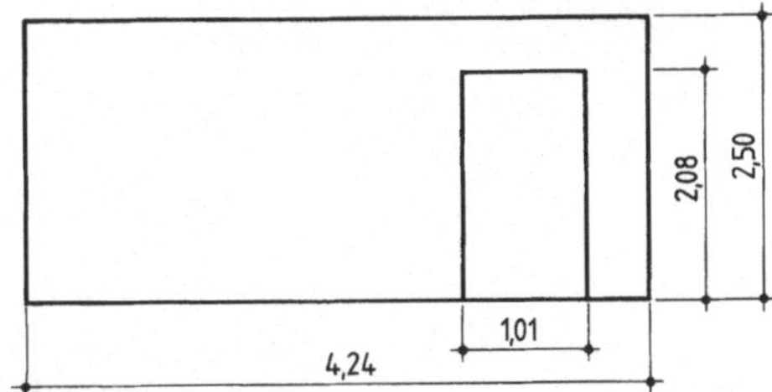

2.35 Trennwand

5. Vom Flurstück 42 in Bild **2.36** werden gesucht:

   a) Breite b des Grundstücks,
   b) Fläche des Grundstücks,
   c) bebaubare Fläche des Grundstücks, wenn 18% der Gesamtfläche bebaut werden dürfen.

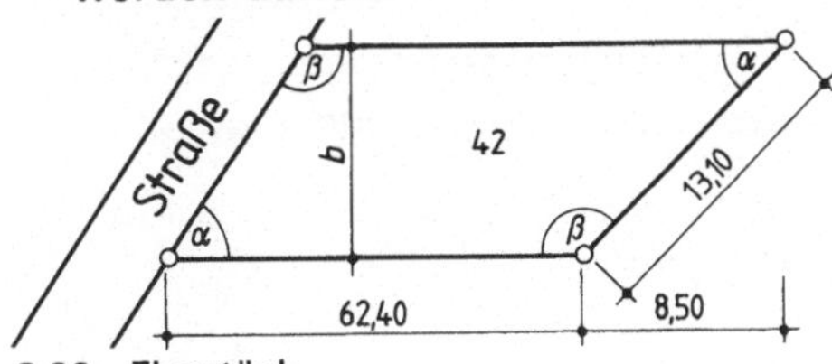

2.36 Flurstück

6. Die Sichtfläche der Stützmauer **2.37** soll mit Natursteinen verblendet werden. Zusätzlich soll die Mauer Abdeckplatten erhalten.

   a) Wieviel m² Natursteinverblendung sind erforderlich?
   b) Wieviel m Abdeckung sind zu verlegen, wenn an beiden Enden 10 cm überstehen sollen?

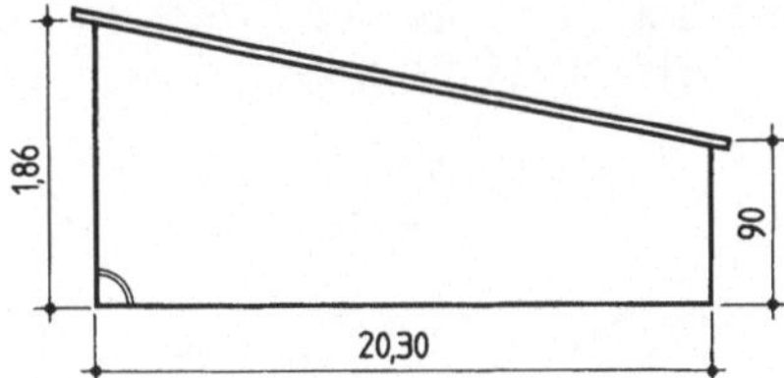

2.37 Stützmauer

7. Für einen 20 m langen Graben mit gegebenem Querschnitt soll der Bodenaushub berechnet werden (**2.38**). Berechnen Sie und runden Sie auf zwei Stellen hinter dem Komma

   a) den Bodenaushub ohne Auflockerung in m³,
   b) den Bodenaushub mit 11% Auflockerung in m³,
   c) die Böschungsflächen in m².

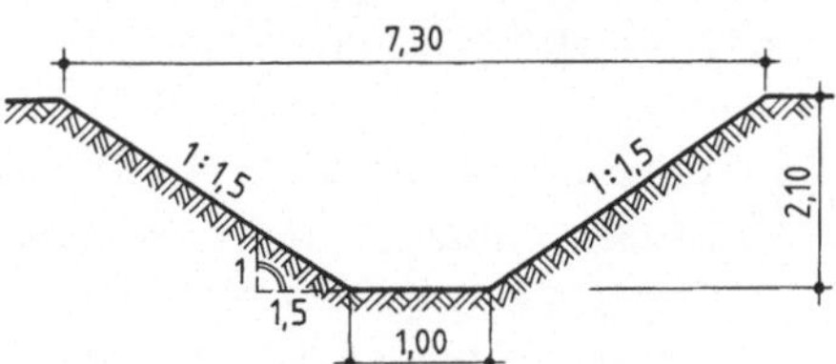

2.38 Grabenquerschnitt

8. Berechnen Sie die fehlenden Angaben für die Trapeze.

	a)	b)	c)
a	3,10 m	96 cm	0,98 m
c	2,50 m	62 cm	0,52 m
h	1,80 m	? cm	0,32 m
A	? m²	3476 cm²	? m²

2.4.2 Dreieckige Flächen

Die Ecken der Dreiecke werden entgegen dem Uhrzeigersinn mit A, B, C bezeichnet, die gegenüberliegenden Seiten entsprechend mit a, b, c. Die Winkel erhalten die griechischen Buchstaben α, β, γ (alpha, beta, gamma). Die Höhe h steht immer senkrecht auf der zugehörigen Seite (2.39).

Unterschieden werden Dreiecke nach den Winkeln (2.40) oder Seiten (2.41).

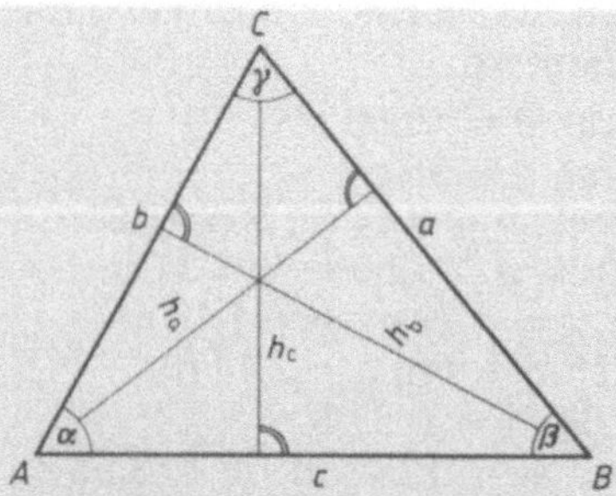

2.39   Bezeichnungen am Dreieck

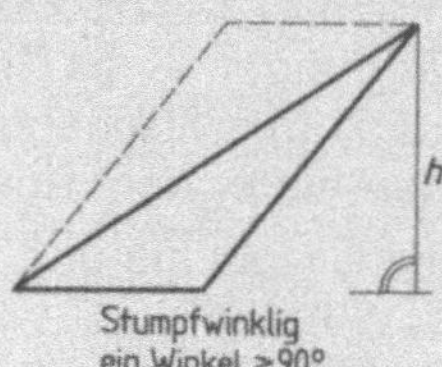

2.40   Unterscheidung nach Winkeln

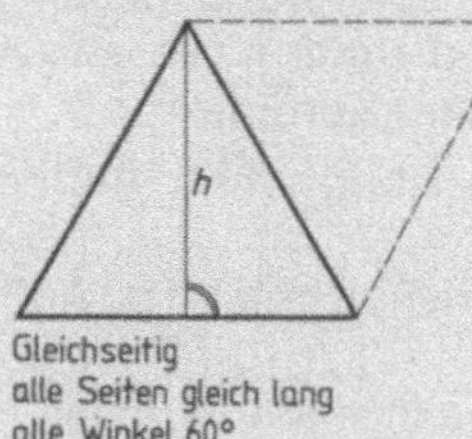

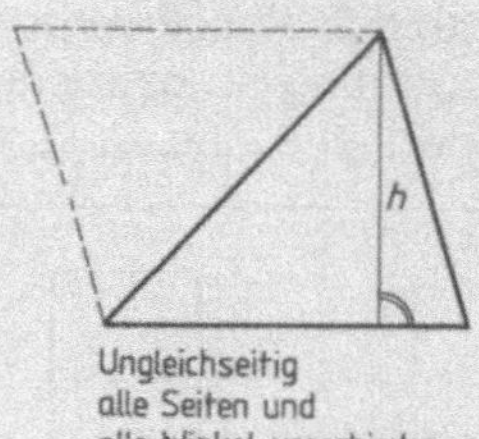

2.41   Unterscheidung nach Seiten

> Die Summe der Winkel im Dreieck beträgt 180°.
> Jedes Dreieck ist die Hälfte eines diagonal geteilten regelmäßigen Vierecks.

Die Fläche regelmäßiger Vierecke ist das Produkt von Grundlinie mal Höhe. Da jedes Dreieck die Hälfte eines Vierecks ist, erhalten wir je nach Grundseite die Flächenformeln

$$A = \frac{a \cdot h_a}{2} \quad \text{oder} \quad \frac{b \cdot h_b}{2} \quad \text{oder} \quad \frac{c \cdot h_c}{2}$$

Der Umfang eines Dreiecks ergibt sich aus der Addition aller Seitenlängen:

$$U = a + b + c$$

Beispiel $a = 4{,}18$ m, $b = 3{,}69$ m, $c = 4{,}80$ m, $h_c = 3{,}10$ m, $A = ?$ $U = ?$

$$A = \frac{4{,}80 \text{ m} \cdot 3{,}10 \text{ m}}{2} = 7{,}44 \text{ m}^2$$

$$U = 4{,}18 \text{ m} + 3{,}69 \text{ m} + 4{,}80 \text{ m} = 12{,}67 \text{ m}$$

Dreiecke sind flächengleich, wenn sie gleiche Grundseiten und gleiche Höhen haben (**2.42**).

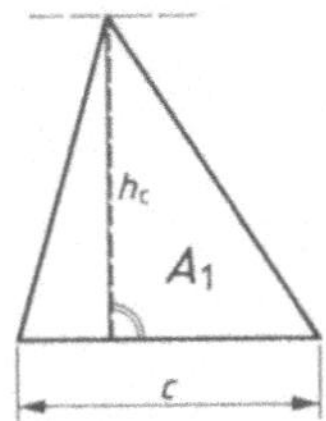
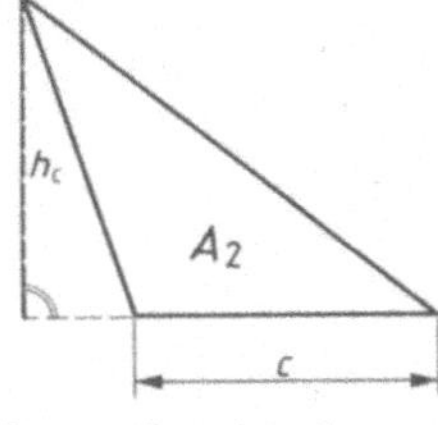
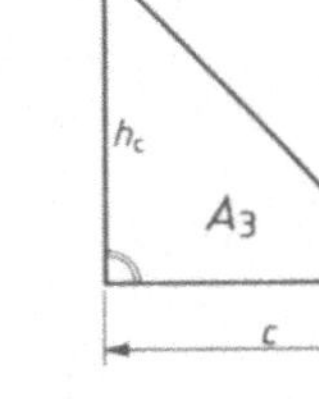

2.42 Flächengleiche Dreiecke $A_1 = A_2 = A_3$

Aufgaben

9. Berechnen Sie die Fläche eines Dreiecks mit

   a) $c = 14{,}00$ m, $h_c = 2{,}10$ m
   b) $c = 11{,}60$ m, $h_c = 4{,}35$ m
   c) $c = 8{,}04$ m, $h_c = 6{,}50$ m

10. Um welche Dreiecksform handelt es sich hier?

    a) $a = 3{,}40$ m, $b = 3{,}40$ m, $c = 2{,}15$ m
    b) $a = 3{,}00$ m, $b = 4{,}00$ m, $c = 5{,}00$ m
    c) $a = 5{,}16$ m, $b = 2{,}28$ m, $\gamma = 90°$
    d) $a = 6{,}05$ m, $b = 6{,}05$ m, $c = 6{,}05$ m

11. Berechnen Sie den Umfang der Dreiecke a, b und d aus Aufgabe 10.

12. Die Seitenflächen zweier Dachgauben sollen verschiefert werden (**2.43**). Wieviel m² Schiefer sind zu verlegen?

13. Der Dreiecksgiebel eines Wohnhauses mit Satteldach hat eine Fläche von 16,45 m². Die Hausbreite beträgt 6,24 m. Wie hoch ist der Giebel?

14. Beim Walmdach **2.44** wird die (schraffierte) Dachfläche neu eingedeckt. Alle Dachneigungen betragen 45°. Berechnen Sie

    a) die Firsthöhe in m,
    b) die Dreieckshöhe in der schraffierten Dachfläche,
    c) die schraffierte Dachfläche.

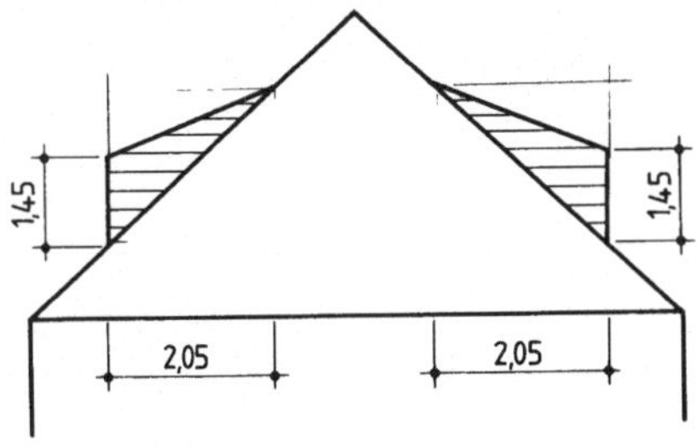

2.43 Dachgauben

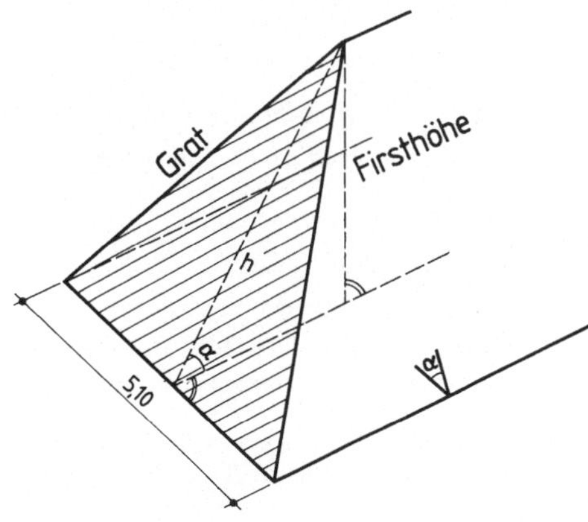

2.44 Walmdach

2.4.3 Lehrsatz des Pythagoras

Der Lehrsatz des um 570 v. Chr. geborenen griechischen Mathematikers Pythagoras ist für die Bautechnik von großer Bedeutung. Mit seiner Hilfe nämlich können
wir rechte Winkel abstecken und Strecken berechnen. Der Lehrsatz gilt aber nur in
rechtwinkligen Dreiecken! Dem rechten Winkel liegt die längste Seite, die Hypotenuse gegenüber. Die beiden anderen Seiten schließen den rechten Winkel ein und
heißen Katheten. Der Lehrsatz lautet:

> Im rechtwinkligen Dreieck ist das Quadrat über der Hypotenuse gleich der
> Summe beider Kathetenquadrate: $c^2 = a^2 + b^2$

Aus Bild **2.45** können wir diesen Lehrsatz ablesen:

Kathete	$a = 3$ Einheiten,	$a^2 = 9$
Kathete	$b = 4$ Einheiten,	$+\,b^2 = 16$
Hypotenuse	$c = 5$ Einheiten,	$c^2 = 25$

Durch Umstellen der Formel können wir jede Seite im rechtwinkligen Dreieck
berechnen, wenn die beiden anderen bekannt sind.

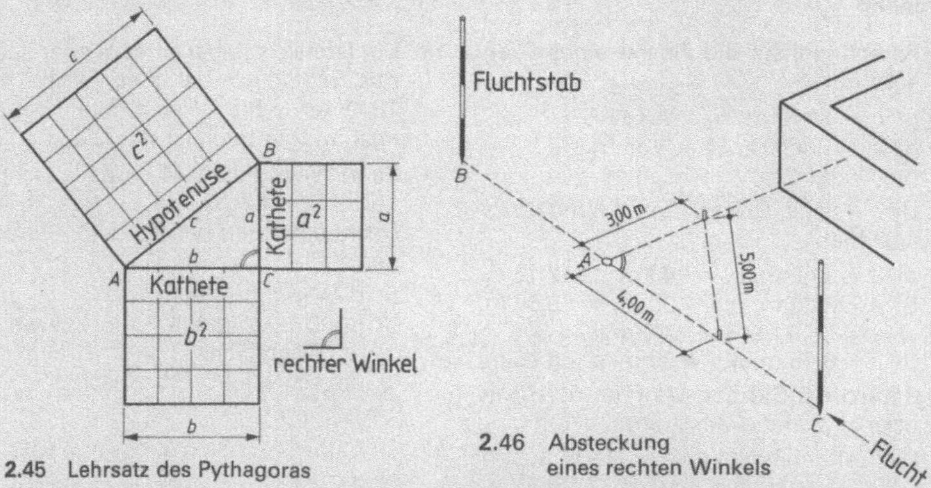

2.45 Lehrsatz des Pythagoras

2.46 Absteckung
eines rechten Winkels

Beispiel   Hypotenuse $c = 5{,}00$ m, Kathete $a = 3{,}00$ m, Kathete $b = ?$

$$c^2 = a^2 + b^2 \text{ umstellen: } b^2 = c^2 - a^2,\; b = \sqrt{c^2 - a^2} = \sqrt{25 - 9} = \sqrt{16} = 4{,}00 \text{ m}$$

Aus dem Lehrsatz schließen wir:

> Verhalten sich die Seiten eines Dreiecks wie $3 : 4 : 5$ oder einem Vielfachen
> davon, ist das Dreieck rechtwinklig.

Diese Erkenntnis ist auf der Baustelle für Absteckarbeiten von großem Nutzen.
Bild **2.46** zeigt, wie man in Punkt A der Flucht $B–C$ einen rechten Winkel absteckt.

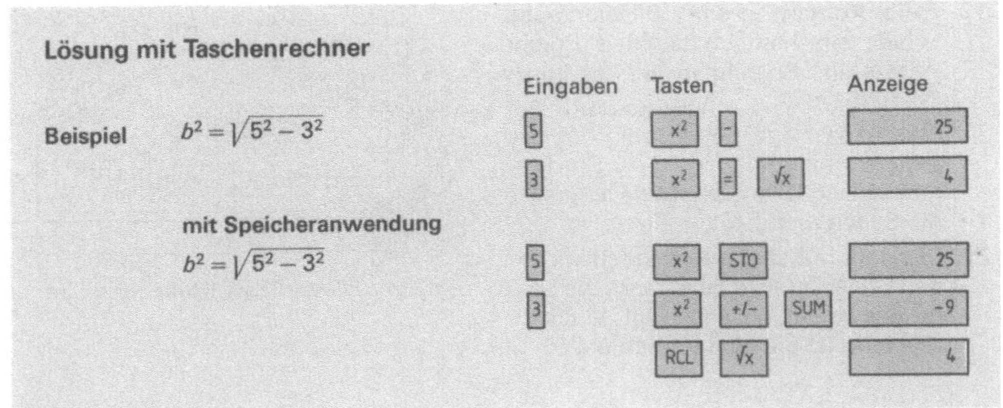

Aufgaben

15. Beim Vermessen eines rechtwinkligen Grundstücks soll als Kontrollmaß für die Rechtwinkligkeit die Diagonale d gemessen werden (**2.**47). Wie lang muß sie sein?

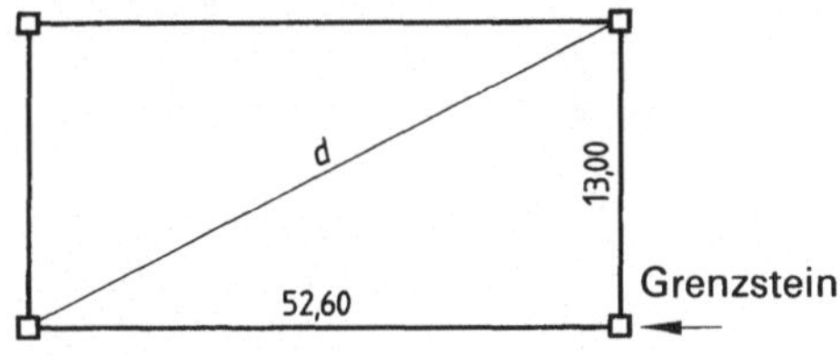

2.47   Grundstück

16. Bei einem Satteldach **2.**48 sind die Firsthöhe h = 4,40 m und die Hausbreite b = 11,60 m bekannt. Wie groß ist die Sparrenlänge l?

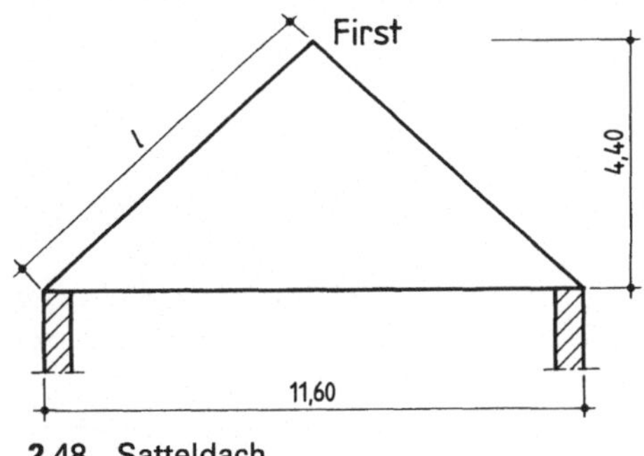

2.48   Satteldach

17. Für das Grundstück **2.**49 soll eine Umrandung aus Betonsteinen verlegt werden. Wieviel m Betonsteine sind erforderlich? Fugen werden nicht berücksichtigt.

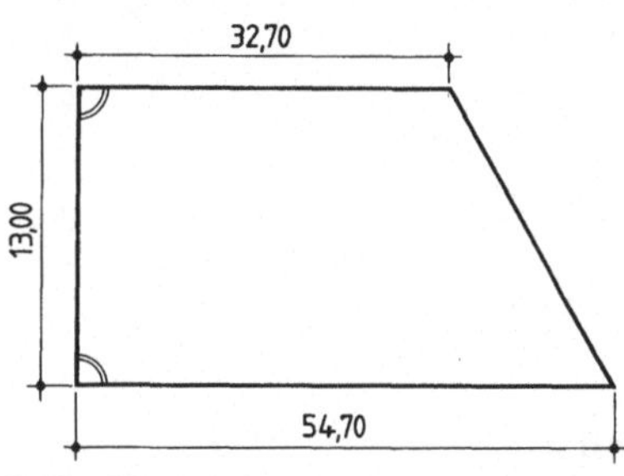

2.49   Umrandung

18. Eine Baugrube ist 2,40 m tief. Die waagerechte Breite der Böschung beträgt 3,60 m (**2.**50).
    a) Wie groß ist die Böschungslänge l?
    b) Welche Neigung hat die Böschung 1:?

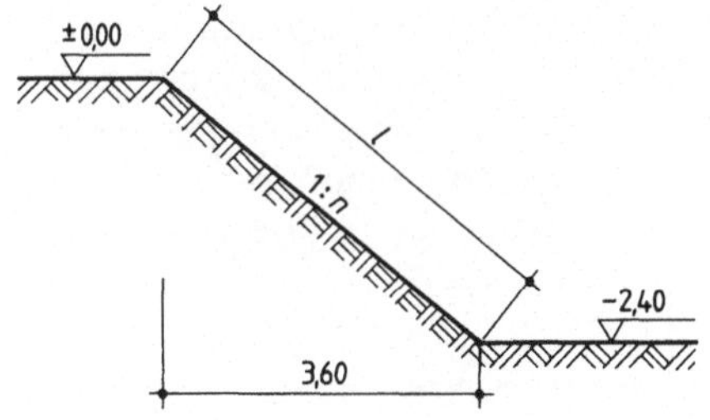

2.50   Böschung

19. Beim Aufmessen einer Pflasterfläche wurde versehentlich das Maß *b* nicht gemessen. Berechnen Sie es nach Bild **2.51**.

20. Eine rechteckige Betonfläche hat das Seitenverhältnis $a : b = 3 : 4$. Die Diagonale ist 63,00 m lang. Wie lang sind die Seiten *a* und *b*?

21. Die längere Kathete eines rechtwinkligen Dreiecks ist 14,60 m lang. Die Länge der Hypotenuse beträgt 16,65 m. Wie lang ist die kürzere Kathete *b*?

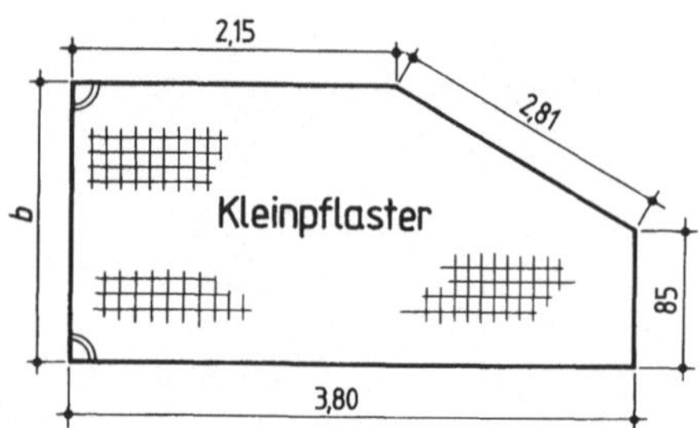

2.51 Pflasterfläche (Maße in cm, m)

Diagonallänge im Quadrat. Ein Quadrat wird durch die Diagonale in zwei rechtwinklige Dreiecke geteilt (**2.52**). Im Dreieck *ABC* ist die Diagonale *AB* gleichzeitig Hypotenuse, die beiden Katheten sind gleich lang. Nach dem Lehrsatz des Pythagoras können wir die Diagonale des Quadrats berechnen.

Beispiel $a = 3{,}60$ m, $d = ?$
$$d^2 = a^2 + a^2 = 2a^2$$
$$d = \sqrt{2a^2} = 1{,}414 \cdot a$$
$$d = 1{,}414 \cdot 3{,}60 \text{ m} = \mathbf{5{,}09 \text{ m}}$$

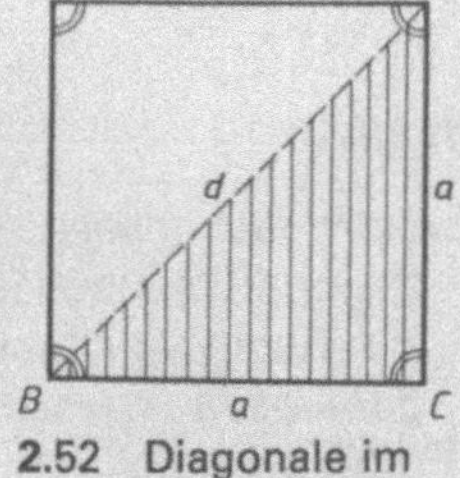

2.52 Diagonale im Quadrat

> Die Länge einer Diagonalen im Quadrat ergibt sich aus dem Produkt der Quadratseite mal 1,414.

Aufgaben

22. Eine quadratische Holzplatte hat die Abmessungen 1,20 m × 1,20 m. Wie lang muß die Diagonale sein? Runden Sie auf 3 Stellen hinter dem Komma.

23. Ein Viereck hat 4 gleich lange Seiten je 2,12 m, die Diagonale ist 3,00 m lang. Um welche Flächenform handelt es sich?

2.4.4 Vielecke

Regelmäßige Vielecke haben mehr als vier Seiten. Alle ihre Seiten und Winkel sind gleich groß. Um den Mittelpunkt jedes regelmäßigen Vielecks können wir einen Kreis zeichnen, auf dem alle Eckpunkte liegen (Umkreis).

Für die Flächenberechnung zerlegen wir regelmäßige Vielecke in deckungsgleiche (kongruente) Teildreiecke. Die Fläche eines Teildreiecks wird berechnet und mit der Anzahl der Teildreiecke multipliziert.

> Regelmäßige Vielecke haben gleich lange Seiten und gleich große Winkel.

Beispiel Die obere Deckfläche der sechseckigen Betonsäule **2.53** ist zu berechnen. $s = 43$ cm, $d = 2r = 86$ cm

Zuerst berechnen wir die Höhe eines Teildreiecks.

$$h^2 = r^2 - \left(\frac{s}{2}\right)^2$$

Pythagoras

$$h^2 = (43 \text{ cm})^2 - \left(\frac{43 \text{ cm}}{2}\right)^2$$

denn im regelmäßigen Sechseck ist $r = s$
$h^2 = 1849 \text{ cm}^2 - 462,25 \text{ cm}^2 = 1386,75 \text{ cm}^2$
$h = 37,239$ cm, gerundet $= 37,24$ cm

Nun setzen wir ein:

$$A_{Dreieck} = \frac{s \cdot h}{2} = \frac{43 \text{ cm} \cdot 37,24 \text{ cm}}{2} = 800,66 \text{ cm}^2$$

$$A_{Sechseck} = 6 \cdot 800,66 = 4803,96 \text{ cm}^2 \cong \mathbf{0,48 \ m^2}$$

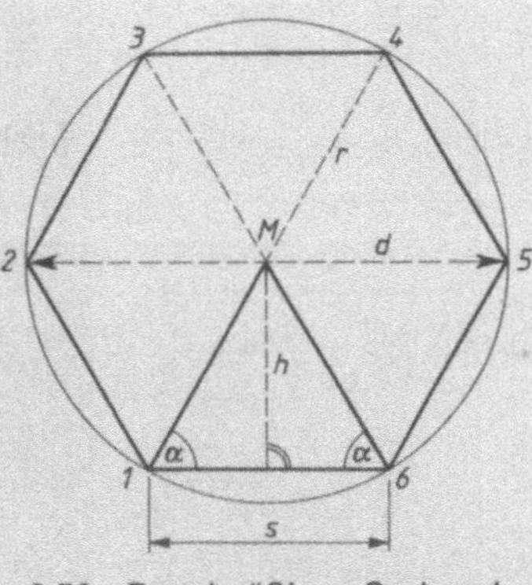

2.53 Regelmäßiges Sechseck

Lösung mit Taschenrechner

	Eingaben	Tasten	Anzeige
Beispiel $h = \sqrt{43^2 - \dfrac{43^2}{2}}$	4 3	x^2 −	1849
		(	0
	4 3	+	43
	2	) x^2 = $\sqrt{x}$	37.24

mit Speicheranwendung

	Eingaben	Tasten	Anzeige
$h = \sqrt{43^2 - \dfrac{43^2}{2}}$	4 3	x^2 STO	1849
	4 3	÷	43
	2	= x^2 +/− SUM	462.25
		EXC $\sqrt{x}$	37.24

Aufgaben

24. Der Boden eines Pavillons hat die Form eines regelmäßigen Achtecks. Er soll mit Kleinpflaster belegt werden. Berechnen Sie die Pflasterfläche.
    a) $s = 2,57$ m, $h = 3,10$ m, b) $d = 6,71$ m, $h = 3,10$ m

Unregelmäßige Vielecke kommen besonders beim Aufmaß von Bodenflächen im Tiefbau vor. Zum Berechnen zerlegen wir sie in regelmäßige Flächen, vorwiegend Dreiecke und Trapeze, und addieren die Einzelflächen zur Gesamtfläche.

Gesamtfläche = Summe der Teilflächen	$A = A_1 + A_2 + A_3 + \ldots$

Beispiel Das unregelmäßige Vieleck 2.54 ist in 5 Teilflächen aufgeteilt, die wir einzeln berechnen.

$$\text{Dreieck } A_1 = \frac{10{,}00 \text{ m} \cdot 5{,}00 \text{ m}}{2} = 25{,}00 \text{ m}^2$$

$$\text{Trapez } A_2 = (29{,}00 \text{ m} - 10{,}00 \text{ m}) \cdot \frac{5{,}00 \text{ m} + 8{,}00 \text{ m}}{2} = 123{,}50 \text{ m}^2$$

$$\text{Dreieck } A_3 = \frac{(45{,}00 \text{ m} - 29{,}00 \text{ m}) \cdot 8{,}00 \text{ m}}{2} = 64{,}00 \text{ m}^2$$

$$\text{Dreieck } A_4 = \frac{(45{,}00 \text{ m} - 24{,}00 \text{ m}) \cdot 6{,}00 \text{ m}}{2} = 63{,}00 \text{ m}^2$$

$$\text{Dreieck } A_5 = \frac{24{,}00 \text{ m} \cdot 6{,}00 \text{ m}}{2} = \frac{72{,}00 \text{ m}^2}{347{,}50 \text{ m}^2}$$

Rundungsungenauigkeiten können verringert werden, wenn bei Teilflächen aus Dreiecken und Trapezen die doppelte Fläche ausgerechnet wird. Erst am Ende wird die Summe der Teilflächen durch 2 dividiert.

2.4.5 Runde Flächen

Der Kreis und seine Teile kommen in der Bautechnik häufig vor, im Hochbau z. B. bei Fenstern und Gewölben, im Tiefbau bei Plätzen, Pflastern und Straßenkurven. Der Kreis besteht aus einem Mittelpunkt und einer Kreislinie, auf der jeder Punkt gleich weit vom Mittelpunkt entfernt ist (Abstand r). Die Benennungen zeigt Bild 2.55.

Die Zahl π (griech. pi) ist ein fester Formelbestandteil beim Berechnen runder Flächen und Körper. π gibt an, wievielmal der Durchmesser d im Umfang U eines Kreises enthalten ist – nämlich 3,14159265...mal. Wir rechnen mit $\pi = 3{,}14$.

$$\boxed{\pi = 3{,}14}$$

Jeder Taschenrechner hat die Taste $\boxed{\pi}$ und speichert die genauere Zahl. Deshalb ergeben sich geringe Abweichungen im Ergebnis gegenüber dem schriftlichen Rechnen mit $\pi = 3{,}14$.

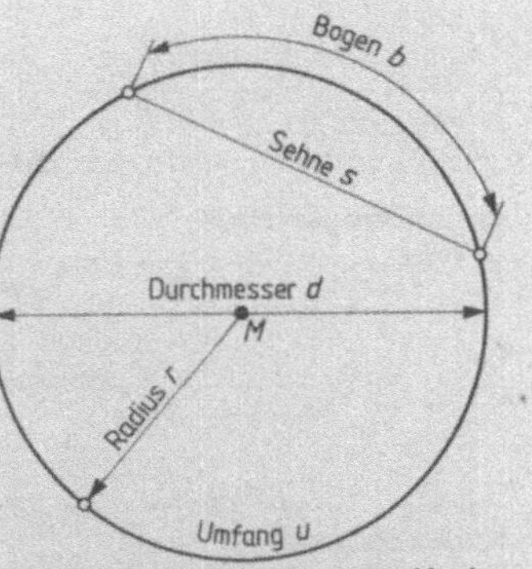

2.55 Benennungen am Kreis

Tabelle **2.56** **Berechnungsformeln für Kreis und Kreisteile** (Fortsetzung s. nächste Seite)

Name und Form	Fläche	Umfang
Kreis z. B. $r = 2{,}00$ m	$A = r^2 \cdot \pi$ $A = \dfrac{d^2 \cdot \pi}{4}$ $A = \dfrac{4{,}00^2 \cdot 3{,}14}{4}$ $A = 12{,}56$ m^2	$U = d \cdot \pi$ $U = 2 \cdot r \cdot \pi$ $U = 4{,}00 \cdot 3{,}14$ $U = 12{,}56$ m
Kreisring z. B. $r = 5{,}00$ m $R = 8{,}00$ m	$A = R^2 \cdot \pi - r^2 \cdot \pi$ $A = (R^2 - r^2) \cdot \pi$ $A = (64{,}00 - 25{,}00) \cdot 3{,}14$ $A = 122{,}46$ m^2	
Halbkreis z. B. $r = 6{,}00$ m	$A = \dfrac{r^2 \cdot \pi}{2}$ $A = \dfrac{36{,}00 \cdot 3{,}14}{2}$ $A = 56{,}52$ m^2	$U = \dfrac{d \cdot \pi}{2} + d$ $U = \dfrac{12{,}00 \cdot 3{,}14}{2} + 12{,}0$ $U = 30{,}84$ m
Kreisausschnitt z. B. $r = 6{,}00$ m $\alpha = 60°$	$A = r^2 \cdot \pi \cdot \dfrac{\alpha}{360°}$ Der Vollkreis hat 360°. Bei $\alpha = 1°$ wäre die Fläche oder der Kreisbogen $= \dfrac{1}{360}$ der Gesamtfläche oder des Umfangs $A = 36{,}00 \cdot 3{,}14 \cdot \dfrac{60°}{360°}$ $A = 36{,}00 \cdot 3{,}14 \cdot \dfrac{1}{6} = 18{,}84$ m^2	$b = 2 \cdot r \cdot \pi \dfrac{\alpha}{360°}$ $b = \dfrac{U}{360}$ $b = 12{,}00 \cdot 3{,}14 \cdot \dfrac{60°}{360°}$ $b = 12{,}00 \cdot 3{,}14 \cdot \dfrac{1}{6} = 6{,}28$ m

Tabelle **2.56**, Fortsetzung

Name und Form	Fläche	Umfang
Kreisringausschnitt z.B. $R = 8,00$ m $r = 6,00$ m $\alpha = 40°$	$A = (R^2 - r^2) \cdot \pi \cdot \dfrac{\alpha}{360°}$ $A = (64,00 - 36,00) \cdot 3,14 \cdot \dfrac{40}{360°}$ $A = 9,77$ m²	Bogenlängen wie beim Kreisausschnitt
Kreisabschnitt z.B. $s = 10,00$ m $h = 1,50$ m	Überschlagsformel aus der Praxis: $A \approx \dfrac{2}{3} \cdot s \cdot h$ $A \approx \dfrac{2}{3} \cdot 10,00 \cdot 1,50 \approx 10,00$ m²	Bogenlängen wie beim Kreisausschnitt
Ellipse z.B. $D = 6,00$ m $D = 4,00$ m	$A = D \cdot d \cdot \dfrac{\pi}{4}$ $A = 6,00 \cdot 4,00 \cdot \dfrac{\pi}{4} = 18,84$ m²	$U = \dfrac{D + d}{2} \cdot \pi$ $U = 15,70$ m

Durch Umformen der Kreisformeln können wir auch andere Werte berechnen.

Beispiel Der Äquator ist der größte Erdumfang (2.57). Er ist 40 000 km lang. Wie groß ist der Erdradius?

$$U = 2 \cdot r \cdot \pi$$

$$r = \frac{U}{2 \cdot \pi} = \frac{40\,000 \text{ km}}{2 \cdot 3,14} \cong \textbf{6370 km}$$

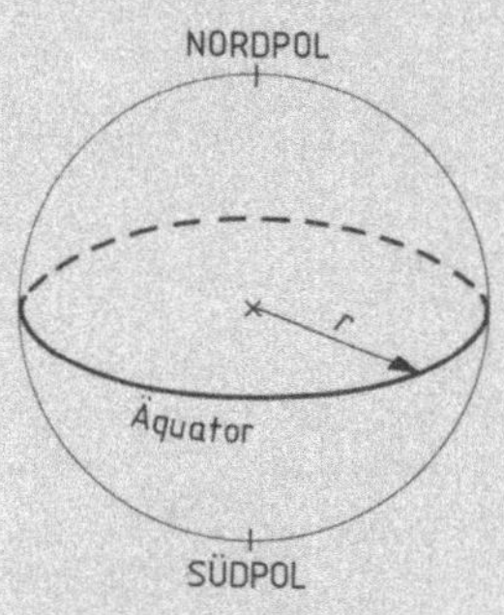

2.57 Erde

Lösung mit Taschenrechner

Beispiel $r = \dfrac{40\,000}{2 \cdot \pi}$

	Eingaben	Tasten	Anzeige
	4 0 0 0 0		40000
	2	÷	20000
	π	=	6366

Die Verwendung der π-Taste = 3.14145927 ist genauer, als mit 3,14 zu rechnen!

Aufgaben

25. Für die Betonsäule **2**.58 mit kreisförmigem Querschnitt sind zu berechnen
    a) die Querschnittsfläche in cm^2,
    b) der Umfang in cm.

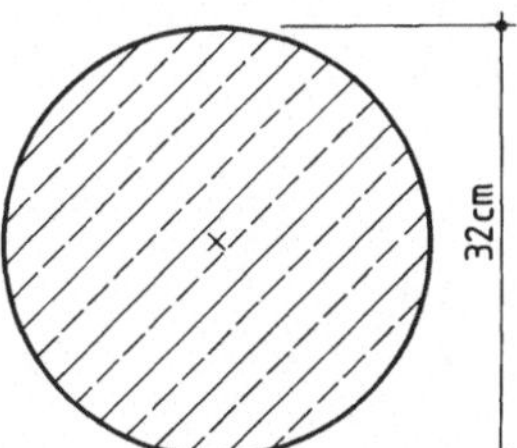

2.58   Querschnitt

26. Berechnen Sie für das Betonrohr **2**.59 mit Nennweite 150 mm (DN 150)
    a) die Querschnittsfläche des Innenrohrs in cm^2,
    b) den inneren Rohrumfang in cm,
    c) die Querschnittsfläche des Rohrmantels aus Beton in cm^2.

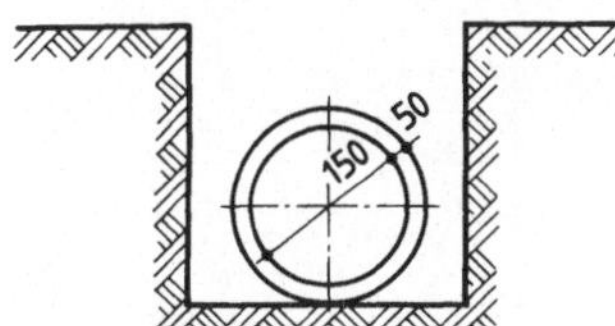

2.59   Rohrgrabenquerschnitt
        (Maße in mm)

27. Beim Aufmaß für die Abrechnung einer Baustelle wurde die Kleinpflasterfläche einer Verkehrsinsel **2**.60 gemessen. Berechnen Sie
    a) die Höhe in m,
    b) die Pflasterfläche in m^2.

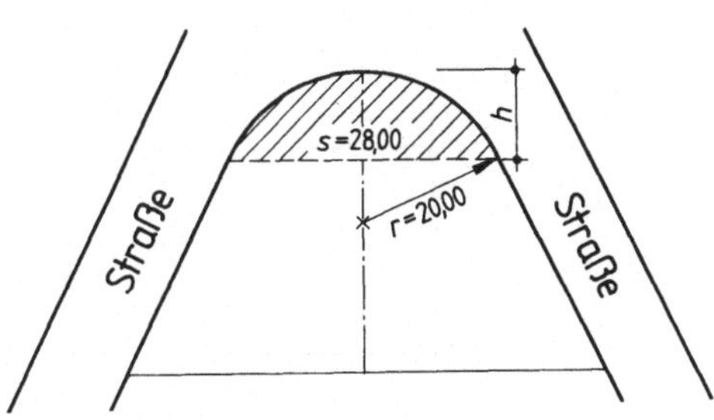

2.60   Verkehrsinsel (Maße in cm, m)

28. Berechnen Sie die Flächeninhalte eines Kreisrings mit
    a) $D = 1{,}42$ m, $d = 0{,}70$ m
    b) $D = 2{,}34$ m, $d = 1{,}10$ m

29. Berechnen Sie die Länge des Schleifblatts in der Bandschleifmaschine **2**.61 in cm.

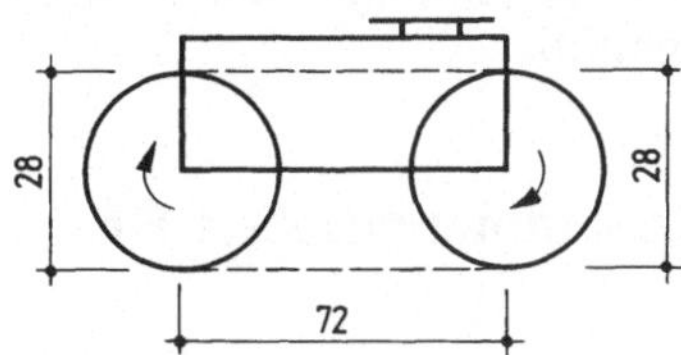

2.61   Bandschleifer (Maße in cm, m)

30. Zwei 12,00 m breite Straßen kreuzen sich. Berechnen Sie die Größe der geplanten Verkehrsinsel **2**.62 in m^2.

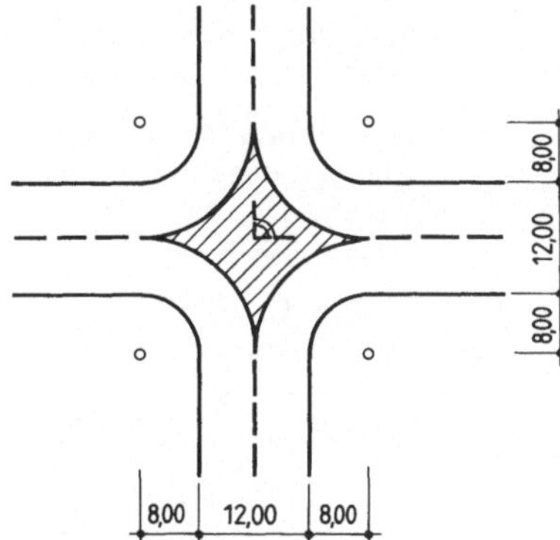

2.62   Straßenkreuzung

31. Ein Rundholz hat den Durchmesser $d = 23$ cm.
    a) Welches größtmögliche Kantholz mit quadratischem Querschnitt läßt sich daraus schneiden: 12/12, 14/14 oder 16/16 cm?
    b) Wieviel cm^2 Abfall entstehen dabei?

32. Ein Gartenteich hat Ellipsenform mit $D = 3{,}60$ m, $d = 1{,}50$ m. Berechnen Sie
    a) die Wasserfläche in m^2,
    b) den Umfang in m.

33. Beim Rundbogenfenster **2**.63 sind die Glasflächen im Halbkreis in 30°-Kreisausschnitte durch Sprossen unterteilt. Berechnen Sie in m² bzw. m

a) die Glasfläche eines Kreisausschnitts (Rahmen bleibt unberücksichtigt),

b) die gesamte Glasfläche des Fensters,

c) die Bogenlänge eines Kreisausschnitts.

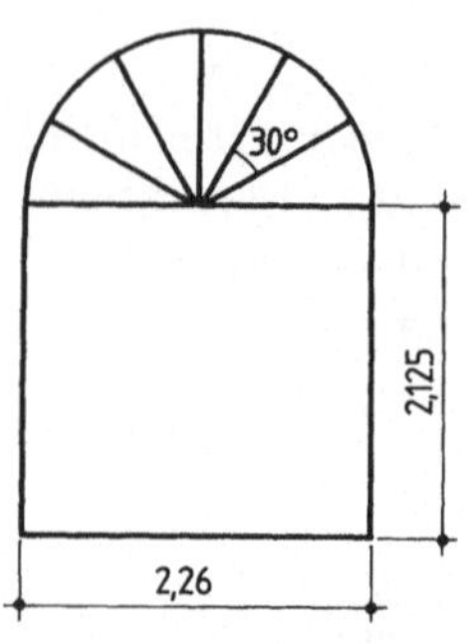

2.63 Sprossenfenster

2.4.6 Zusammengesetzte Flächen

Zusammengesetzte Flächen bestehen aus zwei oder mehreren für sich zu berechnenden Flächen. Die Summe der Einzelflächen ergibt wie bei den Vielecken die Gesamtfläche. In der Praxis begegnen uns zusammengesetzte Flächen bei Boden-, Straßen-, Fenster- und Dachflächen.

Beispiel Der Plattenbelag für die Terrasse **2**.64 ist zu berechnen. In der Mitte wird ein kreisförmiger Teich mit $d = 2{,}00$ m angelegt.

Berechnung Wir teilen die Fläche in möglichst wenig Teilflächen, die wir berechnen, dann addieren bzw. subtrahieren. Hier wählen wir je ein Trapez, Rechteck und einen Kreis.

Ansatz A = Trapez-A + Rechteck-A − Kreis-A (denn die Kreisfläche wird ja nicht gepflastert). Also:

$A = 26{,}42\,\text{m}^2 + 332{,}10\,\text{m}^2 - 3{,}14\,\text{m}^2 = \mathbf{355{,}38\,m^2}$

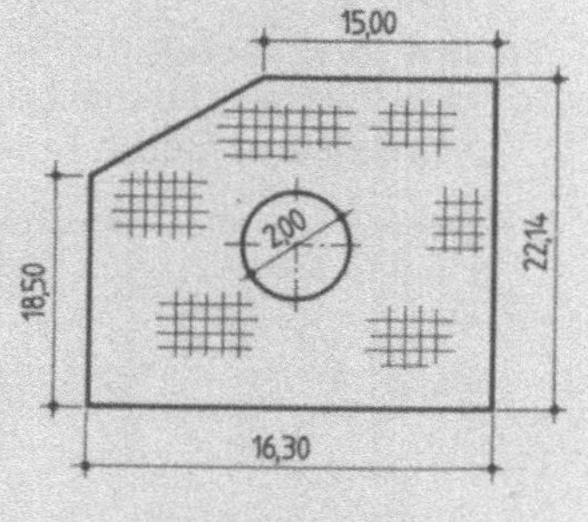

2.64 Aufmaße einer Plattenfläche

Aufgaben

Berechnen Sie die Flächeninhalte in m² und den Umfang in m zu den Bildern **2**.65 bis **2**.71, Zwischenrechnungen auf 3 Stellen hinter dem Komma, Endergebnis auf zwei Stellen hinter dem Komma runden.

34.

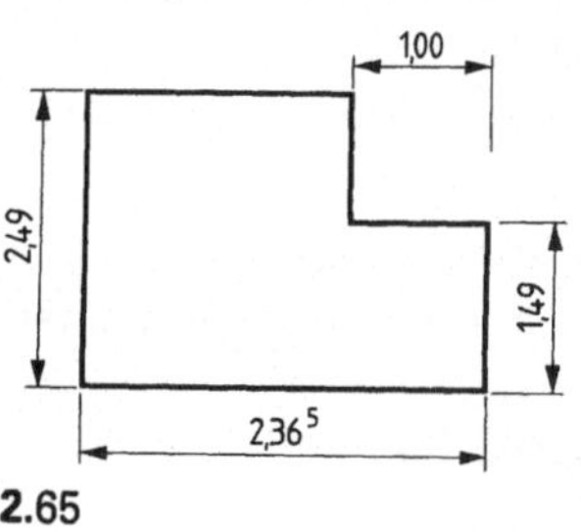

2.65

35.

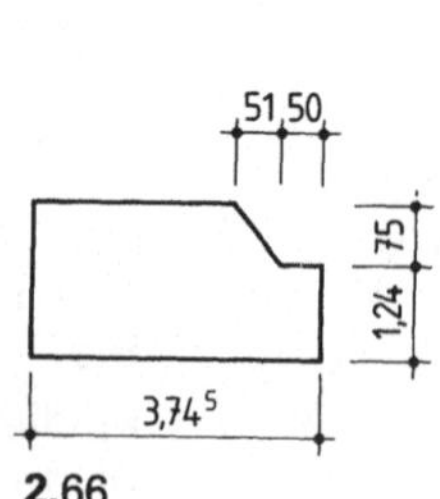

2.66

36.

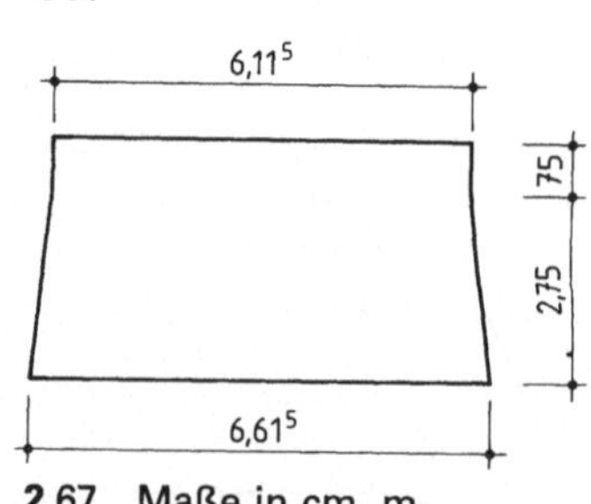

2.67 Maße in cm, m

37.

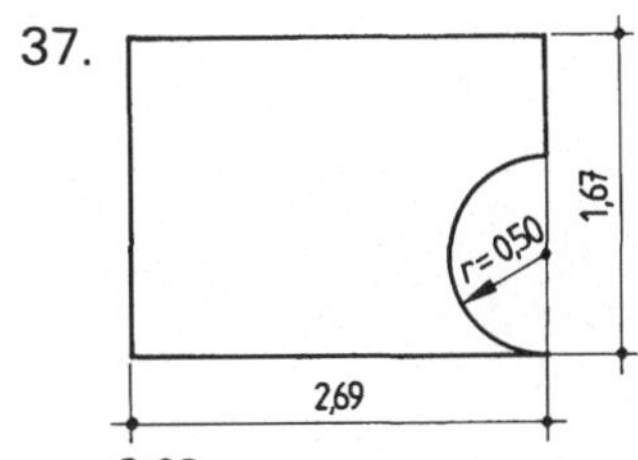

2.68

38.

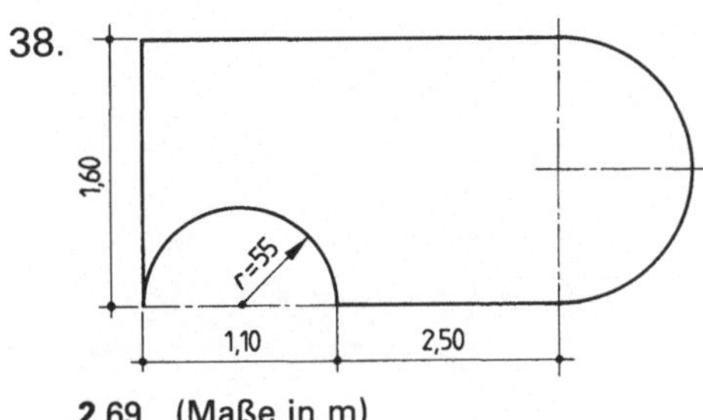

2.69 (Maße in m)

39.

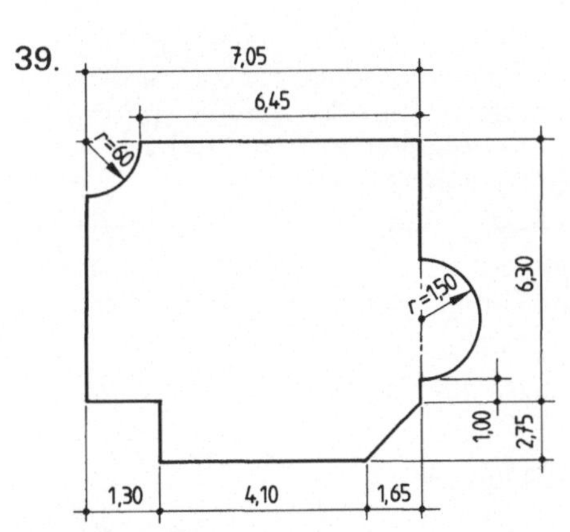

2.70 (Maße in m)

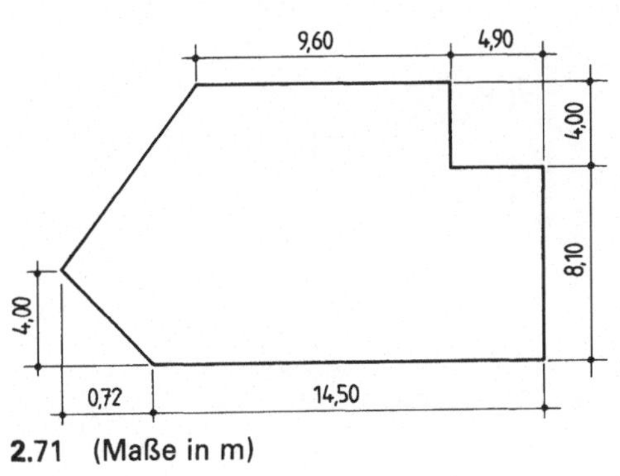

2.71 (Maße in m)

41. Berechnen Sie die Mauerwerksfläche bei dem Schornsteinquerschnitt **2.72** in m^2.

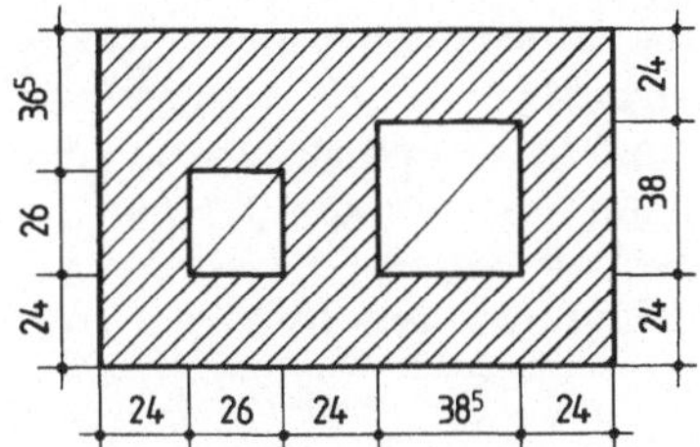

2.72 Zweizügiger Schornstein (Maße in cm)

42. Für die ummauerte Stahlstütze **2.73** sind die Querschnittsfläche des Mauerwerks in m^2 und der äußere Umfang in m zu berechnen.

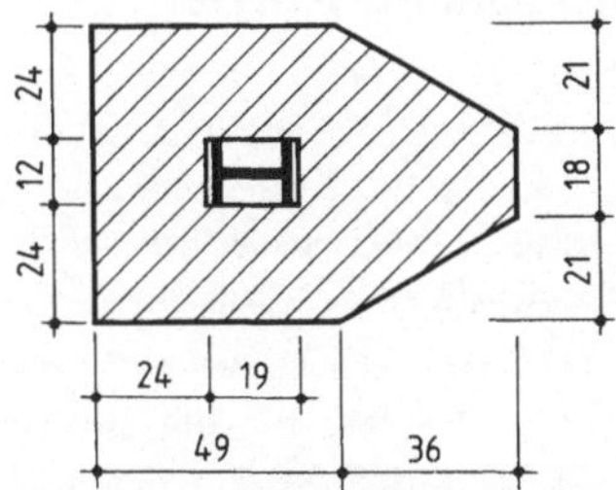

2.73 Ummauerte Stahlstütze (Maße in cm)

43. Von der Stützwand **2.74** in Stahlbeton sind die Querschnittsfläche in m^2 und die Länge der Strecke *s* in m zu berechnen.

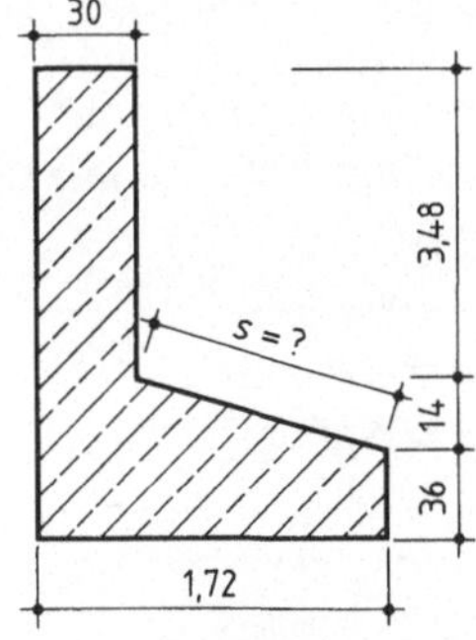

2.74 Stützwand (Maße in cm, m)

3 Körper

Körper werden von Flächen begrenzt. Sie haben drei Ausdehnungen, die wir mit **Länge**, **Breite** und **Höhe** bezeichnen. Für die Berechnung von Körpern werden auch die bereits besprochenen Flächenformeln verwendet. Die Körperformen sind vielfältig, von geraden Körpern, spitzen Körpern bis zu stumpfen Körpern. In der Bautechnik werden bei Körperberechnungen z.B. für Mauern, Säulen oder andere Bauteile besonders folgende Werte ermittelt:

	Variable	Einheit
Körperinhalt (Volumen)	V	m^3
Körperoberfläche	O	m^2
Körpermantel	M	m^2
Kantenlängen	$a, b, c,$	m

3.1 Prismatische Körper

Bei prismatischen Körpern sind Grund- und Deckflächen parallel zueinander und gleich groß. Je nachdem ob die Mantelflächen senkrecht oder geneigt auf der Grundfläche stehen, sprechen wir von geraden oder schiefen Prismen. Der Würfel und der Zylinder sind Sonderformen der prismatischen Körper.

Wir unterscheiden Prismen mit rechteckiger, trapezförmiger, vieleckiger und kreisrunder Grundfläche. In der Bautechnik werden prismatische Körper meist als **Säulen** bezeichnet. Als Grundformeln für die Berechnung aller prismatischer Körper gelten:

Mantelfläche = Summe aller Seitenflächen = Umfang (U) · Körperhöhe (h) $\quad \boxed{M = U \cdot h}$

Oberfläche = Summe aller Begrenzungsflächen
= Mantelfläche (M) + Grundfläche + Deckfläche $\quad \boxed{O = M + 2 \cdot A}$

Volumen = Grundfläche (A) · Körperhöhe (h) $\quad \boxed{V = A \cdot h}$

Der Würfel ist die Sonderform eines prismatischen Körpers. Er wird von sechs gleich großen Quadraten begrenzt (3.1). Alle Quadrate stehen senkrecht zueinander.

$$M = 4 \cdot a \cdot a = 4a^2$$
$$O = 6 \cdot a \cdot a = 6a^2$$
$$V = a \cdot a \cdot a = a^3$$

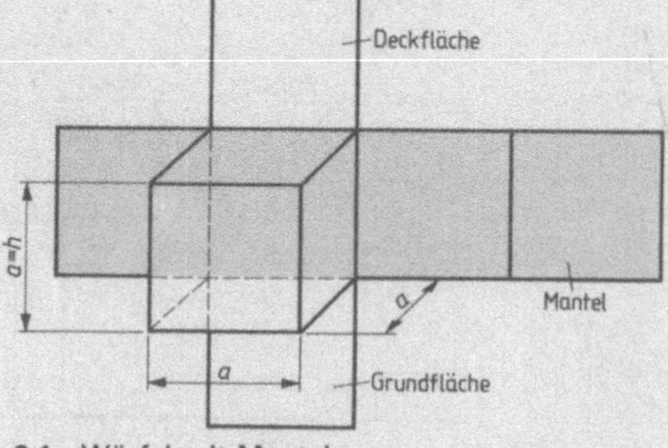

3.1 Würfel mit Mantel

Beispiel Würfel mit Kantenlänge $a = 2,00$ m

$M = 4 \cdot 2,00 \cdot 2,00 \quad = \mathbf{16,00\ m^2}$
$O = 6 \cdot 2,00 \cdot 2,00 \quad = \mathbf{24,00\ m^2}$
$V = 2,00 \cdot 2,00 \cdot 2,00 = \mathbf{8,00\ m^3}$

Die Quadratsäule ist von vier gleich großen Rechteckflächen als Mantelflächen begrenzt (**3.2**). Deckfläche und Grundfläche sind gleich große Quadrate.

$$M = 4 \cdot a \cdot h \qquad\qquad = 4ah$$
$$O = 4 \cdot a \cdot h + 2 \cdot a \cdot a = 4ah + 2a^2$$
$$V = a \cdot a \cdot h \qquad\qquad = a^2 h$$

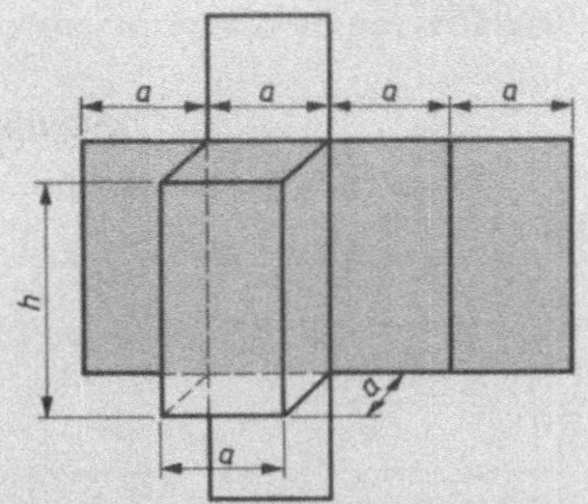

3.2 Quadersäule

Beispiel Quader, Seitenlänge $a = 2,00$ m, Höhe $h = 3,00$ m

$M = 4 \cdot 2,00 \cdot 3,00 \qquad\qquad\qquad = \mathbf{24,00\ m^2}$
$O = 4 \cdot 2,00 \cdot 3,00 + 2 \cdot 2,00 \cdot 2,00 = \mathbf{32,00\ m^2}$
$V = 2,00 \cdot 2,00 \cdot 3,00 \qquad\qquad\quad = \mathbf{12,00\ m^3}$

Die Rechtecksäule ist von 6 Rechteckflächen begrenzt (**3.3**). Die gegenüberliegenden Rechteckflächen sind gleich groß. Deckfläche und Grundfläche sind gleich große Rechtecke.

$$M = 2 \cdot a \cdot h + 2 \cdot b \cdot h = 2(a + b)h$$
$$O = 2 \cdot a \cdot h + 2 \cdot b \cdot h + 2 \cdot a \cdot b = 2(a + b)h + 2ab$$
$$V = a \cdot b \cdot h$$

Beispiel Rechtecksäule, $a = 2,50$ m, $b = 1,10$ m, $h = 3,50$ m

$M = 2\,(2,50 + 1,10) \cdot 3,50 = \mathbf{25,20\ m^2}$
$O = 2\,(2,50 + 1,10) \cdot 3,50 + 2 \cdot 2,50 \cdot 1,10 = 25,20 + 5,50 = \mathbf{30,70\ m^2}$
$V = 2,50 \cdot 1,10 \cdot 3,50 = \mathbf{9,63\ m^3}$

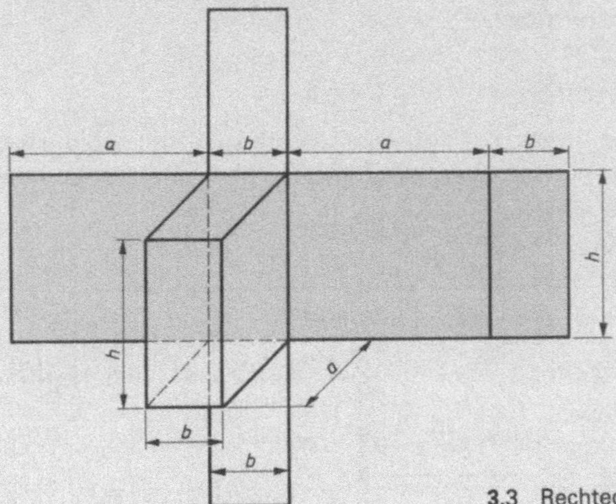

3.3 Rechtecksäule

95

Die Dreiecksäule ist von drei rechteckigen Seitenflächen begrenzt (**3.4**). Grundfläche und Deckfläche sind gleich große Dreiecke.

$$M = a \cdot h + b \cdot h + c \cdot h = (a + b + c) \cdot h$$

$$O = a \cdot h + b \cdot h + c \cdot h + 2 \cdot \frac{a \cdot h_a}{2}$$

$$= (a + b + c) \cdot h + a \cdot h_a$$

$$V = \frac{a \cdot h_a}{2} \cdot h$$

Beispiel Dreiecksäule, $a = 3{,}00$ m, $b = 2{,}50$ m, $c =$ 2,00 m, $h = 3{,}50$ m, $h_a = 1{,}67$ m

$M = (3{,}00 + 2{,}50 + 2{,}00) \cdot 3{,}50 = \mathbf{26{,}25\ m^2}$

$O = (3{,}00 + 2{,}50 + 2{,}00) \cdot 3{,}50 + 3{,}00 \cdot 1{,}67 = \mathbf{31{,}26\ m^2}$

$V = \dfrac{3{,}00 \cdot 1{,}67}{2} \cdot 3{,}50 = \mathbf{8{,}77\ m^3}$

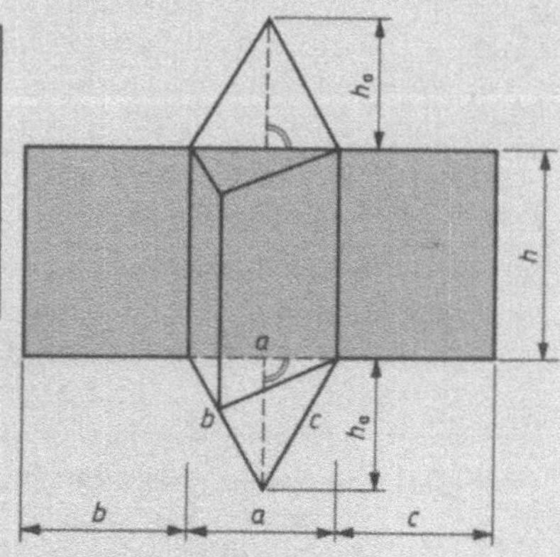

3.4 Dreiecksäule

Rundsäule (Zylinder). Grundfläche und Deckfläche sind gleich große Kreise (**3.5**). Der Mantel hat abgewickelt die Form eines Rechtecks.

$$M = d \cdot \pi \cdot h$$

(Kreisumfang $U \cdot$ Höhe h)

$$O = 2r \cdot \pi \cdot h + 2 \cdot r^2 \cdot \pi$$

$$= 2\pi r (h + r)$$

$$V = r^2 \cdot \pi \cdot h \left(\text{oder } \frac{d^2 \cdot \pi \cdot h}{4} \right)$$

Beispiel Rundsäule, $d = 1{,}60$ m, $h = 2{,}00$ m

$M = 1{,}60 \cdot 3{,}14 \cdot 2{,}00 = \mathbf{10{,}05\ m^2}$

$O = 2 \cdot 3{,}14 \cdot 0{,}80\ (2{,}00 + 0{,}80) = \mathbf{14{,}07\ m^2}$

$V = 0{,}80^2 \cdot 3{,}14 \cdot 2{,}00 = \mathbf{4{,}019\ m^3}$

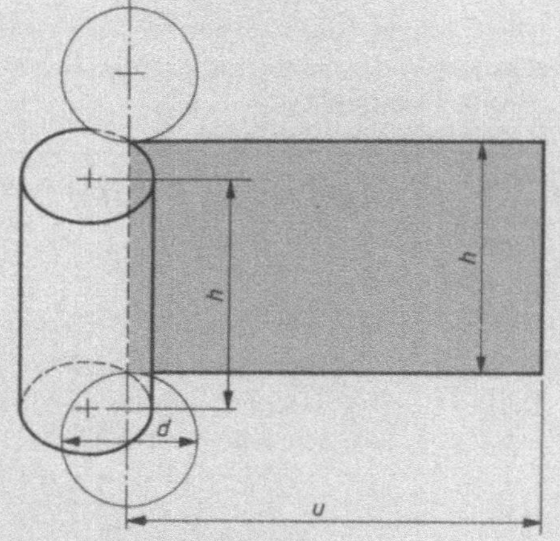

3.5 Rundsäule (Zylinder)

Eine Hohlsäule wie in Bild **3.9** Aufgabe 7 ist mit einer Röhre vergleichbar. Bei Berechnung des Rauminhalts wird der Hohlraum vom Gesamtvolumen subtrahiert.

Wanddicke $s = \dfrac{D - d}{2}$ $\quad D =$ Außendurchmesser $d =$ Innendurchmesser

$$M = D \cdot \pi \cdot h + d \cdot \pi \cdot h = (D + d) \cdot \pi \cdot h$$

$$O = (D + d) \cdot \pi \cdot h + \left(\frac{D^2 \cdot \pi}{4} - \frac{d^2 \cdot \pi}{4} \right) \cdot 2 = (D + d) \cdot \pi \cdot h + \frac{\pi}{2} (D^2 - d^2)$$

$$V = \left(\frac{D^2 \cdot \pi}{4} - \frac{d^2 \cdot \pi}{4} \right) \cdot h = \frac{\pi \cdot h}{4} (D^2 - d^2)$$

Beispiel Hohlzylinder, $D = 2{,}50$ m, $d = 1{,}00$ m, $h = 1{,}50$ m

$$M = (2{,}50 + 1{,}00) \cdot 3{,}14 \cdot 1{,}50 = \mathbf{16{,}49\ m^2}$$

$$O = (2{,}50 + 1{,}00) \cdot 3{,}14 \cdot 1{,}50 + \frac{3{,}14}{2} \cdot (2{,}50^2 - 1{,}00^2) = 16{,}49 + 8{,}24 = \mathbf{24{,}73\ m^2}$$

$$V = \frac{3{,}14 \cdot 1{,}50}{4} \cdot (2{,}50^2 - 1{,}00^2) = \mathbf{6{,}182\ m^3}$$

Bild **3.6** zeigt weitere Beispiele für prismatische Körper. Auch hier ist, wie für alle prismatischen Körper, die Grundformel $V = A \cdot h$ anzuwenden.

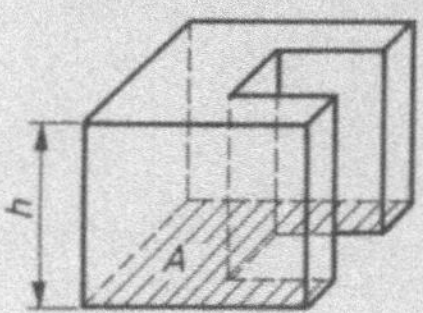
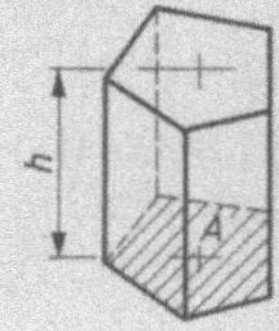
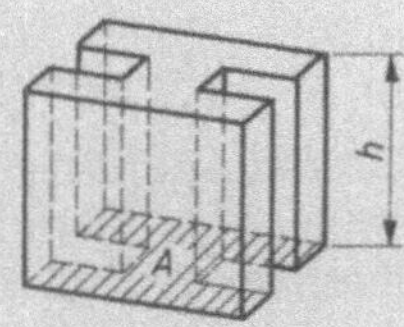

3.6 Gerade Prismen

Aufgaben

1. Berechnen Sie den Rauminhalt und die Mantelfläche einer Quadratsäule mit der Kantenlänge a und der Höhe h. Ergebnisse in m^3, m^2 bzw. m.

   a) $a = 1{,}32$ m, $h = 4{,}00$ m
   b) $a = 75$ cm, $h = 48$ cm
   c) $a = 8{,}60$ dm, $h = 12$ dm

2. Berechnen Sie die Oberfläche und den Rauminhalt für einen Würfel mit der Kantenlänge a. Ergebnisse in m^2, m^3 bzw. m.

   a) $a = 1{,}00$ m, b) $a = 24$ cm,
   c) $a = 36{,}5$ cm, d) $a = 1{,}24$ m

3. Für ein Betonfundament werden der Rauminhalt und die Mantelflächen gesucht (**3.7**). Ergebnisse in m^3 bzw. m^2.

   a) $a = 1{,}24$ m, $b = 0{,}70$ m, $h = 0{,}62$ m
   b) $a = 12{,}34$ m, $b = 1{,}28$ m, $h = 1{,}10$ m
   c) $a = 0{,}92$ m, $b = 4{,}28$ m, $h = 0{,}73$ m

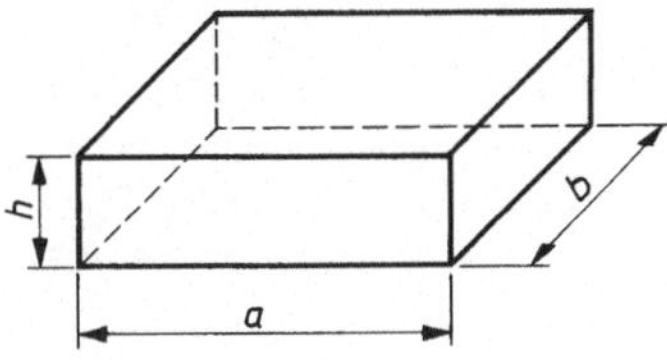

3.7 Fundament

4. Für ein Streifenfundament 50/60 cm wurde der Fundamentaushub nicht sorgfältig ausgeführt. Die obere Breite des Fundamentgrabens war $2 \cdot 0{,}15$ m $= 0{,}30$ m zu breit (**3.8**). Beim Betonieren wurde der gesamte Fundamentgraben mit Beton vergossen. Das Fundament hat eine Länge von 3,50 m.

   a) Wieviel m^3 Beton waren für das geplante Fundament erforderlich?
   b) Wieviel m^3 Beton wurden zuviel eingebaut?
   c) Wieviel % Boden wurden zuviel ausgehoben?

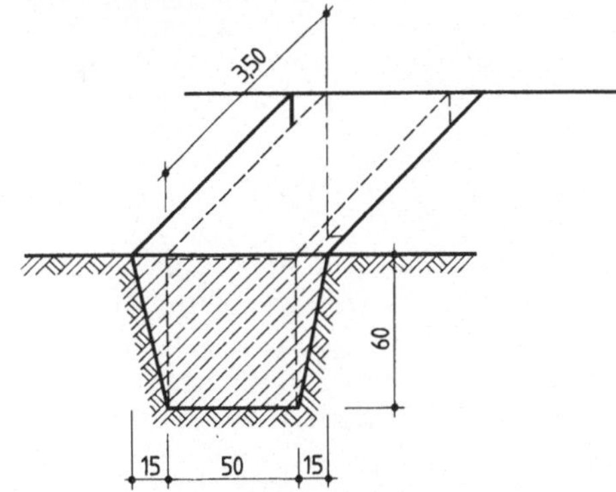

3.8 Fundamentgraben (Maße in cm, m)

5. Berechnen Sie für eine gerade Rundsäule den Rauminhalt, Mantel und die Oberfläche in m^3 bzw. m^2.
   a) $d = 1{,}26$ m, $h = 0{,}85$ m
   b) $r = 18$ dm, $h = 10$ dm
   c) $d = 0{,}60$ m, $h = 4{,}72$ m

6. Für eine Rundsäule aus Beton sind die Höhe h und der Umfang U bekannt. Berechnen Sie den Rauminhalt und den Durchmesser.
   a) $h = 2{,}50$ m, $U = 1{,}32$ m
   b) $h = 1{,}26$ m, $U = 2{,}26$ m

7. Ein Betonrohr hat die Form einer Hohlsäule. Der innere Durchmesser DN und die Wandstärke s_1 sind bekannt. Das Rohr hat eine Länge von 2,00 m. Berechnen Sie die Menge des durch das Rohr verdrängten Bodens und die Fläche der inneren Rohrwandung in m^3 bzw. m^2 (3.9).
   a) Betonrohr DN 200 mm, $s_1 = 26$ mm
   b) Betonrohr DN 800 mm, $s_1 = 74$ mm

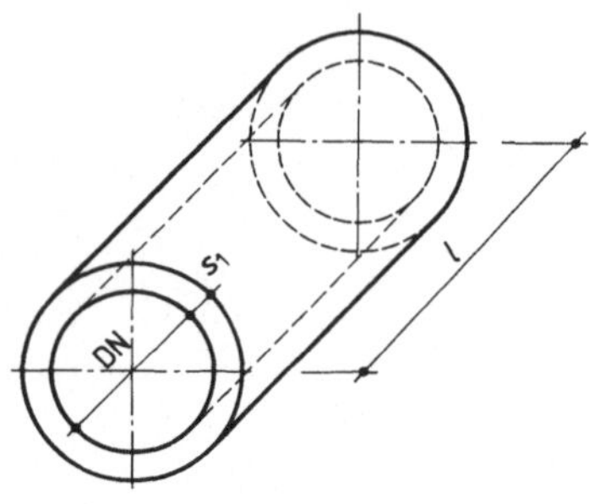

3.9   Betonrohr (Hohlsäule)

3.2   Spitze Körper

Zu den spitzen Körpern gehören die Pyramide und der Kegel. Die Mantelflächen spitzer Körper laufen in der Spitze geradlinig zusammen. Der Rauminhalt wird nach der Grundformel berechnet.

$$\text{Grundformel } V = \frac{A \cdot h}{3}$$

Diese Grundformel ist daraus zu erklären, daß das Volumen eines spitzen Körpers nur 1/3 so groß ist, wie das eines geraden Körpers mit gleicher Grundfläche und Höhe (3.10).

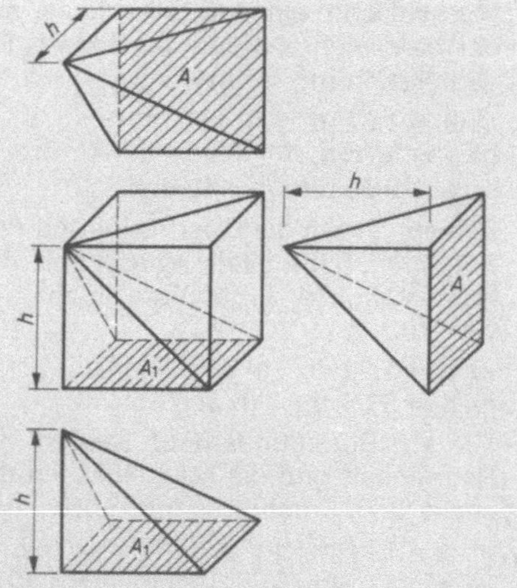

3.10   Volumen spitzer Körper

Gerade und schiefe Pyramide. Die Grundfläche einer Pyramide kann ein Drei-, Vier- oder Vieleck sein. Von einer geraden Pyramide sprechen wir, wenn die Pyramidenspitze über dem Schnittpunkt der Diagonalen der Grundfläche liegt. Befindet sie sich nicht über dem Schnittpunkt, handelt es sich um eine schiefe Pyramide. Den Rauminhalt aller Pyramiden können wir nach der Grundformel berechnen.

Berechnung einer geraden Pyramide mit einer quadratischen Grundfläche (**3.11**).

$$M = 2 \cdot a \cdot h_s$$
$$O = 2 \cdot a \cdot h_s + a^2$$
$$V = \frac{a^2 \cdot h}{3}$$

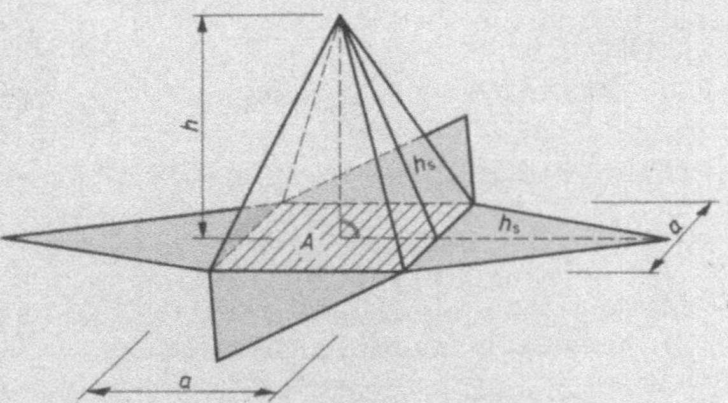

3.11 Pyramide

Beispiel Pyramide mit quadratischer Grundfläche A

$h = 3,80$ m, $a = 4,00$ m

$$h_s^2 = h^2 + \left(\frac{a}{2}\right)^2$$

$$h_s = \sqrt{h^2 + \left(\frac{a}{2}\right)^2} = \sqrt{3,80^2 + 2,00^2} = \textbf{4,29 m}$$

$M = 2 \cdot 4,00 \cdot 4,29 = \textbf{34,32 m}^2$

$O = 34,32 + 4,00^2 = \textbf{50,32 m}^2$

$V = \dfrac{4,00^2 \cdot 3,80}{3} = \textbf{20,27 m}^3$

Gerader und schiefer Kegel. Ein Kegel hat einen Kreis als Grundfläche (**3.12**). Alle von der Kegelspitze zum Umfang der Grundfläche verlaufenden Linien nennen wir Mantellinien. Bei einem geraden Kegel sind alle Mantellinien gleich lang. Sind die Mantellinien ungleich lang, handelt es sich also um einen schiefen Kegel (**3.13**). Wenn wir den Mantel eines geraden Kegels an einer Mantellinie auftrennen, erhalten wir abgewickelt einen Kreisausschnitt. Der Radius des Kreisausschnitts ist gleich der Länge der Mantellinie h_s. Die Bogenlinie b ist gleich dem Umfang der Grundfläche.

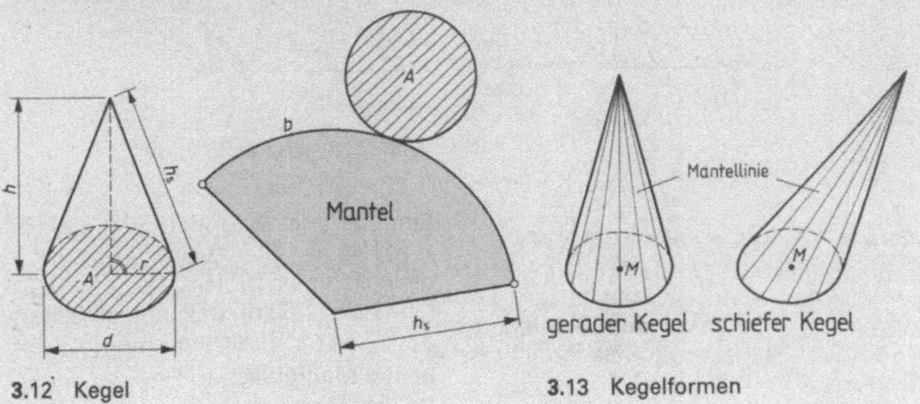

3.12 Kegel

3.13 Kegelformen

Gerader Kegel	Schiefer Kegel

$$M = \frac{2r \cdot \pi \cdot h_s}{2} = \pi \cdot r \cdot h_s$$

$$O = \pi \cdot r \cdot h_s + r^2 \cdot \pi = r \cdot \pi (h_s + r)$$

$$V = \frac{r^2 \cdot \pi \cdot h}{3} \quad \text{oder} \quad \frac{d^2 \cdot \pi \cdot h}{12}$$

$$V = \frac{r^2 \cdot \pi \cdot h}{3} \quad \text{oder} \quad \frac{d^2 \cdot \pi \cdot h}{12}$$

Mantelfläche und Oberfläche des schiefen Kegels können durch einfache mathematische Formeln nicht berechnet werden.

Beispiel Gerader Kegel, $d = 2{,}60$ m, $h = 4{,}00$ m

$$h_s^2 = h^2 + r^2; \quad h_s = \sqrt{4{,}00^2 + 1{,}30^2} = \textbf{4{,}21 m}$$

$$M = 3{,}14 \cdot 1{,}30 \cdot 4{,}21 = \textbf{17{,}19 m}^2$$

$$O = 1{,}30 \cdot 3{,}14 \, (4{,}21 + 1{,}30) = \textbf{22{,}49 m}^2$$

$$V = \frac{1{,}30^2 \cdot 3{,}14 \cdot 4{,}00}{3} = \textbf{7{,}075 m}^3$$

Aufgaben

1. Berechnen Sie den Rauminhalt in m^3 für die in Bild **3.**14 dargestellten Körper.

   a) $d = 78$ cm, $h = 1{,}05$ m
   b) $a = 2{,}20$ m, $b = 0{,}52$ m, $h = 1{,}86$ m
   c) $d = 0{,}85$ m, $h = 1{,}34$ m
   d) $A = 4{,}50$ m^2, $h = 2{,}42$ m

2. Ein Wohnhaus soll ein Zeltdach erhalten (**3.**15). Berechnen Sie

   a) den Dachrauminhalt und
   b) die gesamte Dachfläche.

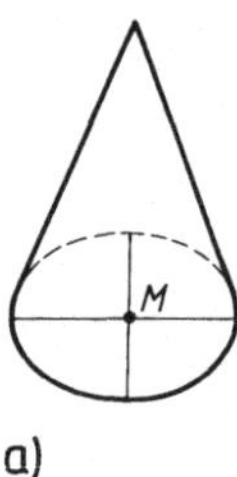
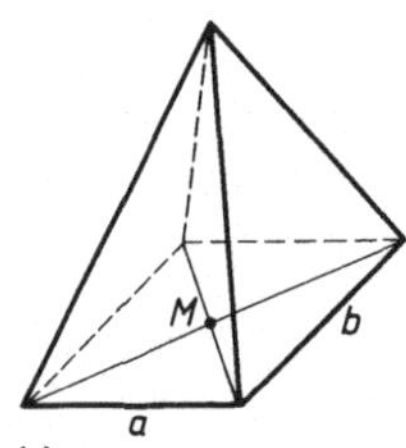

a)　　　　b)

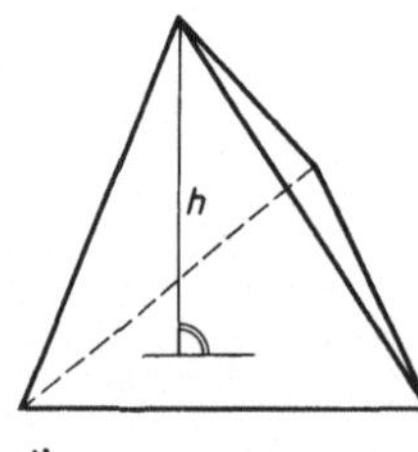

c)　　　　d)

3.14　Spitze Körper (Maße in m)

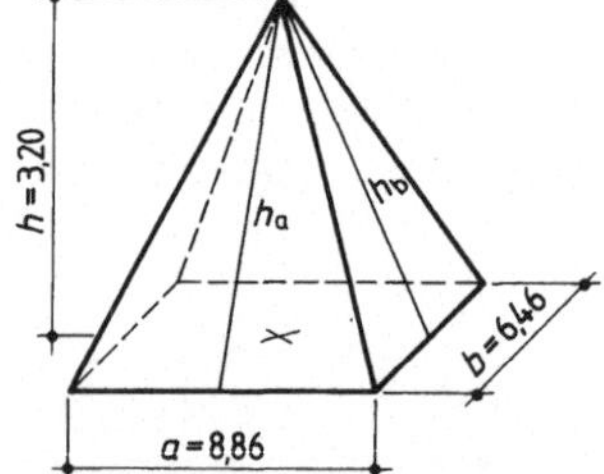

3.15　Zeltdach (Maße in m)

3. Eine gerade Pyramide hat die Höhe $h = 2{,}40$ m. Die Grundfläche ist ein gleichseitiges Dreieck mit der Seitenlänge $a = 1{,}60$ m. Bekannt ist weiterhin $h_s = 2{,}44$ m. Berechnen Sie

   a) die Mantelfläche,
   b) die Oberfläche,
   c) das Volumen.

4. Von dem Silobehälter **3**.16 sollen berechnet werden

a) der Rauminhalt und
b) die Mantelfläche.

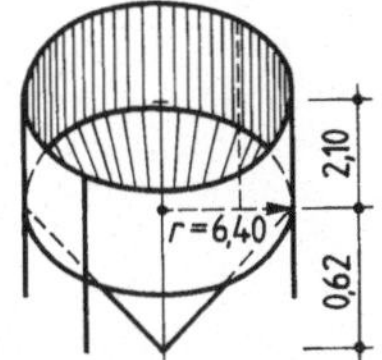

3.16 Silobehälter (Maße in m)

3.3 Stumpfe Körper

Schneidet man von einem spitzen Körper parallel zur Grundfläche die Spitze ab, entsteht ein stumpfer Körper. Die beiden parallelen Flächen nennen wir Grundfläche und Deckfläche. Die für die Bautechnik wichtigsten stumpfen Körper sind der Kegelstumpf und der Pyramidenstumpf.

Der Pyramidenstumpf hat eine eckige Grundfläche (**3**.17). Die Form der Grundfläche kann quadratisch, rechtekkig oder auch dreieckig sein. Die Deckfläche A_o und die Grundfläche A_u haben unterschiedliche Größe, aber immer die gleiche Flächenform. Der Mantel besteht bei einem Pyramidenstumpf mit rechteckiger Grundfläche aus 4 trapezförmigen Flächen mit den Höhen h_a bzw. h_b.

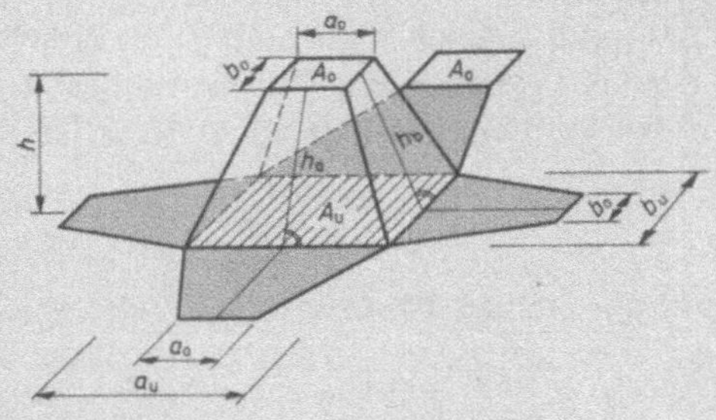

3.17 Pyramidenstumpf

Berechnung eines Pyramidenstumpfes mit rechteckiger Grundfläche:

$$M = \frac{a_u + a_o}{2} \cdot h_a \cdot 2 + \frac{b_u + b_o}{2} \cdot h_b \cdot 2 = (a_u + a_o) \cdot h_a + (b_u + b_o) \cdot h_b$$

$$O = A_u + A_o + M$$

$$V \approx \frac{A_u + A_o}{2} \cdot h \quad \text{(Näherungsformel)}$$

$$V = (A_u + A_o + \sqrt{A_u \cdot A_o}) \cdot \frac{h}{3} \quad \text{(genaue Formel)}$$

Beispiel $a_u = 4{,}00$ m, $b_u = 2{,}00$ m, $a_o = 1{,}60$ m, $b_o = 0{,}80$ m, $h = 3{,}00$ m

Um die Mantelflächen zu ermitteln, werden zuerst die Höhen h_a und h_b berechnet (Pythagoras, **3**.18).

$$h_b = \sqrt{h^2 + \left(\frac{a_u - a_o}{2}\right)^2} = \sqrt{3{,}00^2 + \left(\frac{4{,}00 - 1{,}60}{2}\right)^2}$$

$$h_b = \sqrt{9{,}00 + 1{,}44} = 3{,}23 \text{ m}$$

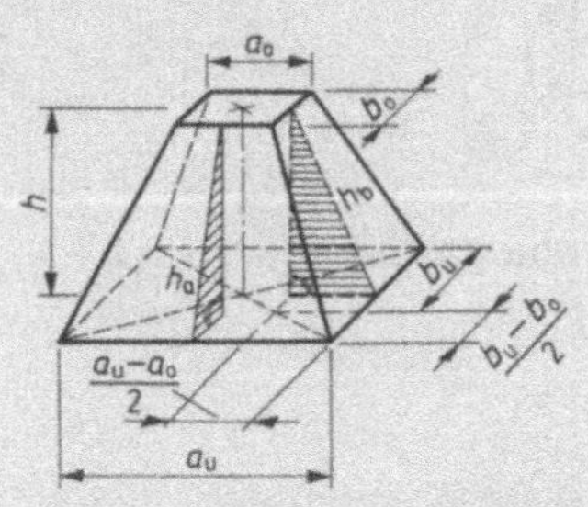

$h_a = 3{,}06 \text{ m}$

$M = (4{,}00 + 1{,}60) \cdot 3{,}06 + (2{,}00 + 0{,}80) \cdot 3{,}23$

$M = 17{,}14 + 9{,}04 = \mathbf{26{,}18 \text{ m}^2}$

$O = 8{,}00 \text{ m}^2 + 1{,}28 \text{ m}^2 + 26{,}18 \text{ m}^2 = \mathbf{35{,}46 \text{ m}^2}$

Näherungsformel:

$$V \approx \frac{8{,}00 + 1{,}28}{2} \cdot 3{,}00 = \mathbf{13{,}92 \text{ m}^3}$$

Genaue Formel:

$$V = (8{,}00 + 1{,}28 + \sqrt{8{,}00 \cdot 1{,}28}) \cdot \frac{3{,}00}{3} = \mathbf{12{,}48 \text{ m}^3}$$

3.18 Pyramidenstumpfberechnung   Differenz $= \;\; 1{,}44 \text{ m}^3$

Kegelstumpf. Das Volumen des Kegelstumpfs kann ebenfalls nach einer genauen oder einer Überschlagsformel berechnet werden. Welche Formel angewendet werden muß, hängt in der Bautechnik davon ab, für welchen Zweck die Berechnung durchgeführt wird. So ist für eine Erdmassenberechnung immer die genaue Formel anzuwenden. Die Mantelfläche eines Kegelstumpfs hat die Form eines Ausschnitts aus einem Kreisring (3.19).

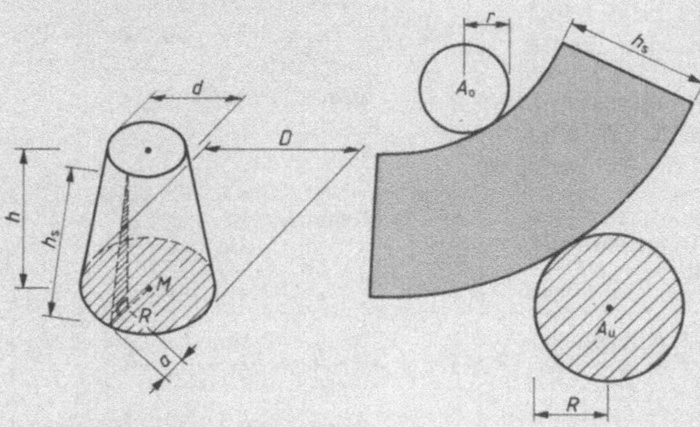

3.19 Kegelstumpf mit Oberfläche

$$M = \frac{D \cdot \pi + d \cdot \pi}{2} \cdot h_s = (D + d) \cdot \frac{\pi \cdot h_s}{2} \; ; \; h_s = \sqrt{h^2 + a^2} \; ; \; a = \frac{D - d}{2}$$

$$O = A_u + A_o + M$$

$$V \approx \frac{A_u + A_o}{2} \cdot h \quad \text{(Näherungsformel)}$$

$$V = \frac{\pi \cdot h}{3} \, (R^2 + R \cdot r + r^2) \quad \text{(genaue Formel)}$$

| **Beispiel** | Kegelstumpf, $D = 6,00$ m, $d = 3,00$ m, $h = 4,00$ m |

$$a = \frac{6,00 - 3,00}{2} = 1,50 \text{ m}$$

$$h_s = \sqrt{4,00^2 + 1,50^2} = 4,27 \text{ m}$$

$$M = (6,00 + 3,00) \cdot \frac{3,14 \cdot 4,27}{2} = \mathbf{60,34 \text{ m}^2}$$

$$O = 3,00^2 \cdot 3,14 + 1,50^2 \cdot 3,14 + 60,34 = \mathbf{95,67 \text{ m}^2}$$

$$\text{Näherungsformel: } V \approx \frac{28,26 + 7,07}{2} \cdot 4,00 \approx \mathbf{70,64 \text{ m}^3}$$

$$\text{Genaue Formel: } V = \frac{3,14 \cdot 4,00}{3} \cdot (3,00^2 + 3,00 \cdot 1,50 + 1,50^2)$$

$$V = 4,19 \cdot 15,75 = \mathbf{65,99 \text{ m}^3}$$

Aufgaben

1. Um welche Körper handelt es sich in den Bildern **3.20**?

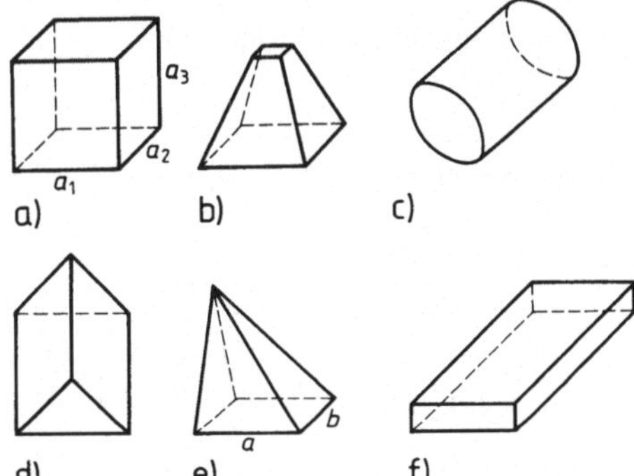

3.20 Körperformen

2. Berechnen Sie das Volumen für die in Bild **3.20** dargestellten Körper in m³.
   a) $a_1 = 0,58$ m, $a_2 = 14,20$ dm, $a_3 = 79$ cm
   b) $a_u = b_u = 2,40$ m, $a_o = b_o = 1,10$ m, $h = 2,65$ m
   c) $D = 0,48$ m, $h = 1,00$ m
   d) $a = 101$ cm, $b = 87$ cm, $c = 67$ cm, $h_a = 57$ cm, $h = 142$ cm
   e) $a = 2,41$ m, $b = 0,51$ m, $h = 2,13$ m
   f) $a = 74$ cm, $b = 36,5$ cm, $h = 124$ cm

3. Berechnen Sie die Mantelfläche für die Körper **3.20** a bis d und f. Alle Maße aus Aufgabe 2, Ergebnisse in m².

4. Eine Baugrube soll mit einer Tiefe von 1,00 m ausgehoben werden (**3.21**).
   a) Wieviel m³ Boden enthält die Baugrube?
   b) Wieviel m³ aufgelockerter Boden müssen bei einer Auflockerung von 11% abgefahren werden?

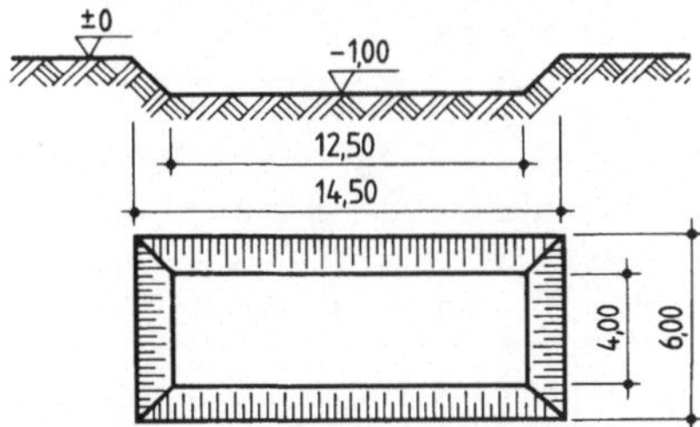

3.21 Baugrube-Grundriß (Maße in m)

5. Der Eimer **3.22** ist mit Mörtel gefüllt.
   a) Wieviel Liter Mörtel faßt er?
   b) Wieviel Liter Mörtel befinden sich im Eimer, wenn er nur bis 8 cm unter dem Rand gefüllt ist?

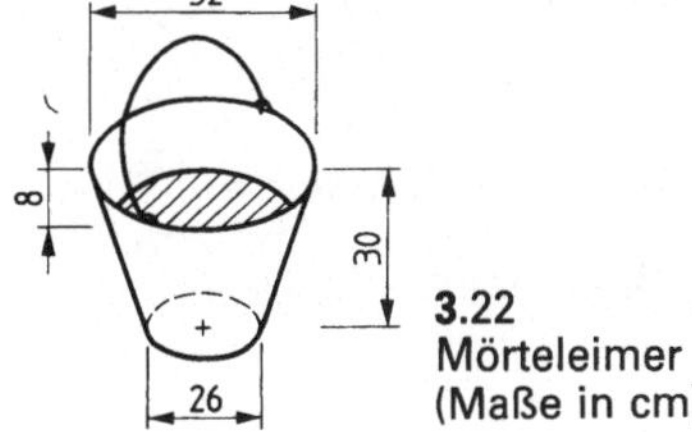

3.22 Mörteleimer (Maße in cm)

4.1 Masse und Dichte

Masse. Ebenso wichtig wie die äußeren Abmessungen und das Volumen ist bei einem Baustoff die in ihm enthaltene Stoffmenge, die Masse. Die Masse eines Baustoffs können wir mit der Waage bestimmen. Unser Meßergebnis ist dabei unabhängig von dem Ort, wo wir messen (**4.1**).

Einheit der Masse ist das Kilogramm (kg). Weitere Einheiten sind das Gramm (g) und die Tonne (t). Die Umrechnungszahl zwischen den Einheiten ist 1000.

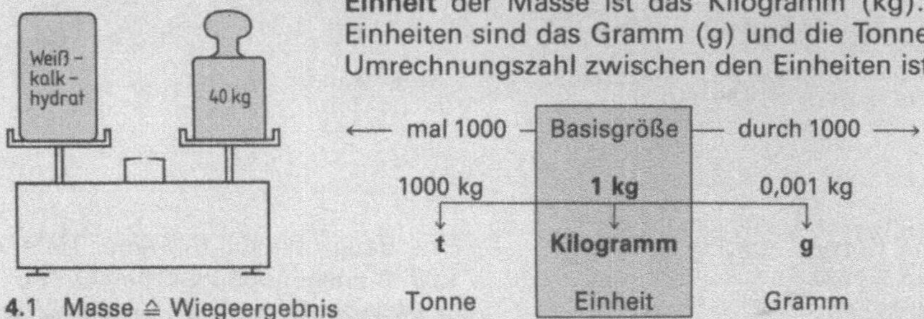

4.1 Masse ≙ Wiegeergebnis

„Masse" hat in der Bautechnik das „Gewicht" ersetzt. Im Handel kann Gewicht weiterhin für Wägeergebnisse verwendet werden.

> Die Masse eines Baustoffs ist ein Maß für die in seinem Volumen enthaltene Stoffmenge.

Dichte. Um die Masse von Baustoffen miteinander vergleichen zu können, ermitteln wir die Dichte. Sie gibt uns die in einer Volumeneinheit (cm^3, dm^3 oder m^3) enthaltene Masse an. Das Kurzzeichen für die Dichte ist der griechische Buchstabe ϱ (rho). Einheiten der Dichte sind:

Masseneinheit	Volumeneinheit	Einheit der Dichte
g	cm^3	g/cm^3
kg	dm^3	kg/dm^3
t	m^3	t/m^3

Da die Dichte das Verhältnis aus Masse und Volumen angibt, können wir sie nach der Formel berechnen:

> $$\text{Dichte } \varrho = \frac{\text{Masse } m}{\text{Volumen } V}$$
>
> Dichte ist die in der Volumeneinheit enthaltene Masse.

Rohdichte. Poröse, faserige und körnige Baustoffe enthalten Hohl- (Poren) oder Zwischenräume. Die Dichte von Baustoffen einschließlich der Hohlräume heißt Rohdichte. Bei künstlichen Steinen berechnen wir z. B. die Rohdichte.

Schüttdichte. Wird Zuschlag wie Sand oder Kies auf einen Haufen geschüttet, bleiben zwischen den Körnern Zwischenräume (4.2). Auch der Zuschlag selbst kann Hohlräume haben (z. B. Bimskies). Die Dichte von Baustoffen einschließlich der Hohl- und Zwischenräume heißt Schüttdichte.

Mit der Formel für die Dichte können wir auch die Masse oder das Volumen eines Baustoffs berechnen:

$$\text{Masse } m = \text{Dichte } \varrho \cdot \text{Volumen } V$$
$$\text{Volumen } V = \frac{\text{Masse } m}{\text{Dichte } \varrho}$$

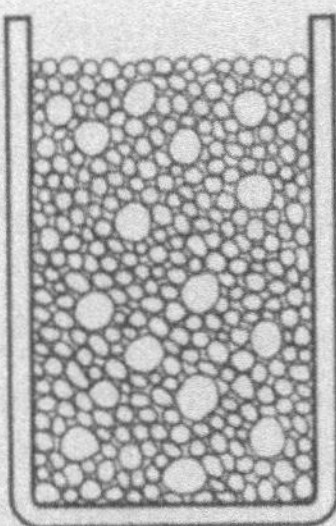

4.2 Zwischenräume im Korngerüst

Beispiel 1   Ein Hochlochziegel im 2 DF hat eine Masse von 3,743 kg. Welche Rohdichte hat er?

$$V = 2{,}4 \text{ dm} \cdot 1{,}15 \text{ dm} \cdot 1{,}13 \text{ dm} = 3{,}119 \text{ dm}^3$$
$$\varrho = \frac{m}{V} = \frac{3{,}743 \text{ kg}}{3{,}119 \text{ dm}^3} = \textbf{1,2 kg/dm}^3$$

Beispiel 2   Wieviel kg wiegt ein Gasbeton-Blockstein mit einer Rohdichte von 0,7 kg/dm³? Er hat die Abmessungen des 20 DF-Formats. Länge 490 mm, Breite 300 mm, Höhe 240 mm.

$$V = 4{,}9 \text{ dm} \cdot 3{,}0 \text{ dm} \cdot 2{,}4 \text{ dm} = 35{,}280 \text{ dm}^3$$
$$m = \varrho \cdot V = 0{,}7 \text{ kg/dm}^3 \cdot 35{,}280 \text{ dm}^3 = \textbf{24,696 kg}$$

Beispiel 3   Ein Betonprobewürfel hat eine Masse von 20,0 kg. Welche Abmessungen hat er, wenn seine Rohdichte 2,5 g/cm³ beträgt?

$$V = \frac{m}{\varrho} = \frac{20\,000 \text{ g}}{2{,}5 \text{ g/cm}^3} = 8000 \text{ cm}^3$$
$$a = \sqrt[3]{V} = \sqrt[3]{8000 \text{ cm}^3} = \textbf{20 cm}$$

Abmessungen des Probewürfels: Länge, Breite und Höhe = 20 cm.

Aufgaben

1. Ein Hüttenlochstein mit einer Rohdichte von 1,6 kg/dm³ wiegt 7,594 kg. Welche Breite in mm und welches Format hat dieser Stein, wenn er 240 mm lang und 113 mm hoch ist?

2. Eine Gipskartonplatte hat die Abmessungen Breite 1,25 m, Länge 2,75 m, Dicke 12,5 mm und eine Rohdichte von 0,9 g/cm³. Wieviel kg wiegt sie?

3. Ein Wandbauteil aus Leichtbeton wiegt 2,389 t. Welche Rohdichte in kg/dm³ hat der Leichtbeton, wenn das Bauteil 1,75 m breit, 3,25 m lang und 0,30 m dick ist?

4. Wieviel t wiegt der Unterzug 4.3 aus Stahlbeton mit der Rohdichte von 2,6 g/cm³?

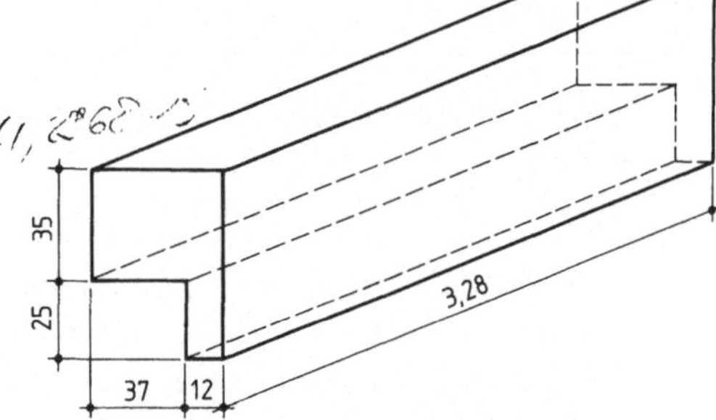

4.3 Unterzug (Maße in cm, m)

5. Wieviel kg Beton mit einer Rohdichte von 2,3 kg/dm^3 kann mit einem Krankübel gefördert werden, der 350 l faßt?

6. Mit wieviel Stahlprofilen U 300 nach Bild **4.4** kann ein Lkw von 6,5 t Ladefähigkeit beladen werden? Die Querschnittsfläche eines Stahlprofils U 300 ist 58,8 cm^2, die Länge 2,85 m, die Dichte 7,85 kg/dm^3.

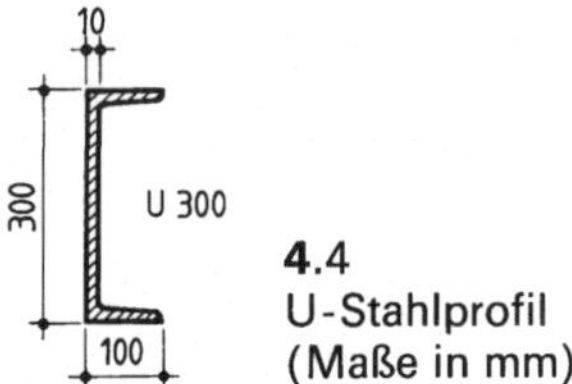

4.4
U-Stahlprofil
(Maße in mm)

7. Ein Radlader kann mit seinem Schürfkübel 11,4 t Erdreich mit einer Schüttdichte von 1,9 kg/dm^3 bewegen. Wie groß ist das Volumen des Schürfkübels in m^3?

8. Eine Lieferung von 2,5 m^3 erdfeuchtem Sand hat ein Ladegewicht von 4,5 t. Welche Schüttdichte hat der Sand in kg/dm^3?

9. Eine Innentreppe aus 18 Stufen soll mit Trittstufenplatten aus Marmor in 5 cm Dicke belegt werden. Wieviel kg wiegen die 18 Marmorplatten bei einer Rohdichte von 2,6 kg/dm^3, wenn die Trittstufen 1,36 m lang und 30 cm breit sind?

10. Eine Lieferung Kalksand-Blocksteine im Format 8 DF (l = 240 mm, b = 240 mm, h = 238 mm) hat das Ladegewicht von 12 337,92 kg und eine Rohdichte von 1,8 g/cm^3. Wieviel Steine wurden geliefert?

4.2 Gewichtskraft

Die Erde zieht die Masse eines Körpers, wie z. B. Baustoffe und Bauteile, mit einer Kraft zum Erdmittelpunkt hin an. Diese Anziehungskraft nennen wir Gewichtskraft (F_G) oder Last (F_ℓ). Die Gewichtskraft eines Körpers können wir aus dem Produkt seiner Masse (m) und der Fallbeschleunigung (g) berechnen. Die Fallbeschleunigung ist die Geschwindigkeitszunahme eines frei fallenden Körpers je Sekunde. Dieselbe Masse bzw. derselbe Körper erfährt an verschiedenen Orten auf der Erde leicht unterschiedliche Fallbeschleunigungen. Bei uns ist z. B. die Fallbeschleunigung etwas größer als am Äquator. Sie beträgt auf der Erde durchschnittlich 9,81 m/s^2. In unseren Rechnungen setzen wir sie aufgerundet mit 10 m/s^2 ein, was für die Bautechnik eine ausreichende Genauigkeit ist.

Gewichtskraft F_G = Masse m · Fallbeschleunigung g

Wenn ein Körper mit einer Kraft belastet wird, muß er dieser Belastung eine Kraft (Gegenkraft) entgegensetzen, damit er nicht verformt, zerstört oder umgekippt wird. Sind Kraft und Gegenkraft gleich groß, herrscht Gleichgewicht – das Bauwerk oder die Bauteile bleiben stehen und werden nicht zerstört. Deshalb müssen wir die Kräfte, die Bauteile oder Bauwerke belasten, ermitteln und die Bauteile so bemessen, daß sie diese Kräfte aufnehmen können.

Einheiten. Die gesetzliche Einheit für die Gewichtskraft F_G ist das Newton N.

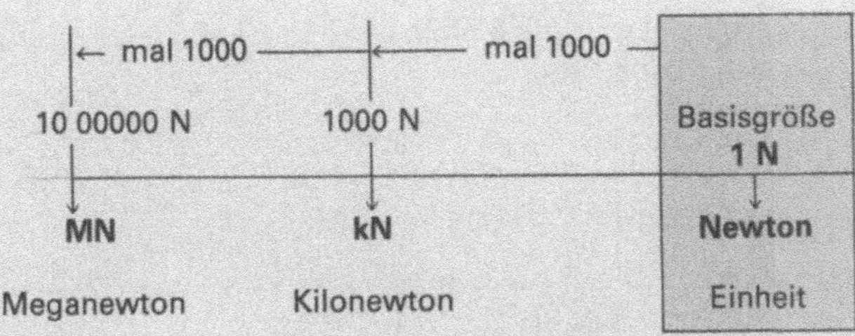

In der Bautechnik verwenden wir in der Regel das kN, bei Größen unter 0,1 kN das N und bei Größen über 1000 kN das MN. Setzen wir die Einheiten in die Formel für die Gewichtskraft ein, erhalten wir:

> Gewichtskraft in der Einheit Newton = Masse kg · Fallbeschleunigung m/s²
>
> $$1\ N = 1\ \frac{kg \cdot m}{s^2}$$

Beispiel Mit welcher Gewichtskraft belastet eine Rechtecksäule (Länge 0,50 m, Breite 0,35 m, Höhe 3,10 m) aus Stahlbeton mit der Rohdichte 2,5 kg/dm³ die Decke?

$V = l \cdot b \cdot h = 5\ dm \cdot 3,5\ dm \cdot 31\ dm = 542,5\ dm^3$

$m = \varrho \cdot V = 2,5\ kg/dm^3 \cdot 542,5\ dm^3 = 1356,25\ kg$

$F_G = m \cdot g = 1356,25\ kg \cdot 10\ m/s^2 = 13\,562,5\ kg \cdot m/s^2$

$\qquad\qquad\qquad = 13\,562,5\ N = \mathbf{13,563\ kN}$

Berechnung. Die in DIN 1055 festgelegten Werte für die Lastannahme bzw. flächenbezogenen Eigenlasten von Bauteilen erleichtern uns die Berechnung der Gewichtskräfte. Die Lastannahmen sind in den Einheiten kN/m³ oder kN/m² angegeben. Die Gewichtskraft können wir dann nach der vereinfachten Formel berechnen:

> Gewichtskraft F_G = Volumen V · Lastannahme

Die Eigenlast besteht aus der Gewichtskraft des Bauteils und den Gewichtskräften der anderen Teile, die das Bauteil belasten. Außerdem müssen wir die V e r - k e h r s l a s t e n hinzurechnen. Das sind z. B. die Belastungen durch Menschen, Möbel, Maschinen oder Lagergut, Wind- und Schneelasten.

Beispiel Eine Zwischenwand aus Kalksand-Vollsteinen ist 5,76 m lang, 0,24 m breit und 2,625 m hoch. Mit welcher Gewichtskraft belastet die Wand die Decke?

Volumen Wand = 5,76 m · 0,24 m · 2,625 m = 3,629 m³

Lastannahme für Kalksand-Vollsteine = 18 kN/m³

Gewichtskraft = 3,629 m³ · 18 kN/m³ = **65,322 kN**

Tabelle 4.5	Dichten verschiedener Baustoffe und Lastannahmen für Bauten nach DIN 1055 (Auszug)	

Gegenstand	Rohdichte in kg/dm³	Lastannahme in kN/m³
① **Mauer- und Putzmörtel**		
Kalk- und Kalkgipsmörtel	1,8	18
Kalkzementmörtel	2,0	20
Zementmörtel	2,1	21
② **Mauerwerk aus künstlichen Steinen**		
Vollziegel,	1,6	16
Kalksand-Vollsteine	1,8	18
Verblender,	2,0	20
Klinker	2,2	22
Vollsteine	0,7	7
aus Leichtbeton (Bims)	0,9	9
	1,2	12
Lochziegel,	0,8	8
Kalksand-Lochsteine	1,0	10
	1,4	14
Hohlblocksteine	0,8	8
aus Leichtbeton	1,2	12
(Bims/Lava gemischt)	1,4	14
③ **Natürliche Steine**		
Marmor, Travertin,	2,6	26
sonstiger Kalkstein		
Schiefer	2,8	28
④ **Beton**		
Gasbeton	0,7	8,4
Leichtbeton	1,2	12
Normalbeton bis B 10	2,3	23
bis B 15	2,4	24
Stahlbeton ab B 15	2,5	25
Betonwerkstein	2,4	24
⑤ **Bauhölzer (halbtrocken)**		
Fichte, Tanne	0,55	5,5
Kiefer	0,65	6,5
Eiche	0,85	8,5
Spanplatte	0,60	6,0

Tabelle 4.6	Flächenbezogene Eigenlasten von Bauteilen nach DIN 1055 (Auszug)

Gegenstand	in kN/m²
① **Dämm-/Sperrstoffe**	
Faserdämmstoffplatten	0,01 je cm Dicke
Schaumkunststoffplatten	0,004 je cm Dicke
Bitumendachpappe	0,03 je Lage
② **Putze** Dicke	
Gipskalkputz, 15 mm	0,18
Kalkmörtel, 20 mm	0,35
Kalkzementmörtel, 20 mm	0,40
Zementmörtel, 20 mm	0,42
③ **Fußböden**	
Zementestrich	0,22 je cm Dicke
Natursteinplatten (m. Verlegemörtel)	0,30 je cm Dicke
Teppichböden	0,03 je cm Dicke
Kunststoffböden	0,15 je cm Dicke
④ **Geschoßdecken**	

④ **Geschoßdecken**
Stahlbetonrippendecke, einachsig gespannt mit statisch nicht mitwirkenden Füllkörpern DIN 4160, Rippenachsenabstand 50 cm

a) Betonzwischenbauteile

Betonrohdichte (g/cm³)		1,4	2,3
Gesamtdicke in cm	21	3,71	4,38
	25	3,87	4,55
	29	4,11	4,83

b) Deckenziegel

Ziegelrohdichte (g/cm³)		0,6	0,9
Gesamtdeckendicke in cm	26,5	3,40	4,00
	31,5	3,90	4,65
	36,5	4,65	5,45

Aufgaben

1. Eine Wand aus Bims-Vollsteinen (ϱ = 0,9 kg/dm³) ist 4,875 m lang, 30 cm breit und 2,875 m hoch. Wieviel kN/m beträgt die Wandlast je 1 m Wandlänge?

2. Wieviel kN beträgt die Gewichtslast einer 3,75 m langen, 3,125 m hohen und 24 cm breiten Mauer aus Hüttenhohlblocksteinen ($\varrho = 1,7$ kg/dm^3)?

3. Mit welcher Gewichtskraft in kN belastet der Mauerpfeiler **4.7** aus Vollziegeln und Verblendern ($\varrho = 1,8$ kg/dm^3) mit dem Einzelfundament aus Normalbeton B 15 den Boden?

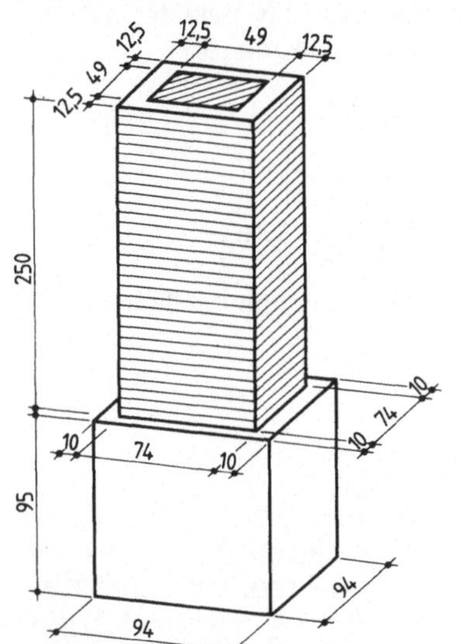

4.7 Mauerpfeiler (Maße in cm)

4. Mit welcher Gewichtskraft je Meter (kN/m) belastet die 2,75 m hohe Außenwand **4.8** mit dem Aufbau Klinker ($\varrho = 2,0$ kg/dm^3), Luftschicht, Schaumkunststoffplatten, Hohlblocksteine aus Leichtbeton ($\varrho = 1,2$ kg/dm^3) und Gipskalkputz das Fundament?

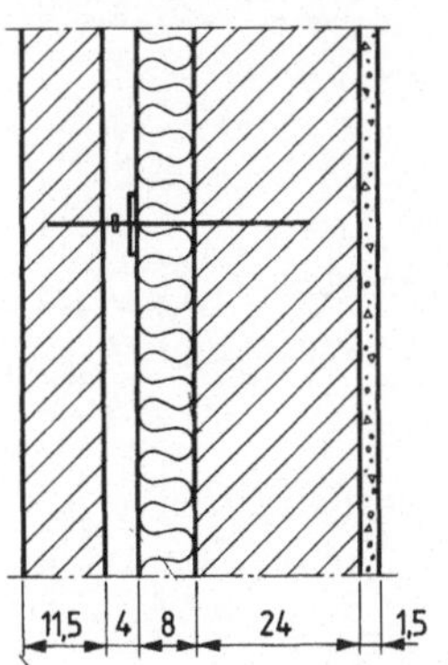

4.8 Außenwand (Maße in cm)

5. Die Geschoßdecke **4.9** hat den Aufbau Teppichboden, Zementestrich, Faserdämmstoffplatten, Stahlbeton B 25 und Gipskalkputz.
Wieviel kN/m^2 beträgt die Gewichtslast je 1 m^2 Decke, wenn noch eine Verkehrslast von 1,5 kN/m^2 hinzuzurechnen ist?

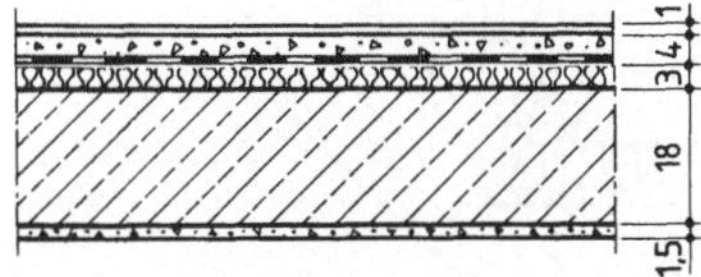

4.9 Geschoßdecke (Maße in cm)

6. Welche Gewichtskraft in kN hat die Stahlbetonrippendecke **4.10** mit Beton-Zwischenbauteilen ($\varrho = 2,3$ g/cm^3) und Deckenziegeln ($\varrho = 0,9$ g/cm^3), die 4,68 m lang und 3,25 m breit ist?

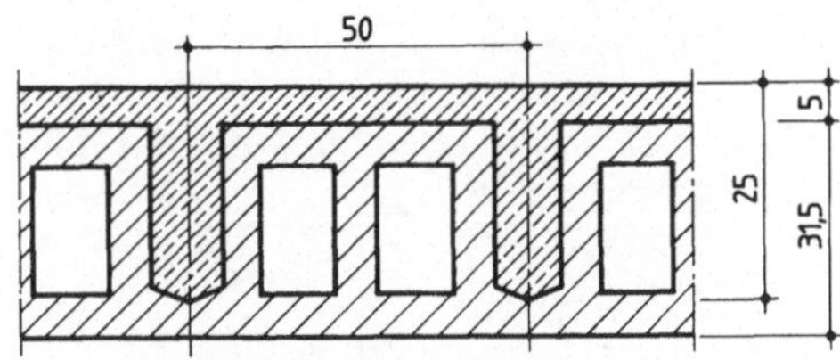

4.10 Stahlbetonrippendecke (Maße in cm)

7. Welche Last in kN/m hat ein Balken auf 1 m Länge der Decke **4.11** mit vollständig freiliegenden Holzbalken und schwimmendem Estrich aufzunehmen, wenn zu der Eigenlast noch eine Verkehrslast von 2,0 kN/m^2 hinzukommt?

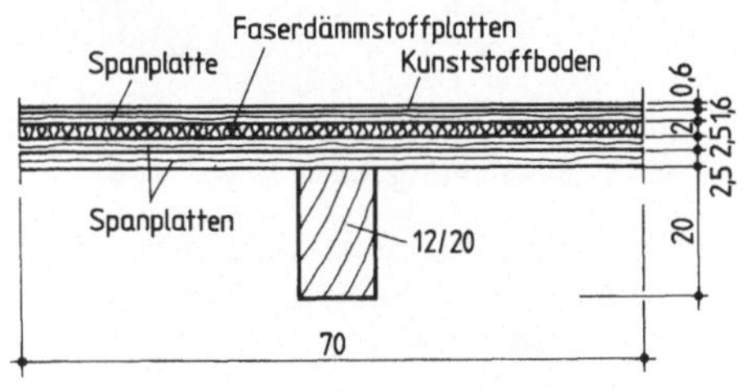

4.11 Holzbalkendecke (Maße in cm)

8. Eine 1,25 m breite Treppe (**4.12**) soll mit Winkelstufen aus Betonwerkstein auf Kalkzementmörtel belegt werden. Welche Gewichtskraft in kN hat eine Winkelstufe mit Mörtelbett?

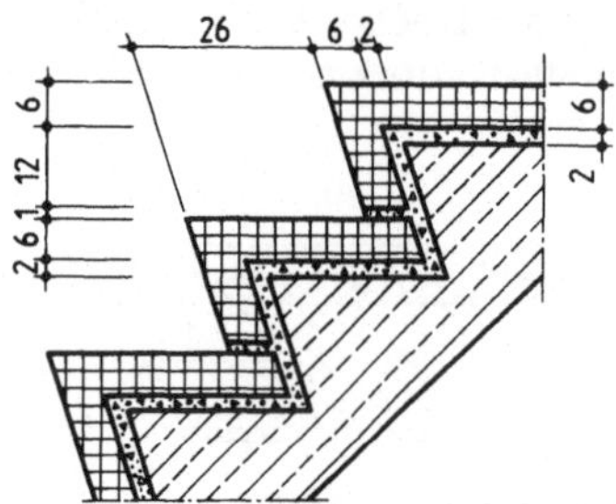

4.12 Betonwerksteintreppe (Maße in cm)

9. Mit 5 cm dicken Natursteinplatten auf Mörtelbett soll ein 3,75 m langer und

1,58 m breiter Balkon belegt werden. Wie groß ist die Gewichtskraft in kN, mit der die Betonplatte aus Stahlbeton belastet wird, wenn noch eine Verkehrslast von 2,0 kN/m^2 hinzukommt?

10. Ein 4,80 m langer Unterzug soll aus einem Stahlträger IPB 260 (**4.13**) hergestellt werden, dessen Rohdichte 7,85 kg/dm^3 beträgt. Mit welcher Gewichtskraft in kN belastet sein Eigengewicht e i n Auflager?

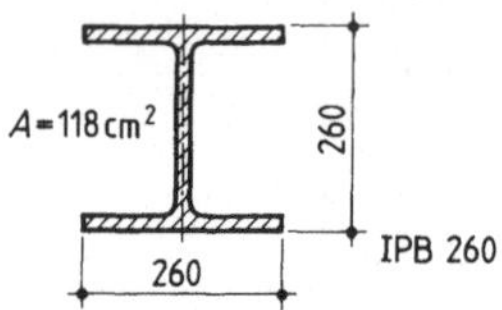

4.13 IPB-Stahlprofil (Maße in mm)

4.3 Kräfte in einer Wirkungslinie

Die G r ö ß e einer Kraft wird in Kilonewton (kN) angegeben. Die W i r k u n g einer Kraft ist aber durch ihre Größe allein nicht eindeutig festgelegt. Ein Kompressor hat z. B. eine Gewichtskraft von 14,45 kN, die ihn auf die Erdoberfläche drückt. Zieht dagegen ein Lkw den Kompressor mit einer Kraft von 14,45 kN, wird dieser in waagerechter Richtung bewegt. Die beiden der Größe nach gleichen Kräfte erzeugen wegen ihrer unterschiedlichen Richtungen ganz verschiedene Wirkungen (**4.14**).

4.14 Kräfte mit verschiedener Wirkung

Eine Kraft ist durch ihre Größe und Richtung auf der Wirkungslinie bestimmt (**4.15**).

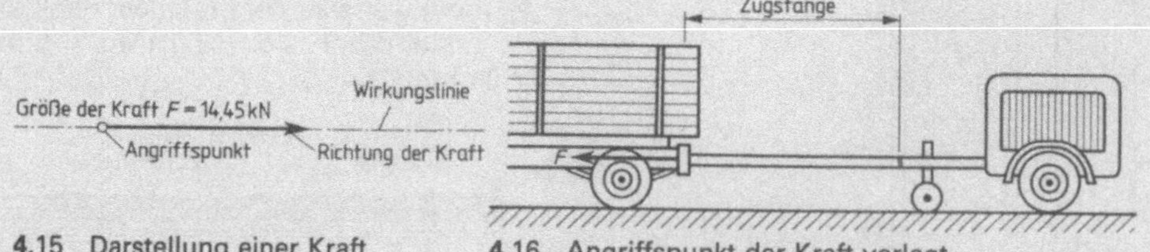

4.15 Darstellung einer Kraft

4.16 Angriffspunkt der Kraft verlegt

Der Kompressor soll zu einer anderen Baustelle gefahren werden. Weil er im schlammigen Baugrund festhängt, wird er von einem Lkw mit einer Zugstange herausgezogen. Die Zugkraft des Lkws greift nun nicht mehr am Ende der Anhängerkupplung, sondern am Ende der Zugstange an (**4.16**). Größe und Richtung der Kraft sind geblieben, aber ihr Angriffspunkt wurde verlegt.

Darstellung von Kräften. Kräfte können wir zeichnerisch als Strecken darstellen, d. h., der Größe einer Kraft entspricht eine bestimmte Streckenlänge. Hierzu wählen wir jeweils einen **Kräftemaßstab** M_F, z. B. 1 cm Länge auf der Zeichnung soll einer Kraft von 2 kN entsprechen:

$$M_F = \frac{1\ \text{cm}}{2\ \text{kN}} \qquad \boxed{M_F\ \ 1\ \text{cm} \triangleq 2\ \text{kN}}$$

Der Kräftemaßstab drückt das Verhältnis von der Größe der Kraft zur gezeichneten Länge aus (**4.17**).

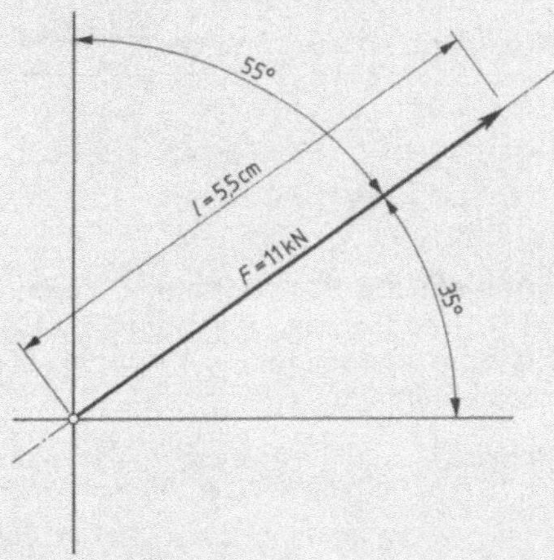

$$\text{Kräftemaßstab } M_F = \frac{\text{Länge } l}{\text{Kraft } F}$$

$$\text{Größe der Kraft } F = \frac{\text{Länge } l}{\text{Kräftemaßstab } M_F}$$

Zu zeichnende Länge der Kraft l
$= \text{Kraft } F \cdot \text{Kräftemaßstab } M_F$

4.17 Kräftemaßstab

Die Wirkungslinien werden im allgemeinen gegenüber der Senkrechten oder Waagerechten durch Angabe von Winkeln festgelegt. Die Kraftrichtung kennzeichnen wir durch einen Pfeil.

Beispiel 1 Eine Kraft $F = 26{,}8$ kN soll im Kräftemaßstab M_F 1 cm $\triangleq$ 4 kN auf einer Wirkungslinie mit dem Hebungswinkel 28° von der Waagerechten zeichnerisch dargestellt werden (**4.18**).

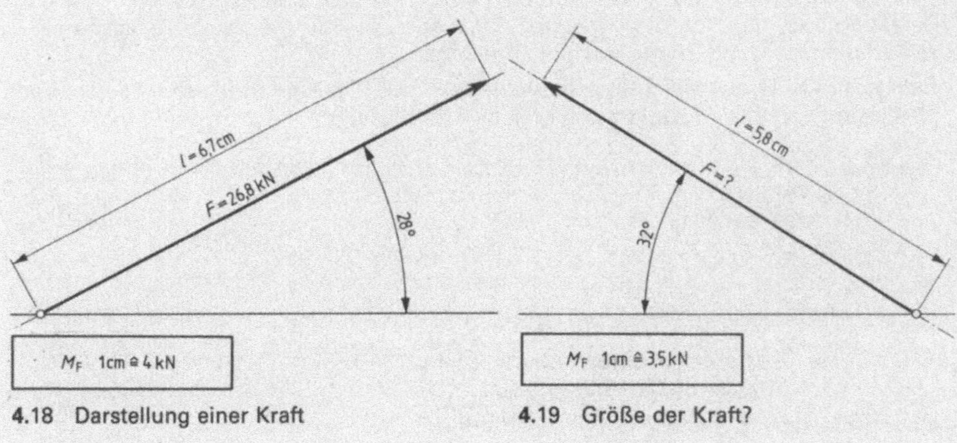

4.18 Darstellung einer Kraft   **4.19** Größe der Kraft?

Beispiel 2 Wie groß ist die dargestellte Kraft in kN (**4.19** auf S. 111)?

$$F = \frac{l}{M_F} = \frac{5{,}8\ \text{cm}}{\dfrac{1\ \text{cm}}{3{,}5\ \text{kN}}} = \frac{5{,}8\ \text{cm} \cdot 3{,}5\ \text{kN}}{1\ \text{cm}}$$

$$F = 20{,}30\ \text{kN}$$

Beispiel 3 Wie groß ist der Kräftemaßstab bei der im Bild **4.20** dargestellten Kraft?

$$M_F = \frac{l}{F} = \frac{4{,}6\ \text{cm}}{9{,}2\ \text{kN}} = \frac{1\ \text{cm}}{2\ \text{kN}}$$

$$M_F\ \ 1\ \text{cm} \mathrel{\hat{=}} 2\ \text{kN}$$

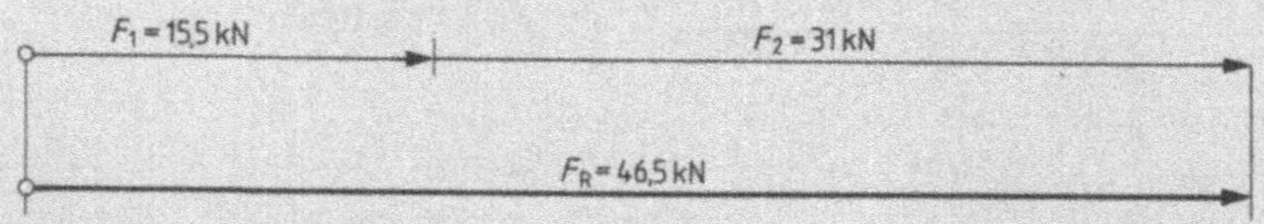

4.20 Kräftemaßstab?

Ermitteln der Resultierenden. Wirken zwei oder mehrere Kräfte (F_1 und F_2) in g l e i c h e r Richtung und auf g l e i c h e r Wirkungslinie, können wir sie durch rechnerische oder zeichnerische A d d i t i o n zu einer Ersatzkraft, der Resultierenden F_R zusammenfassen.

Beispiel 1 Ermitteln Sie zeichnerisch und rechnerisch die Größe der Resultierenden in kN. Kräftemaßstab M_F 1 cm $\hat{=}$ 5 kN

$$F_R = F_1 + F_2 = 15{,}5\ \text{kN} + 31\ \text{kN} = \mathbf{46{,}5\ kN}\ (4.21)$$

4.21 Ermitteln der Resultierenden

Wirken dagegen zwei oder mehrere Kräfte auf g l e i c h e r Wirkungslinie in v e r - s c h i e d e n e n Richtungen, können wir die Einzelkräfte voneinander subtrahieren. Bei mehr als zwei Kräften addieren wir zuerst die Kräfte gleicher Richtung und subtrahieren davon die Kräfte entgegengesetzter Richtung. Die Differenz ist die Resultierende, nämlich die wirksame Kraft aus der Summe der Einzelkräfte verschiedener Richtungen auf gleicher Wirkungslinie.

Sind zwei Kräfte auf gleicher Wirkungslinie in der Richtung entgegengesetzt aber gleich groß, ist die Resultierende gleich 0. Es herrscht G l e i c h g e w i c h t.

Beispiel 2 Wie groß ist die Resultierende der vier Kräfte in Bild **4.22** in kN? Ermitteln Sie die Resultierende zeichnerisch und rechnerisch. Kräftemaßstab M_F 1 cm $\hat{=}$ 2 kN

$$F_R = F_1 + F_2 - F_3 - F_4 = 8{,}8\ \text{kN} + 5{,}4\ \text{kN} - 4{,}4\ \text{kN} - 7{,}6\ \text{kN} = \mathbf{2{,}2\ kN}$$

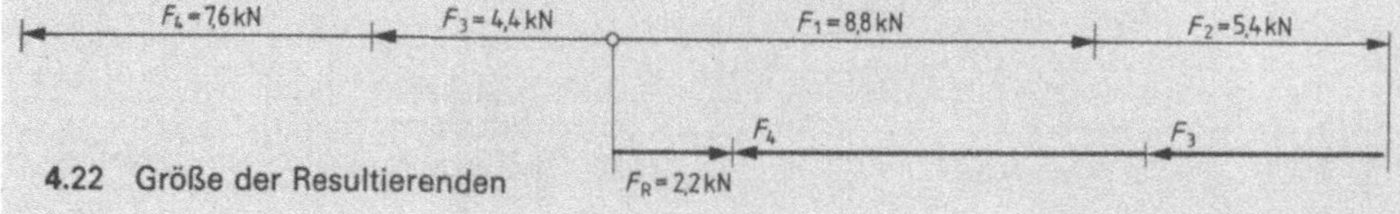

4.22 Größe der Resultierenden

112

Kräfteparallelogramm. Greifen zwei oder mehrere Kräfte an einem Punkt an, haben aber verschiedene Wirkungslinien (also verschiedene Richtungen), können wir die Resultierende auf zeichnerischem Weg ermitteln.

Beispiel 1 Die Kräfte $F_1 = 16$ kN und $F_2 = 25$ kN greifen an der Last im Punkt P an. In welcher Richtung wird sich die Last bewegen?

Die Last wird sich in Richtung der Resultierenden F_R bewegen. Die Größe der Resultierenden kann mit Hilfe des Lehrsatzes des Pythagoras berechnet werden.

$$F_R = \sqrt{F_1^2 + F_2^2} = \sqrt{16^2 + 25^2} = 29{,}68 \text{ kN}$$

Tragen wir die Kräfte aus Bild **4**.23 im Kräftemaßstab 1 cm $\hat{=}$ 2 kN auf, können wir das rechnerische Ergebnis durch Abgreifen der Kraft F_R überprüfen.

> Die Größe der Resultierenden Kraft F_R aus zwei Kräften kann mit dem Kräfteparallelogramm zeichnerisch ermittelt werden.

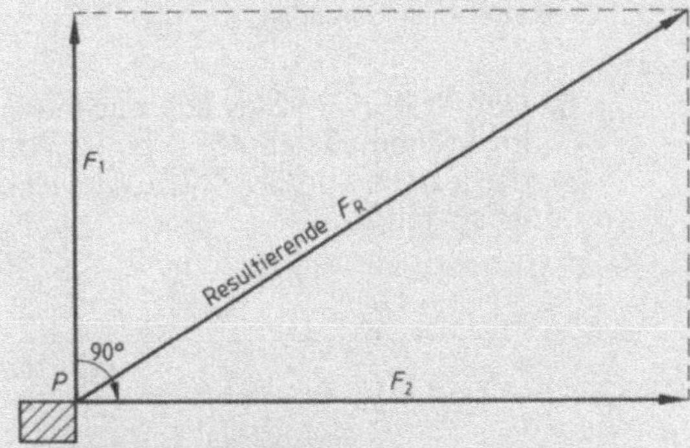

4.23 Kräfteparallelogramm

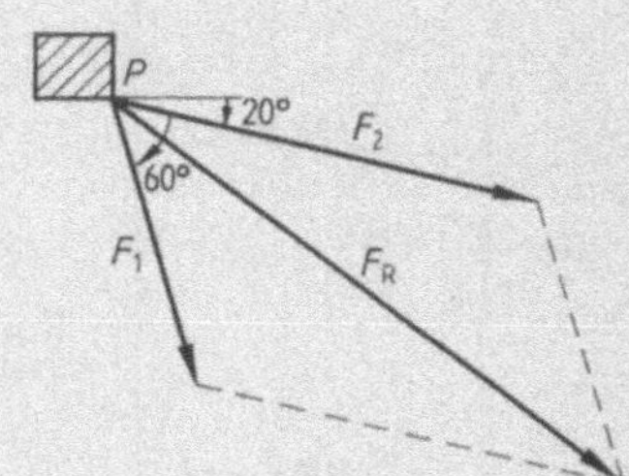

4.24 Resultierende

Beispiel 2 Die Kräfte $F_1 = 12$ kN und $F_2 = 18$ kN bilden am Angriffspunkt P einen Winkel von 60°. Welche Größe und Richtung hat die Resultierende?

Tragen Sie Bild **4**.24 maßstäblich im Kräftemaßstab 1 cm $\hat{=}$ 3 kN auf und zeichnen Sie das Kräfteparallelogramm.

Ergebnis nach Abgreifen: Länge = 8,7 cm

8,7 cm $\cdot$ 3 = 26,1 kN

Die Resultierende F_R hat eine Größe von **26,1 kN.**

Beispiel 3 Die Wirkungslinie (Richtung) und Größe der Resultierenden Kraft F_R sind bekannt. Welche Größe haben die Kräfte F_1 und F_2 (**4.25**)?

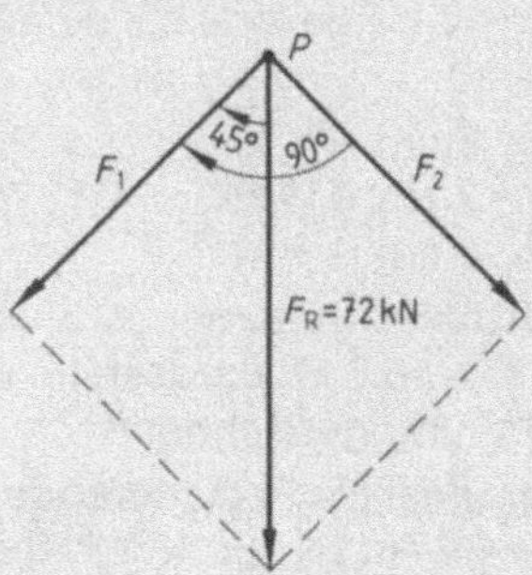

4.25 Hängewerk

Aufgaben

1. Wie groß ist die Kraft **4.26** in kN bei einem Kräftemaßstab:
   a) M_F 1 cm $\triangleq$ 0,5 kN,
   b) M_F 1 cm $\triangleq$ 3 kN,
   c) M_F 2 cm $\triangleq$ 1 kN?

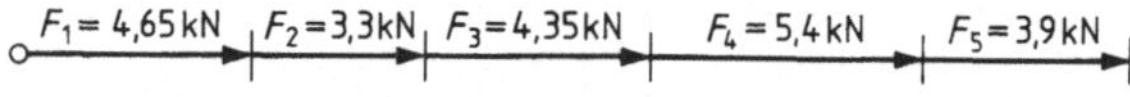

4.27 Größe der Resultierenden

5. Eine Kraft F = 92 kN soll zeichnerisch im Kräftemaßstab M_F 1 cm $\triangleq$ 20 kN dargestellt werden (**4.28**). Wieviel cm ist sie lang?

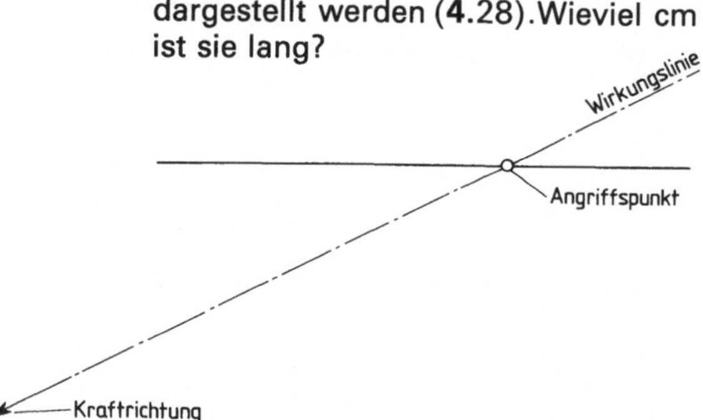

4.26 Größe der Kraft?

4.28 Wirkungslinie und Kraftrichtung

2. Eine Kraft ist 5,6 cm lang gezeichnet. Wie groß ist sie in N bei einem Kräftemaßstab:
   a) M_F 8 cm $\triangleq$ 1 kN,
   b) M_F 2 cm $\triangleq$ 1 kN,
   c) M_F 1 cm $\triangleq$ 5 kN?

3. In welchem Kräftemaßstab wurde die Kraft F = 18,6 kN dargestellt, wenn sie 6,2 cm lang gezeichnet ist?

4. Wie groß ist die Resultierende der fünf Kräfte **4.27** in kN? Ermitteln Sie die Resultierende zeichnerisch und rechnerisch.

   Kräftemaßstab M_F 1 cm $\triangleq$ 3 kN

6. Wieviel cm lang muß die Kraft F = 3,8 kN gezeichnet werden bei einem Kräftemaßstab:
   a) M_F 5 mm $\triangleq$ 100 N,
   b) M_F 1 cm $\triangleq$ 500 N,
   c) M_F 2 cm $\triangleq$ 100 N?

7. Ermitteln Sie zeichnerisch und rechnerisch die Resultierende der Kräfte F_1 = 1,05 kN, F_2 = 1,65 kN, F_3 = 2,25 kN und F_4 = 1,8 kN, die die gleiche Wirkungslinie und Richtung haben.

   Kräftemaßstab M_F 1 cm $\triangleq$ 0,5 kN

8. Die Kräfte F_1, F_2, F_3 und F_4 wirken in entgegengesetzte Richtungen (**4.29**). Es ist zeichnerisch und rechnerisch die Resultierende F_R in kN zu bestimmen.
Kräftemaßstab M_F 1 cm $\hat{=}$ 6 kN

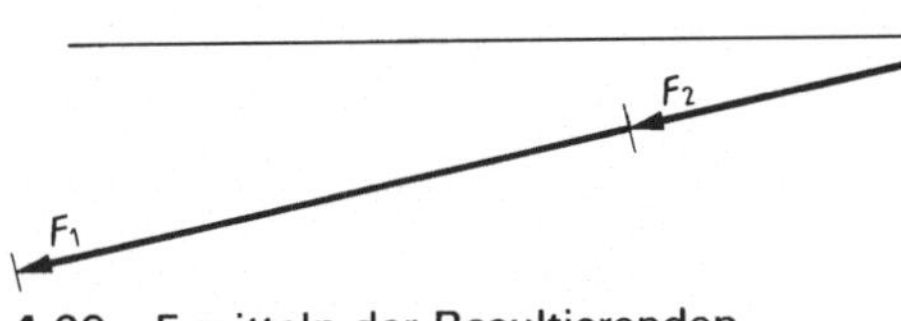

4.29 Ermitteln der Resultierenden

9. Wie groß ist die Resultierende F_R in kN der beiden Kräfte $F_1 = 144$ N und $F_2 = 122$ N, denen die drei Kräfte $F_3 = 62$ N, $F_4 = 54$ N und $F_5 = 86$ N entgegenwirken? Bestimmen Sie die Resultierende F_R zeichnerisch und rechnerisch.
Kräftemaßstab M_F 1 cm $\hat{=}$ 20 N

10. Bestimmen Sie zeichnerisch und rechnerisch die Kraft F_R, die das Fundament aufzunehmen hat (**4.30**).
Kräftemaßstab M_F 1 cm $\hat{=}$ 5 kN

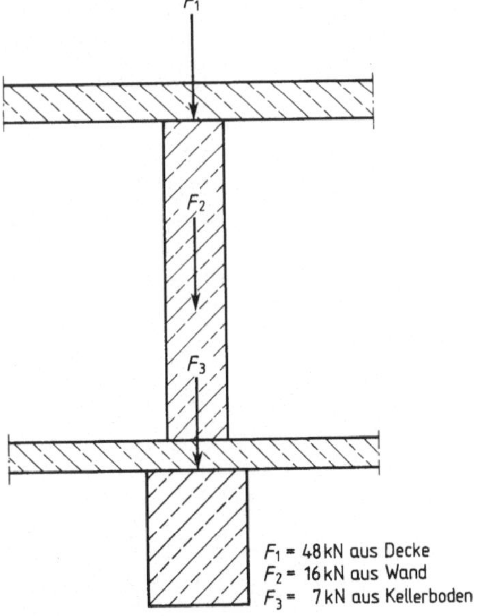

4.30 Belastung Fundament

11. An einem Kranseil hängen zwei Lasten: $F_1 = 3,20$ kN und $F_2 = 28$ kN. Welche Gegenkraft muß das Seil aufbringen, um ein Gleichgewicht der Kräfte herzustellen?

12. Welche Kraft ist erforderlich, um eine Last von 130 kN zu bewegen? Entscheiden Sie: a) $F = 130$ kN; b) $F >$ 130 kN; c) $F < 130$ kN.

13. Welche Größe in kN haben die Kräfte F_1 und F_2 in dem einfachen Sprengwerk **4.31**? Die Kraft F_R ist mit 32 kN angegeben. Ermitteln Sie die Lösung zeichnerisch mit dem Kräftemaßstab 1 cm $\hat{=}$ 5 kN.

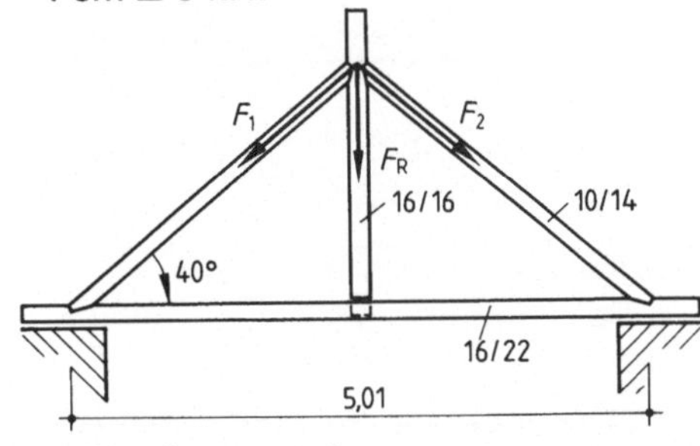

4.31 Sprengwerk

14. Am Fußpunkt eines Sparrendachs beträgt die Sparrenlängskraft $F_R = 13,6$ kN. Wie groß sind die Horizontalkraft F_1 und die Vertikalkraft F_2? Ermitteln Sie die Lösung zeichnerisch mit dem Kräftemaßstab 1 cm $\hat{=}$ 2 kN.

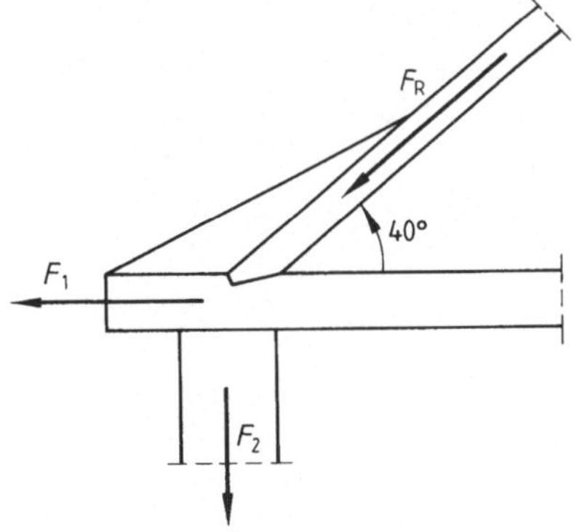

4.32 Sparrenfuß

4.4 Hebel und Drehmoment

Das Anheben oder Bewegen einer Last erleichtern wir uns durch die Anwendung eines Hebels (z.B. einer Brechstange). Je nach der Lage des Drehpunkts unterscheiden wir zwischen einarmigen und zweiarmigen Hebeln.

- **Beim einarmigen Hebel** liegt der Drehpunkt am Ende des Hebels (**4.33**).
- **Beim zweiarmigen Hebel** befindet sich der Drehpunkt zwischen der Last und der angreifenden Kraft (**4.34**).

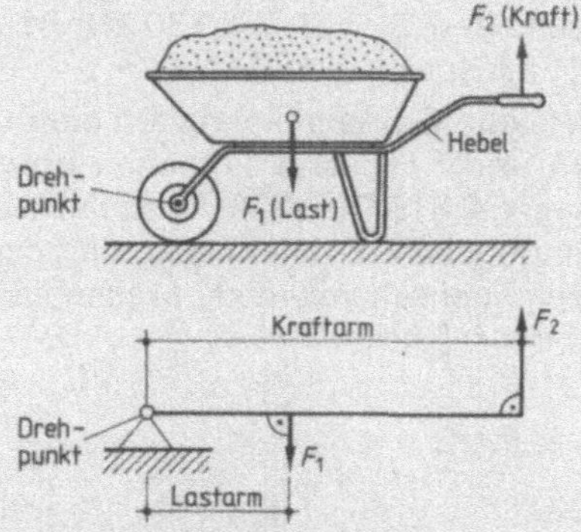

4.33 Einarmiger Hebel

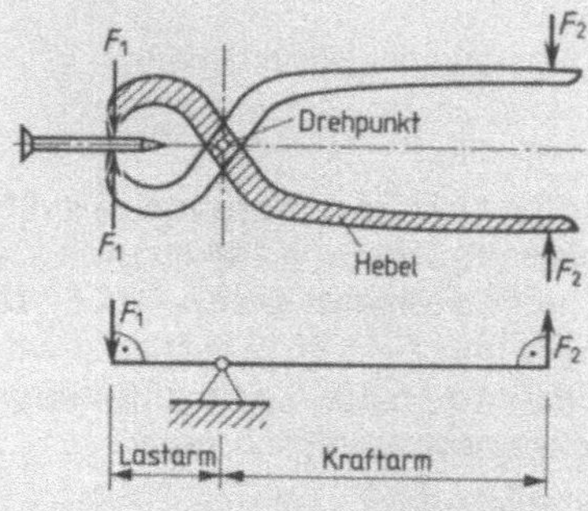

4.34 Zweiarmiger Hebel

Lastarm und Kraftarm sind dabei immer der senkrechte Abstand der Last oder der Kraft vom Drehpunkt.

Drehmoment. Bei beiden Hebelarten üben eine Kraft oder mehrere Kräfte je nach Größe und Abstand ihrer Angriffspunkte vom Drehpunkt (Länge des Lastarms oder des Kraftarms) eine Drehwirkung aus, die wir als Drehmoment bezeichnen. Mit Hilfe des Drehmoments können wir die Wirkung der Hebel berechnen.

> Drehmoment = Kraft · Hebelarmlänge
>
> M (kNm) $= F$ (kN) $\cdot l$ (m)

Beispiel Wie groß ist das Drehmoment in kNm, das mit einem Schraubenschlüssel auf die Sechskantschraube wirkt (**4.35**)?

$M = F \cdot l = 0{,}4 \text{ kN} \cdot 0{,}20 \text{ m} = \textbf{0,08 kNm}$

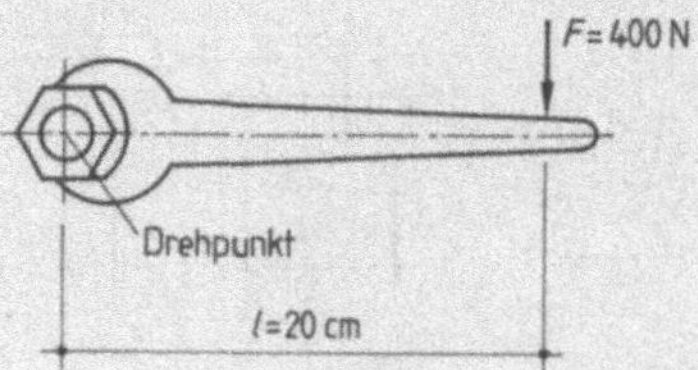

4.35 Schraubenschlüssel

Hebelgesetz. Vom Drehpunkt aus gesehen ist die Wirkung eines Moments rechts- oder linksdrehend. Am Hebel herrscht dann Gleichgewicht, wenn die Summe aller Momente um den Drehpunkt gleich Null ist. Diese Erkenntnis wird als Hebelgesetz bezeichnet (4.36).

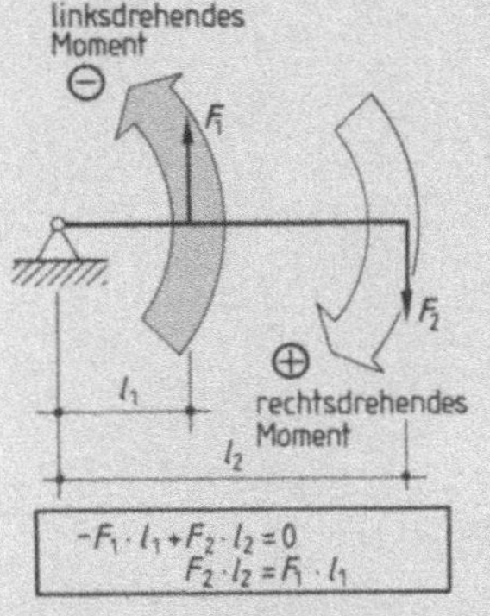

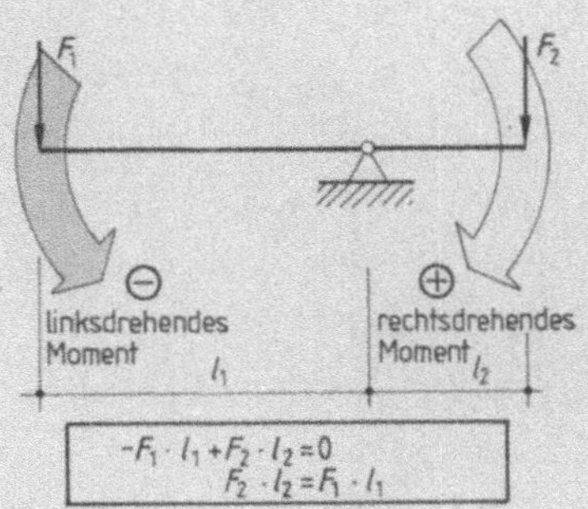

4.36 Drehmomente

$$\text{Hebelgesetz} \quad \Sigma M = 0 \qquad\qquad (\Sigma \triangleq \text{Summe})$$

Die Summe aller Momente ist dann gleich Null, wenn die Summe der rechtsdrehenden Momente so groß ist wie die Summe der linksdrehenden Momente.

$$\Sigma M \circlearrowright = \Sigma M \circlearrowleft$$

Zur Unterscheidung der Momente wenden wir eine Vorzeichenregel an: die rechtsdrehenden (im Uhrzeigersinn drehenden) Momente erhalten ein positives (+) Vorzeichen, die linksdrehenden ein negatives (–).

Beispiel 1 Der Lastkraftwagen 4.37 hat eine Ladung Kies abzukippen. Die Last F_2, die vom Kies und von der Ladebrücke ausgeht, beträgt 108 kN. Wie groß ist die Kraft F_1, wenn die Ladebrücke gehoben werden soll?

$$108 \text{ kN} \cdot 2{,}50 \text{ m} - F_1 \cdot 3{,}75 \text{ m} = 0$$
$$-F_1 \cdot 3{,}75 \text{ m} = -108 \text{ kN} \cdot 2{,}50 \text{ m}$$
$$F_1 = \frac{108 \text{ kN} \cdot 2{,}50 \text{ m}}{3{,}75} = 72 \text{ kN}$$

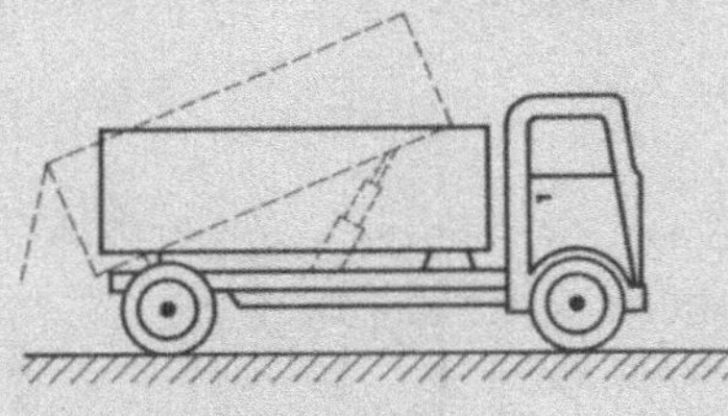

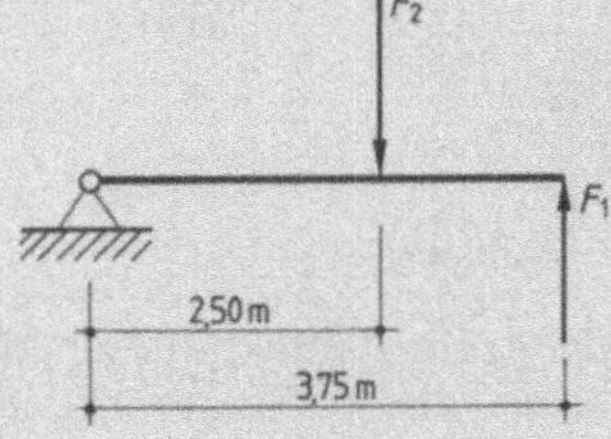

4.37 Lastkraftwagen

117

Beispiel 2 Wie groß ist die Kraft F_2 des Spatens **4.38** bei Ausschachtungsarbeiten, wenn die Handkraft F_1 0,20 kN beträgt?

$$- F_2 \cdot 0,25\ \text{m} +\ \ 0,20\ \text{kN} \cdot 0,98\ \text{m} = 0$$

$$- F_2 \cdot 0,25\ \text{m} = -0,20\ \text{kN} \cdot 0,98\ \text{m}$$

$$F_2 \qquad = \frac{-0,20\ \text{kN} \cdot 0,98\ \text{m}}{0,25\ \text{m}} = \mathbf{0{,}78\ kN}$$

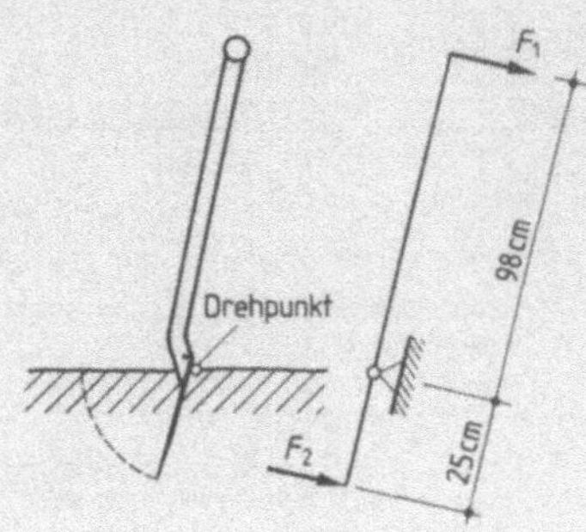

4.38   Spaten

Aufgaben

1. Bei einer betonierten Wand kann die Sechskantschraube des Schalungsschlosses mit einem Kraftmoment von 48 Nm gelöst werden. Wie groß ist die dazu notwendige Handkraft in N bei einem Schraubenschlüssel mit dem wirksamen Hebelarm

   a) 220 mm,   b) 180 mm,   c) 280 mm?

2. Wie groß ist die Handkraft in N, um die Schubkarre **4.39** anzuheben? Die Gewichtskraft F_1 beträgt

   a) 1,2 kN,   b) 800 N,   c) 1,6 kN.

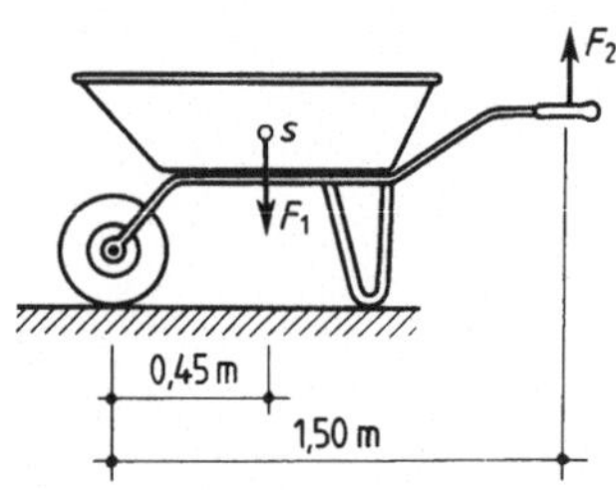

4.39   Schubkarre

3. Mit welcher Gewichtskraft F_2 in kN kann der Balken des Auslegergerüsts **4.40** belastet werden? Die Befestigungskraft F_1 beträgt

   a) 5,4 kN,   b) 3,62 kN,   c) 4,3 kN.

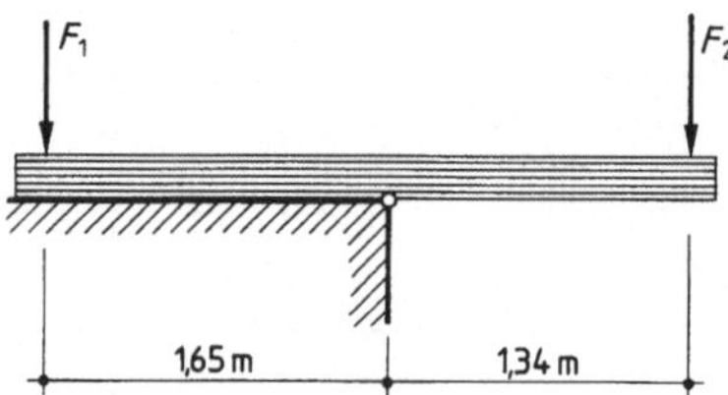

4.40   Auslegergerüst

4. Um einen Nagel mit der Beißzange **4.41** abkneifen zu können, ist an der Trennstelle eine Kraft von 1,4 kN erforderlich. Welche Kraft in kN wirkt an den Griffen der Beißzange bei einem Hebelarm a von:

   a) 16 cm,   b) 18 cm,   c) 14 cm?

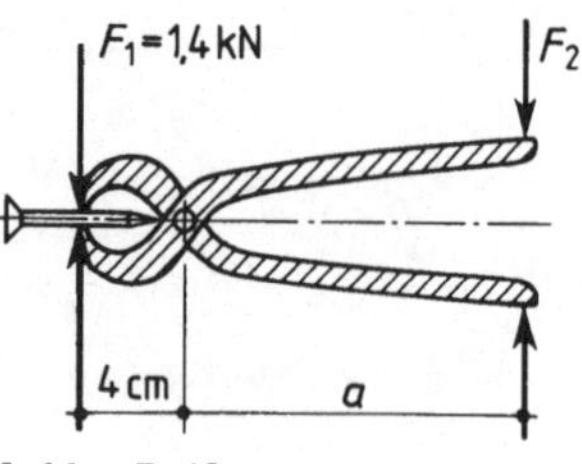

4.41   Beißzange

5. Welche Anziehkräfte in kN werden auf den Nagel ausgeübt, wenn am Nageleisen **4**.42 mit den folgenden Kräften gedrückt wird?

a) 160 N,   b) 135 N,   c) 220 N.

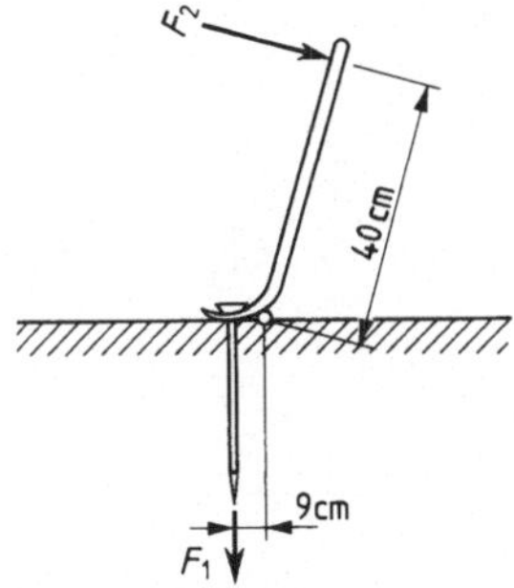

4.42   Nageleisen

6. Der Ballast F_2 beim Turmdrehkran **4**.43 beträgt 70 kN. Wie groß ist die Last F_1, die der Kran bei einer Auslegerlänge von a) 30 m, b) 2,60 m, c) 18 m höchstens heben kann?

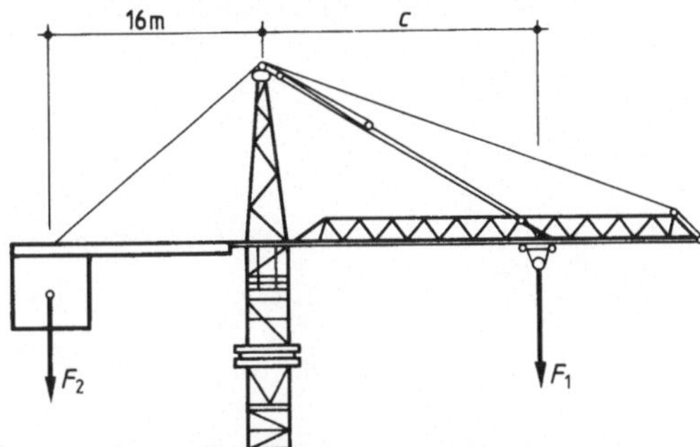

4.43   Turmdrehkran

7. Welche Gewichtskräfte F_1 in kN können die Ladungen des Lkw **4**.44 maximal haben, wenn die Kräfte F_2 der Hebelhydraulik für die Ladebrücke

a) 70 kN,   b) 55 kN und c) 85 kN betragen?

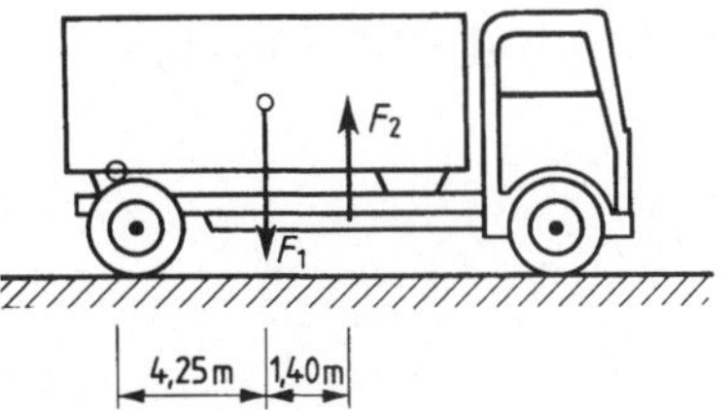

4.44   Kipplader

8. Mit der Seilwinde **4**.45 soll eine Last von 1,56 kN gehoben werden. Die Seiltrommel hat einen Durchmesser von 36 cm. Wie groß muß die Handkraft F_2 in N sein?

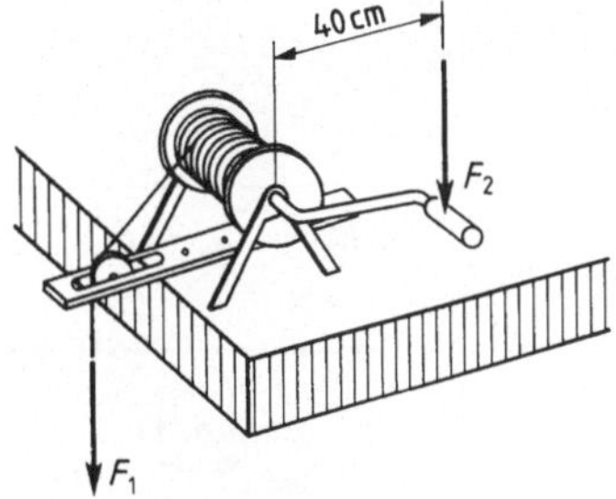

4.45   Seilwinde

9. Mit welcher Handkraft F_1 in N kann der Natursteinblock **4**.46 (Gewichtskraft F_2 = 51 kN) angehoben werden?

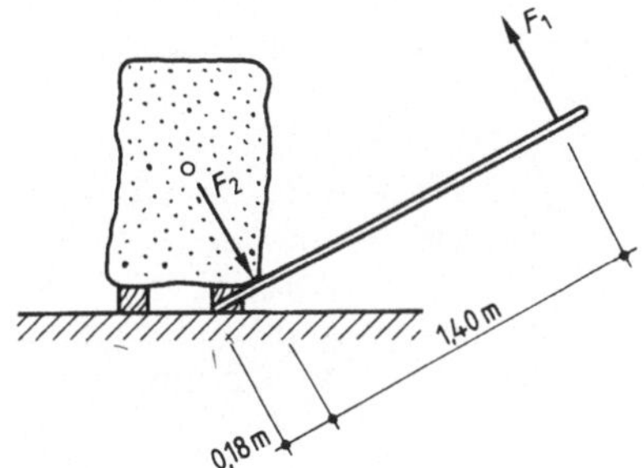

4.46   Natursteinblock

4.5 Spannung und Festigkeit

Wird ein Bauteil (z.B. das Fundament **4.47**)belastet, muß es dieser Belastung eine innere Widerstandskraft entgegensetzen, um nicht zerdrückt zu werden. Im Bauteil entsteht durch die Belastung eine Spannung.

> Spannung ist die innere Widerstandskraft eines Körpers, die er einer äußeren Belastung entgegensetzt.

Die Spannung σ (Sigma) können wir aus der auf das Bauteil einwirkenden Kraft F und der belasteten Querschnittsfläche A berechnen.

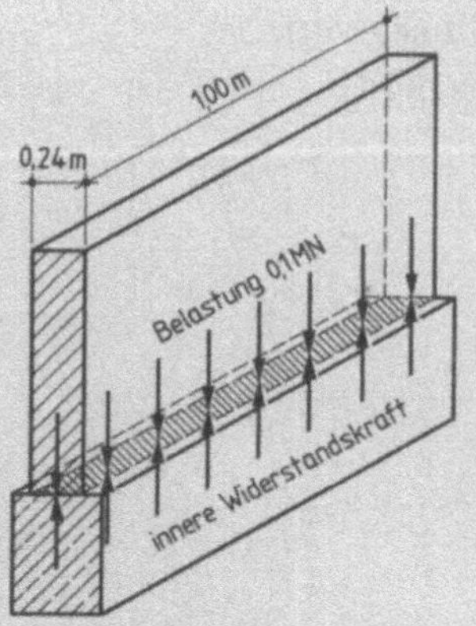

4.47   Streifenfundament

$$\text{Spannung} = \frac{\text{Kraft}}{\text{Fläche}} \qquad \sigma = \frac{F}{A} \qquad \text{in MN/m}^2 \text{ bzw. N/mm}^2 \qquad \frac{1\,\text{MN}}{1\,\text{m}^2} = \frac{1\,\text{N}}{1\,\text{mm}^2}$$

Beispiel   Eine Wand lastet mit 0,1 MN auf dem Streifenfundament **4.47**. Wie groß ist die Spannung, die der Fundamentbeton auszuhalten hat?

$A = 0{,}24\ \text{m} \cdot 1{,}00\ \text{m} = 0{,}24\ \text{m}^2$

$$\sigma = \frac{F}{A} = \frac{0{,}1\ \text{MN}}{0{,}24\ \text{m}^2} = 0{,}42\ \text{MN/m}^2 \text{ oder } \mathbf{0{,}42\ N/mm^2}$$

Zulässige Spannung und Festigkeit. Ist die Belastung größer als die Spannung, die der Fundamentbeton aushalten kann, bricht das Fundament.

> Die Spannung, bei der das Bauteil bricht, nennt man Bruchspannung oder Bruchfestigkeit.

Um die Sicherheit eines Bauwerks nicht zu gefährden, muß die auftretende Spannung immer kleiner als die Bruchfestigkeit sein. Zusätzlich rechnen wir mit der um einen Sicherheitsbeiwert verminderten, d.h. verringerten Festigkeit eines Baustoffs. Diese nennt man zulässige Spannung. Die vorhandene Spannung (vorh. σ) muß also kleiner sein, als die zulässige Spannung (zul. σ).

> **vorh** $\sigma <$ **zul** σ

Für die verschiedenen Baustoffe sind die zulässigen Spannungen in den jeweiligen Normen festgelegt. So z.B. für Mauerwerk in DIN 1053 (**4.48**), für Holz in DIN 1052 (**4.49**) für Beton in DIN 488 (**4.50**), für Bodenpressung in DIN 1054 (**4.51**) und für Stahl in DIN 17100 (**4.52**). Nach der Art der Beanspruchung unterscheiden wir zwischen Zug- und Druckfestigkeit.

120

Tabelle 4.48 **Mauerwerk aus künstlichen Steinen, zul. Druckspannungen in MN/m² oder N/mm² nach DIN 1053 (Auszug)**

Mauerwerksfestigkeitsklasse M	erforderliche Festigkeitsklasse der Steine bei Mörteln der Mörtelgruppe			Rechenwerte β_R in MN/m²
	II a	III	III a	
1,5	2	–	–	1,3
2,5	4	–	–	2,1
3,5	6	–	–	3,0
5	12	–	–	4,3
6	20	12	–	5,1
7	28	20	–	6,0
9	–	28	20	7,7
11	–	36	28	9,0
13	–	48	36	10,5
16	–	60	48	12,5
20	–	–	60	15,0

Tabelle 4.49 **Bauholz, zul. Druck- und Zugspannungen nach DIN 1052 (Auszug)**

Bauholz	Beanspruchung		MN/m² oder N/mm²
europ. Nadelholz Güteklasse II	Druck/Zug ‖ Faser		8,5
	Zug	⊥ Faser	0,05
	Druck	⊥ Faser	2
Laubhölzer Buche, Eiche Güteklasse II	Druck/Zug ‖ Faser		10
	Zug	⊥ Faser	0,05
	Druck	⊥ Faser	3

Tabelle 4.50 **Beton (unbewehrt), zul. Druckspannungen nach DIN 488 (Auszug)**

Festigkeitsklasse	MN/m² oder N/mm²
B 10	2,33
B 15	4,2
B 25	7,0
B 35	9,2

Tabelle 4.51 **Zul. Bodenpressung nach DIN 1054 (Auszug)**

Bodenart	MN/m² oder N/mm²		
	steif	halbfest	fest
gemischtkörniger Boden	0,15	0,22	0,33
tonigschluffiger Boden	0,12	0,17	0,28

Tabelle 4.52 **Stahl, zul. Druck- und Zugspannungen nach DIN 17100 (Auszug)**

Baustahl	Beanspruchung	MN/m² oder N/mm²
St 370	Druck	140
	Zug	210
St 520-3	Druck	160
	Zug	240

Haben wir aus der Tabelle die zulässige Spannung ermittelt, können wir die größtmögliche Belastung oder den notwendigen Querschnitt eines Bauteils berechnen.

Beispiel 1 Welche Last in kN kann ein Mauerpfeiler aufnehmen, der 36,5 cm breit und 49 cm lang ist? Steine DIN 105-HlzA12-1,2-2 DF, Mörtelgruppe II a. (Die Bezeichnung der Mauersteine erfolgt wie hier immer in der Reihenfolge: DIN-Nr.–Steinart–Festigkeitsklasse–Rohdichte–Maße/Format), zulσ_D bei Festigkeitsklasse 12, Mörtelgruppe II a = 4,3 MN/m²

$A = 0,365 \cdot 0,49 \text{ m} = 0,179 \text{ m}^2$

$F = A \cdot \text{zul}\sigma_D = 0,179 \text{ m}^2 \cdot 4,3 \text{ MN/m}^2 = 0,7697 \text{ MN} = \textbf{769,7 kN}$

Beispiel 2   Ein 36,5 cm breiter Mauerpfeiler aus Hlz 6-0,7-3 DF in Mörtelgruppe III gemauert, wird mit 324 kN Druck belastet
a) Wie groß muß die belastete Querschnittsfläche in m² mindestens sein?
b) Wie lang muß der Mauerpfeiler in cm gemauert werden?
zul. σ_D bei Festigkeitsklasse 6, Mörtelgruppe III = 1,2 MN/m²

$$A = \frac{F}{\text{zul. } \sigma_D} = \frac{0,324 \text{ MN}}{1,2 \text{ MN/m}^2} = 0,27 \text{ m}^2$$

$$l = A : b = 0,27 \text{ m}^2 : 0,365 \text{ m} = 0,74 \text{ m} = \textbf{74 cm}$$

Beispiel 3   Eine Schwelle aus Laubholz der Güteklasse II wird senkrecht zur Faser mit 112,8 kN Druck belastet (**4.53**).
a) Wie groß sind die zulässige und vorhandene Druckspannung?
b) Kann das Laubholz diese Belastung tragen?

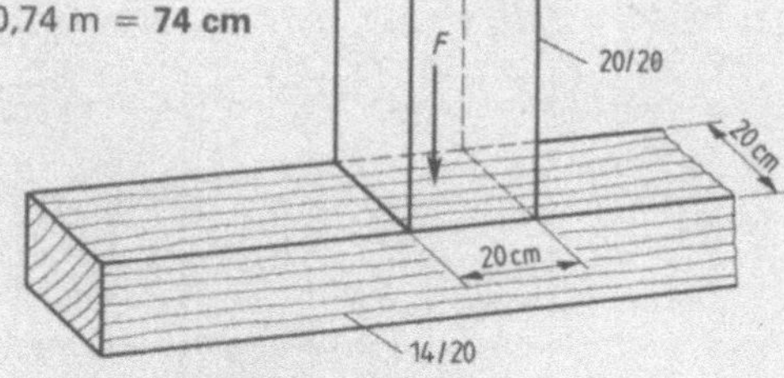

4.53   Schwelle

Lösung   a) zul. σ_D Laubholz, Güteklasse II, Druckbelastung $\perp$ zur Faser = 3 MN/m²

$$A = 0,20 \text{ m} \cdot 0,20 \text{ m} = 0,04 \text{ m}^2$$

$$\text{vorh. } \sigma_D = \frac{F}{A} = \frac{0,1128 \text{ MN}}{0,04 \text{ m}^2} = \textbf{2,82 MN/m}^2$$

b) **Ja**, das Laubholz kann die Belastung tragen, denn vorh. σ_D 2,82 MN/m² < zul. σ_D 3 MN/m²

Aufgaben

1. Ein Unterzug aus Stahlbeton überträgt auf ein Wandauflager eine Last von 146 kN. Wie groß sind die Spannungen in MN/m², die das Mauerwerk aufzunehmen hat? Das Auflager hat die Abmessungen
   a) 36,5 cm breit und 0,25 m lang,
   b) 24 cm breit und 0,32 m lang.

2. Ein Pfosten aus Nadelholz der Güteklasse II wird mit 160,32 kN Druck belastet (**4.54**).

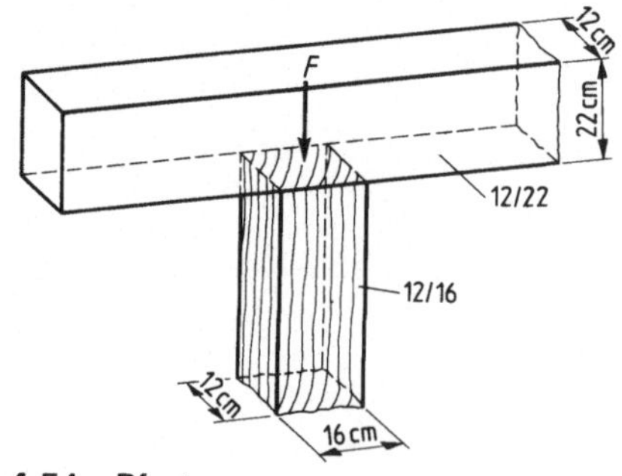

4.54   Pfosten

a) Wie groß sind die zulässige und vorhandene Druckspannung in MN/m²?
b) Kann das Holz die Belastung tragen?

3. Darf eine quadratische Holzstütze 12/12 cm aus Laubholz Güteklasse II mit 164 kN Zug parallel zur Faser belastet werden? Suchen Sie dazu zul. σ_z aus der Tabelle und berechnen Sie vorh. σ_z in MN/m².

4. Ein 28 Tage alter Beton-Prüfwürfel mit 20 cm Kantenlänge kann beim Druckversuch mit 1080 kN belastet werden.
   a) Wie groß ist die Druckfestigkeit des Würfels in N/mm²?

Festigkeits-klasse	Nennfestig-keit β_{WN} in N/mm²	Serienfestig-keit β_{WS} in N/mm²
B5	5	8
B10	10	15
B15	15	20
B25	25	30
B35	35	40

b) Für welche Festigkeitsklasse hat der Beton die geforderte Nennfestigkeit?

5. Bei der Druckprüfung von Beton wurden 3 Prüfwürfel mit einer Kantenlänge von 20 cm mit den Kräften 1,406 MN, 1,827 MN, 1,594 MN zerstört.
   a) Wie groß ist die Druckfestigkeit von jedem der drei Prüfwürfel in N/mm^2?
   b) Wie lautet die Serienfestigkeit (mittlere Druckfestigkeit der Prüfwürfelserie) in N/mm^2?
   c) Für welche Festigkeitsklasse hat der Beton die Anforderungen auf die Nenn- und Serienfestigkeit erfüllt?

6. Bei der normgerechten Prüfung von Kalksandsteinen DIN 106-KSL20-1,5-5DF (24 cm lang, 30 cm breit, 11,3 cm hoch) wurden 10 Steine abgedrückt. Die Druckergebnisse lauten:

− 1848,4 kN	− 1675,6 kN
− 1832,9 kN	− 1785,4 kN
− 1782,3 kN	− 1904,2 kN
− 1965,2 kN	− 2006,5 kN
− 1453,6 kN	− 1832,7 kN

   a) Wie groß ist die Druckfestigkeit in N/mm^2 jedes geprüften Kalksandsteins?
   b) Wie lautet die mittlere Druckfestigkeit in N/mm^2 der zehn geprüften Kalksandsteine?
   c) Zu welcher Druckfestigkeitsklasse gehören die geprüften Kalksandsteine?

Druckfestigkeit von Mauersteinen (Auszug)

Druck-festigkeits-klasse	Druckfestigkeit in N/mm^2	
	Mittelwert	kleinster Einzelwert
12	15,0	12,0
20	25,0	20,0
28	35,0	28,0
36	45,0	36,0

7. Das Streifenfundament 4.55 soll je 1,00 m Länge eine Last von 165 kN auf einen gemischtkörnigen, halbfesten Boden übertragen. Wie breit muß das Streifenfundament in cm werden?

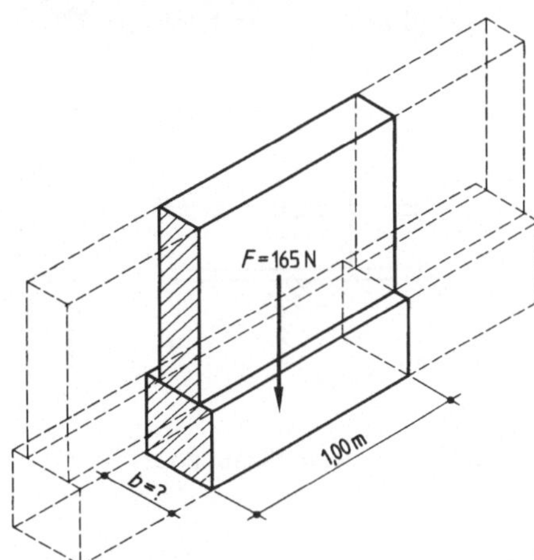

4.55 Bodenbelastung

8. Die Rundholzstütze 4.56 aus Nadelholz Güteklasse II unterstützt den Balken einer Pergola. Welche Druckkraft in kN kann sie aufnehmen, wenn sie einen Durchmesser von 18 cm hat?

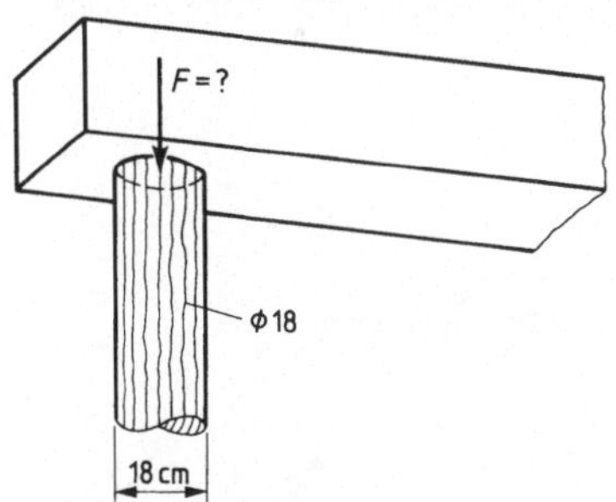

4.56 Rundholzstütze

9. Ein Stützenfundament hat die Grundfläche 60/60 cm. Welche Last in kN kann auf dieser Fläche abgesetzt werden bei einer zulässigen Bodenpressung von
   a) 0,15 MN/m^2,
   b) 0,33 MN/m^2
   c) 0,28 MN/m^2?

10. Wie lang muß das Auflager **4**.57 in cm für den Stahlträger I 240 auf dem Mauerwerk werden? Das Mauerwerk besteht aus DIN 105-MZ12-1,6-3DF, Mörtelgruppe III. Der Stahlträger überträgt eine Last von 80 kN.

11. Die Stahlstütze **4**.58 aus IPB 300 soll auf ein Einzelfundament aus B 15 eine Last von 850,5 kN übertragen. Als Fuß erhält die Stütze eine quadratische Stahlplatte. Welche Kantenlänge in mm muß die Stahlplatte haben, damit das Fundament die Belastung tragen kann?

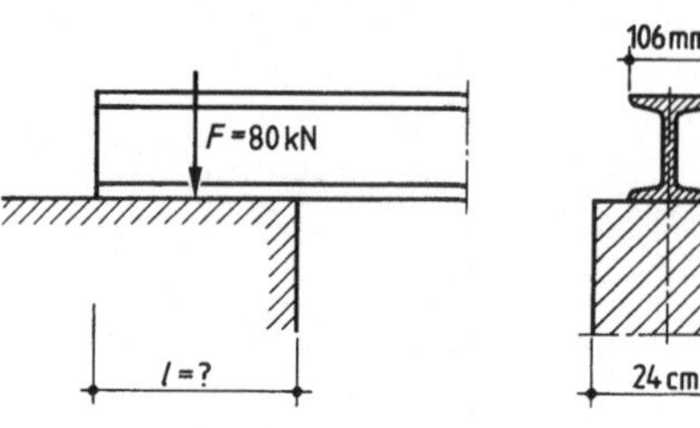

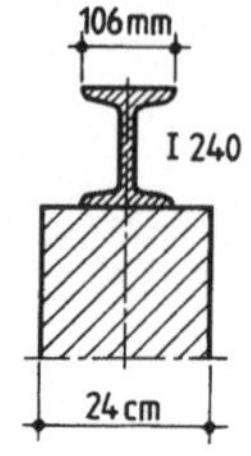

4.57 Mauerwerksauflager

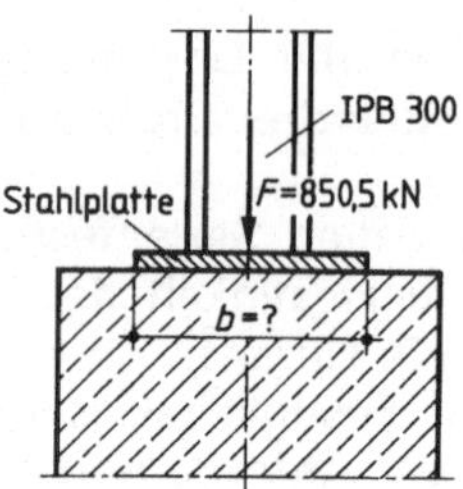

4.58 Stahlplatte

4.6 Wärmeausdehnung

Feste Bauteile, die erwärmt werden, dehnen sich aus und ziehen sich bei Abkühlung zusammen. Bei Bauteilen, die starken Temperaturänderungen ausgesetzt sind (z.B. Terrassenbeläge, Fassaden oder freiliegende Stahlträger), muß man für die Längen- bzw. Volumenänderung durch entsprechende bauliche Maßnahmen vorsorgen, um Bauschäden zu vermeiden. Vorsorgliche Maßnahmen sind z.B. Dehnfugen oder Gleitlager (4.59).

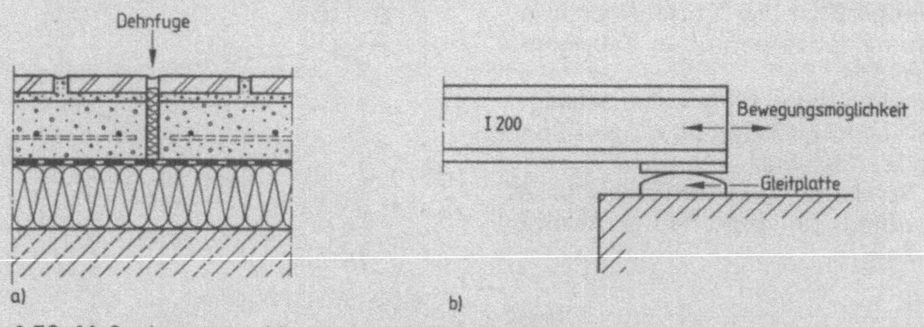

4.59 Maßnahmen von Längen- und Volumenänderungen

    a) Dehnfuge in Dachterrassenbelag
    b) bewegliche Auflager (Gleitlager)

Die Längen- bzw. Volumenänderung eines Bauteils durch Wärme ist um so größer, je größer seine Anfangslänge bzw. sein Anfangsvolumen und je größer die Temperaturdifferenz (Temperaturänderung) sind. Außerdem hängt die Längenänderung vom Baustoff des Bauteils ab.

Die Wärme-(Temperatur-)dehnzahl α ist Maßstab für die Längenänderung. Sie gibt an, um wieviel mm sich 1,00 m eines festen Baustoffs bei einer Temperaturdifferenz von 1 K (Kelvin) ausdehnt oder zusammenzieht.

$$\text{Einheit der Wärmedehnzahl} \quad \alpha = \frac{mm}{m \cdot K}$$

Die Differenz zwischen zwei aufeinanderfolgenden Temperaturgraden in Grad Celsius heißt Kelvin (1 K).

$$\text{Temperaturdifferenz} \quad \Delta\vartheta \ (K) = \vartheta_2 \ (°C) - \vartheta_1 \ (°C)$$
$$(\Delta = \text{griech. Delta}, \ \vartheta = \text{griech. Theta})$$

Tabelle 4.60 **Wärmedehnzahlen von Baustoffen**

Baustoff	Wärmedehnzahl α in $\frac{mm}{m \cdot K}$
Stahl	0,012
Kupfer	0,017
Aluminium	0,024
Zink	0,029
Kunststoff (PVC)	0,078
Beton/Stahlbeton	0,010
Kalksandsteine	0,006
Mauerziegel	0,008

Berechnet wird die Längenänderung eines Bauteils aus dem Produkt der Wärmedehnzahl α in $\frac{mm}{m \cdot K}$, der Länge des Bauteils in m und der Temperaturdifferenz in Kelvin (4.61). Unser ausgerechnetes Ergebnis hat die Einheit mm.

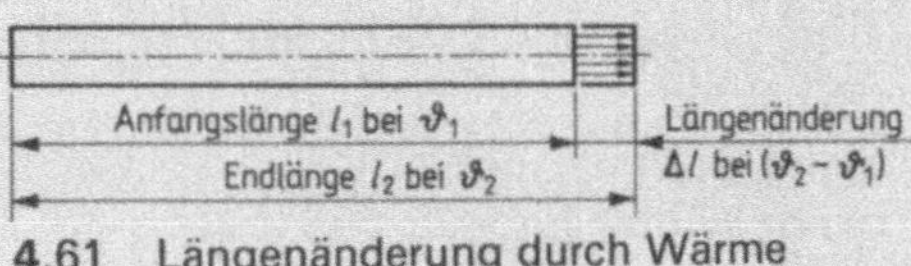

4.61 Längenänderung durch Wärme

$$\text{Längenänderung} = \text{Wärmedehnzahl} \cdot \text{Anfangslänge} \cdot \text{Temperaturdifferenz}$$
$$\Delta l \text{ in mm} = \alpha \cdot l_1 \cdot \Delta\vartheta \left[\frac{mm}{m \cdot K} \cdot m \cdot K \right]$$

Endlänge l_2 = Anfangslänge l_1 + Längenänderung Δl

Beispiel   Der I-Träger des Unterzugs **4.59b** ist bei der Temperatur von 15 °C 6,55 m lang. Welche Länge hat der Stahlträger, wenn er sich durch Sonneneinstrahlung auf 40 °C erwärmt? Wärmedehnzahl für Stahl = $0,012 \frac{mm}{m \cdot K}$

$$\Delta\vartheta = \vartheta_2 - \vartheta_1 = 40 °C - 15 °C = 25 \text{ K}$$

Lösung mit der Formelrechnung

$$\Delta l = \alpha \cdot l_1 \cdot \Delta\vartheta = 0,012 \frac{mm}{m \cdot K} \cdot 6,55 \text{ m} \cdot 25 \text{ K} = 1,965 \text{ mm} \approx 2 \text{ mm}$$

$$l_2 = l_1 + \Delta l = 6,550 \text{ m} + 0,002 \text{ m} = \textbf{6,552 m}$$

Lösung mit der Dreisatzrechnung

1,00-m-Träger bei   1 K $\triangleq$ 0,012 mm
6,55-m-Träger bei   1 K $\triangleq$ 0,012 mm · 6,55 = 0,0786 mm
6,55-m-Träger bei 25 K $\triangleq$ 0,0786 mm · 25 = 1,965 mm $\approx$ 0,002 m
Endlänge des Trägers: 6,55 m + 0,002 m = **6,552 m**

1. Das Stahlbandmaß **4.62** hat bei 20 °C seine Nennlänge von 20 m. Wie lang ist es bei 2 °C?

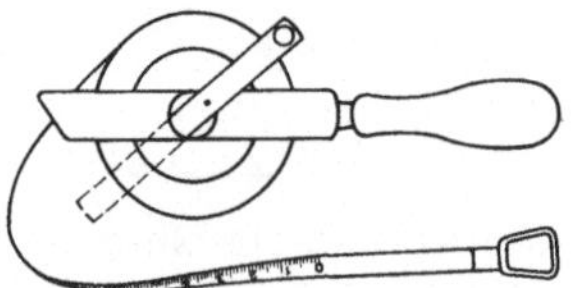

4.62   Stahlbandmaß

2. Eine Wand aus Mauerziegeln soll alle 15 m eine Dehnfuge erhalten. Wie breit muß die Dehnfuge in mm bei Temperaturen im Sommer 40 °C und im Winter −20 °C mindestens sein?

3. Wie groß ist die Längenänderung in mm einer 14,50 m langen Stahlbetondecke, die im Sommer einer Temperatur von 45 °C und im Winter von −20 °C ausgesetzt ist?

4. Eine Dachrinne aus Zink hat bei 20 °C eine Länge von 22,75 m. Welche Länge hat sie
   a) im Sommer bei 45 °C,
   b) im Winter bei −25 °C?
   c) Wie groß ist der Längenunterschied in mm bei dieser Temperaturschwankung?

5. Eine Kunststoff-Fensteranlage besteht aus mehreren Fenster- und Türelementen. Wie groß ist die Längenänderung in mm bei der größten Blendrahmenlänge von 3,78 m, wenn im Sommer 50 °C und im Winter −20 °C auf der Fassade gemessen werden?

6. Ein Dachterrassengeländer aus Aluminium hat bei 10 °C eine Länge von 18,55 m. Welche Länge hat es
   a) im Sommer bei 45 °C,
   b) im Winter bei −20 °C?
   c) Wie groß ist der Längenunterschied in cm bei dieser Temperaturschwankung?

7. Eine Fahrbahndecke aus Stahlbeton ist im Sommer Temperaturen von 40 °C und im Winter von −25 °C ausgesetzt. Wie lang (abgerundet auf volle Meter) darf eine Fahrbahndeckenplatte betoniert werden, wenn die Dehnfugen nicht breiter als 2 cm sein sollen?

8. Die vorgehängten Platten einer Fassade aus Aluminium haben eine Höhe von 6,51 m. Die horizontalen Dehnfugen wurden 10 mm breit gewählt. Welche Temperatur in °C kann die Fassade ohne Bauschaden im Sommer aushalten, wenn sie im Winter −20 °C ausgesetzt ist?

9. Eine Dachgesimsblende aus 5,90 m langen Kupferblechen wurde bei 16 °C montiert. Wie groß muß die Bewegungsfuge in der Schiebenaht **4.63** sein, wenn sich das Blech im Sommer auf 50 °C aufheizt und im Winter auf −20 °C abkühlt?

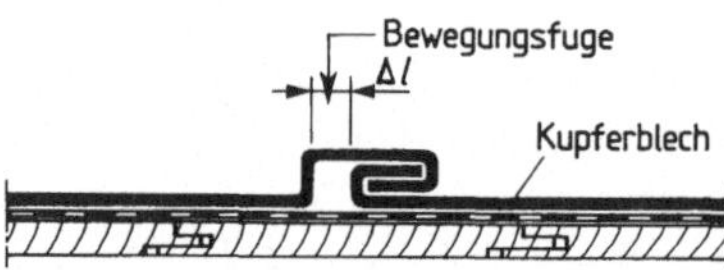

4.63   Schiebenaht

10. Eine überlange Außenwand aus Kalksandstein soll durch 1 cm breite Dehnfugen unterteilt werden. Welchen Abstand (abgerundet auf volle Meter) dürfen die Dehnfugen höchstens haben, wenn die Temperaturen im Sommer 45 °C und im Winter −20 °C betragen?

11. Der I-Träger ist bei einer Temperatur von 24 °C 5,777 m lang. Bei welcher Temperatur hat er
    a) eine Länge von 5,775 m,
    b) eine Länge von 5,7782 m?

12. Ein Fallrohr aus Kupfer ist bei 17 °C 19,463 m lang. Bei welcher Temperatur ist das Fallrohr
    a) 19,466 m lang,
    b) 19,459 m lang?

5 Baustoffbedarf

Für den Baufachmann hat die Berechnung des Baustoffbedarfs eine besondere Bedeutung. Um einen bestimmten Mörtel oder Beton herzustellen, müssen wir die notwendigen Teilmengen an Zuschlägen, Bindemitteln und Zusätzen kennen und entsprechend bestellen. Wenn Mauerwerk errichtet werden soll, muß vorher die erforderliche Anzahl Mauersteine vorhanden sein. Um z.B. einen Kellerraum zu fliesen, müssen wir vorher die Anzahl der Fliesen ermitteln und bestellen. Eine vollständige und rechtzeitige Bestellung des nötigen Materials spart Zeit und Geld.

5.1 Putz und Mörtel

Mischungsverhältnisse für Mörtel werden in Verhältniszahlen angegeben. Eine Mischung von 1 Raumteil Bindemittel und 4 Raumteilen Sand nennen wir Mischung 1:4. Für die in DIN 1053 und DIN 18550 vorgeschriebenen Mischungsverhältnisse wird der Zuschlag mit 3% Eigenfeuchte angenommen. Die Anmachwassermenge bleibt beim MV in RT unberücksichtigt.

> Mischungsverhältnis 1:4
>
> 1 Raumteil Bindemittel + 4 Raumteile Sand

Mörtelausbeute und Einmischfaktor. Füllen wir die vorgeschriebenen Raumteile Bindemittel und Sand in einen Mischer, so stellen wir nach dem Mischen mit Wasser fest, daß sich das Volumen der losen Masse verringert hat. Beim Anmachen der trockenen Mörtelbestandteile mit Wasser wurden die Feinteile des Bindemittels und die feinen Kornanteile des Sandes in die Hohlräume zwischen den Zuschlagskörnern geschwemmt. Das Verhältnis des Mörtelvolumens zum Volumen der losen Masse ($= 100\%$) nennen wir Mörtelausbeute.

$$\text{Mörtelausbeute in \%} = \frac{\text{Mörtelvolumen in } l \cdot 100\%}{\text{Volumen lose Masse in } l}$$

Der Baustoffbedarf für Mörtelmischungen wird meist in Liter oder auch in m^3 angegeben. Für Betonmischungen werden die Zugaben in Gewicht abgemessen.

Beispiel 1 Wieviel l Zement und Zuschlag werden für 2000 l Zementmörtel 1:3 gebraucht? Nach Tabelle 5.1: 380 l bzw. 455 kg Zement/1000 l Mörtel und 1080 l bzw. 1405 kg Zuschlag/1000 l Mörtel.

$$\text{Zement} \quad : \frac{380 \, l \cdot 2000 \, l}{1000 \, l} = \textbf{760 l}$$

$$\text{Zuschlag} : \frac{1080 \, l \cdot 2000 \, l}{1000 \, l} = 2160 \, l = \textbf{2,16 m}^3$$

Beispiel 1   oder Mörtelmischung Zementmörtel 1 : 3, Mengen in kg
Fortsetzung

$$\text{Zement} : \frac{455\ kg \cdot 2000\ l}{1000\ l} = \textbf{910 kg}$$

$$\text{Zuschlag} : \frac{1405\ kg \cdot 2000\ l}{1000\ l} = \textbf{2810 kg}$$

Tabelle **5.1**   **Mörtelstoffe für 1000 l Mörtel**

Zeile	Mörtelart	Mischungs-verhältnis	Kalk in kg	in l	Zement in kg	in l	Sand[3] in kg	in l
1	Kalkmörtel aus Kalkhydrat	1 : 3	[1]	400	–	–	1560	1200
2		1 : 3,5		345	–	–	1575	1210
3		1 : 4		305	–	–	1585	1220
4	Hydraulische Kalkmörtel	1 : 3	[1]	390	–	–	1520	1170
5		1 : 3,5		340	–	–	1545	1190
6		1 : 4		300	–	–	1560	1200
7	Zementmörtel	1 : 3	(91)[2]	(76)[2]	455	380	1405	1080
8		1 : 3,5	(79)	(66)	400	330	1440	1110
9		1 : 4	(74)	(62)	370	310	1520	1170
10	Kalkzementmörtel aus Kalkhydrat	2 : 1 : 8	[1]	280	168	140	1455	1120
11		2 : 1 : 9		260	156	130	1520	1170
12		2 : 1 : 10		240	144	120	1560	1200

[1] Zur Berechnung des Kalkanteils in kg wird die Kalkmenge in l mit der Schüttdichte der verwendeten Kalksorte multipliziert
[2] Erlaubter Kalkzusatz zur Verbesserung der Geschmeidigkeit
[3] 3% Feuchtigkeit, Schüttdichte 1,3 kg/l

Tabelle **5.2**   **Masse der Bindemittel**

Bindemittel	Sackinhalt in kg	in Liter l
Kalkhydrat, Luftkalke 0,4 kg/l	40 kg, 40 kg : 0,4 kg/l = 100 l	100 l
Wasserkalkhydrat 0,6 kg/l	40 kg, 40 kg : 0,6 kg/l = 68 l	68 l
hydraulischer Kalk 0,8 kg/l	50 kg, 50 kg : 0,8 kg/l = 63 l	63 l
hochhydraulischer Kalk 0,9 kg/l	50 kg, 50 kg : 0,9 kg/l = 55 l	55 l
Normzement 1,2 kg/l	50 kg, 50 kg : 1,2 kg/l = 42 l	42 l
Stuck-/Putzgips 0,9 kg/l	40 kg, 40 kg : 0,9 kg/l = 44 l	44 l

Bei Verwendung baufeuchten Sandes (3% Wassergehalt) kann im allgemeinen mit einem Einmischfaktor von 1,6 gerechnet werden.

$$\text{Einmischfaktor} = \frac{\text{lose Masse in Liter}}{\text{Mörtelvolumen in Liter}}$$

Beispiel 2 Bei einer Mischungsprobe von Zementmörtel im Mischungsverhältnis 1 : 4 mit 300 l baufeuchtem Sand und 75 l Zement ergaben sich 244 l Zementmörtel. Wie groß waren die Mörtelausbeute und der Einmischfaktor?

$$\text{Mörtelausbeute} = \frac{244\,l \cdot 100\%}{300\,l + 75\,l} = \textbf{65\%}$$

$$\text{Einmischungsfaktor} = \frac{300\,l + 75\,l}{244\,l} = \textbf{1,54}$$

Beispiel 3 Welche Mengen an Sand in m^3 und Zement in Sack müssen für 800 l Zementmörtel auf der Baustelle bei einem Einmischfaktor von 1,55 angeliefert werden?

Berechnung: Volumen: $800\,l \cdot 1{,}55 = 1240\,l$

MV 1 : 4 bedeutet 1 Raumteil Zement
                         4 Raumteile Sand
Summe   5 Raumteile (RT)

Volumen eines Raumteils $= \dfrac{1240\,l}{5} = 248\,l$
Zementbedarf: 1 RT $= 248\,l$
Sandbedarf: 4 RT $(4 \cdot 248\,l)$ $= 992\,l$

Es müssen angeliefert werden: **1,0 m^3 Sand und 6 Sack Zement**

Beispiel 4 (Werte nach Tabelle 5.1). Für einen Hydraulischen Kalkmörtel 1 : 3 ist die Mörtelausbeute in % zu ermitteln.

Stoffanteile: 390 l Kalk
              1170 l Sand
              1560 l lose Masse

Diese 1560 l lose Masse ergeben im Versuch genau 1000 l (1 m^3) fertigen Mörtel. Die Ausbeute beträgt **64,1%**.

Beim Berechnen des Baustoffbedarfs werden die ermittelten Mengen grundsätzlich auf die nächste ganze Einheit aufgerundet.

Aufgaben

1. Berechnen Sie, wieviel l hydraulischer Kalk und m^3 Sand für einen hydraulischen Kalkmörtel 1 : 4 erforderlich sind,
   a) 2100 l, c) 3170 l,
   b) 850 l, d) 5200 l

2. In einem Sack Zement sind 50 kg. Wieviel m^3 Sand werden beim Zementmörtel Mischungsverhältnis 1 : 4 für einen Sack Zement gebraucht?

3. Berechnen Sie den Bedarf an Sand in m^3 für
   a) 3 Sack Zement, Zementmörtel 1 : 3,5,
   b) 8 Sack hydraulischer Kalk, hydraulischer Kalkmörtel 1 : 4,
   c) 12 Sack Kalkhydrat, Kalkmörtel 1 : 3.

4. Für zweilagigen, glatten Kalkzement-
   mörtelputz sind $20\,l/m^2$ Mörtel erforderlich. Mischungsverhältnis $2:1:8$
   (Luftkalk : Zement : Sand). Berechnen
   Sie den Bedarf an Kalk, Zement und
   Sand für eine Putzfläche
   a) von $210\,m^2$,
   b) von $316\,m^2$,
   c) von $4050\,m^2$
   (Ergebnisse in Sack bzw. m^3 aufgerundet).

5. Um eine $160\,m^2$ große, $24\,cm$ dicke
   Wand aus Vollziegeln herzustellen,
   sind $1024\,l$ Kalkzementmörtel $2:1:9$
   nötig. Berechnen Sie den Bedarf
   a) an Sand in m^3,
   b) an Zement in l,
   c) an Kalk in l.

6. In einer Waschküche soll Zementestrich als Gefälleestrich hergestellt
   werden. $910\,l$ Zementmörtel im Mischungsverhältnis $1:3$ sind erforderlich. Wie hoch ist der Bedarf
   a) an Zement (l),
   b) an Sand (m^3)?

7. Wieviel Liter Zement und Sand erfor-
   dern $500\,l$ Zementmörtel $1:3$ bei einer
   Ausbeute von 70%?

8. Wieviel Liter lose Masse ergeben $800\,l$
   Mörtel bei 67% Ausbeute?

9. Berechnen Sie die Zementmörtel-
   menge in l, die beim Mischungsverhältnis $1:3,5$ (Ausbeute 68%) hergestellt werden kann
   a) aus 8 Sack Zement,
   b) aus 12 Sack Zement,
   c) aus 1 Sack Zement.

10. Auf der Baustelle werden für Mauer-
    werk nach der Massenberechnung
    und den Angaben s. Tab. **5**.3 insge-
    samt $2880\,l$ Kalkzementmörtel im MV
    $2:1:8$ benötigt. Der Einmischfaktor
    beträgt 1,6.
    Berechnen Sie die anzuliefernden
    Mengen für
    a) Kalk in Sack,
    b) Zement in Sack,
    c) Sand in m^3.

11. Berechnen Sie für $500\,l$ Zementmörtel
    im Mischungsverhältnis $1:3,5$ die
    notwendigen Mengen
    a) an Sand in l und m^3,
    b) an Zement in l und Sack.
    Der Einmischfaktor beträgt 1,55.

5.2 Mauerwerk

Der Baustoffbedarf bei Mauerwerk wird nach DIN 18330 bei 11,5 cm dicken Wänden nach m^2, bei mehr als 11,5 cm bis 40 cm Dicke nach m^2 oder m^3, bei mehr als
40 cm dicken Wänden nur nach m^3 berechnet. Höhen bei Geschoßmauerwerk
werden von OK Rohdecke bis OK Rohdecke gerechnet.

Beispiele Für eine $8,10\,m^2$ große Wand, Wanddicke 36,5 cm, ist der Stein- und Mörtel-
bedarf in NF zu berechnen. Nach Tabelle **5**.3: 406 Stck. Steine/m^3 und $276\,l$
Mörtel.

$8,10\,m^2 \cdot 0,365\,m = 2,9565\,m^3$

$\qquad\qquad 2,9565\,m^3 \cdot 406\,\text{Stck.} = \textbf{1201 Stück Steine}$

$\qquad\qquad 2,9565\,m^3 \cdot 276\,l \quad = \textbf{816 l Mörtel}$

oder gerechnet nach m^2:

$8,10\,m^2 \cdot 148\,\text{Stck. Steine}/m^2 = \textbf{1199 Stück Steine}$

$8,10\,m^2 \cdot 101\,l\,\text{Mörtel}/m^2 \quad = \textbf{819 l Mörtel}$

Tabelle 5.3 **Baustoffbedarf (Steine und Mörtel) für Maurerarbeiten**

Steinformat		Maße in cm			Anzahl der Schichten je 1 m Höhe	Wand-dicke	je m² Wand		je m³ Mauerwerk	
		Länge	Breite	Höhe		cm	Steine Stück	Mörtel Liter	Steine Stück	Mörtel Liter
Lochsteine (für Voll-steine bis zu 10% Mörtel weniger)	DF	24	× 11,5	× 5,2	16	11,5	66	29	573	242
						24	132	68	550	284
						36,5	198	109	541	300
	NF	24	× 11,5	× 7,1	12	11,5	50	26	428	225
						24	99	64	412	265
						36,5	148	101	406	276
	2DF	24	× 11,5	× 11,3	8	11,5	33	19	286	163
						24	66	49	275	204
						36,5	99	80	271	220
	3DF	24	× 17,5	× 11,3	8	17,5	33	28	188	160
						24	45	42	185	175
	4DF	24	× 24	× 11,3	8	24	33	39	137	164
	8DF	24	× 24	× 23,8	4	24	16	20	69	99
Block- und Hohlblock-steine		49,5	× 17,5	× 23,8	4	17,5	8	16	46	84
		49,5	× 24	× 23,8	4	24	8	22	33	86
		49,5	× 30	× 23,8	4	30	8	26	27	88
		37	× 24	× 23,8	4	24	12	26	50	110
		37	× 30	× 23,8	4	30	12	32	42	105
		24,5	× 36,5	× 23,8	4	36,5	16	36	45	100

Abzüge nach VOB (Verdingungsordnung für Bauleistungen)

bei Berechnung nach	Abzug von
m²	Öffnungen > 1,0 m², Decken und Stürze > 0,25 m²
m³	Öffnungen, Nischen > 0,25 m³ Schlitze mit Querschnitt > 0,1 m²

Aufgaben

1. Berechnen Sie den Stein- und Mörtel-bedarf in l für Mauerwerk, 24 cm dick in 2DF.

   a) 24,12 m²,
   b) 48,18 m²,
   c) 8,06 m²,
   d) 19,12 m².

2. Für die 11,5 cm dicke Zwischenwand **5.4** ist der Bedarf an Steinen in NF und Mörtel in l zu berechnen.

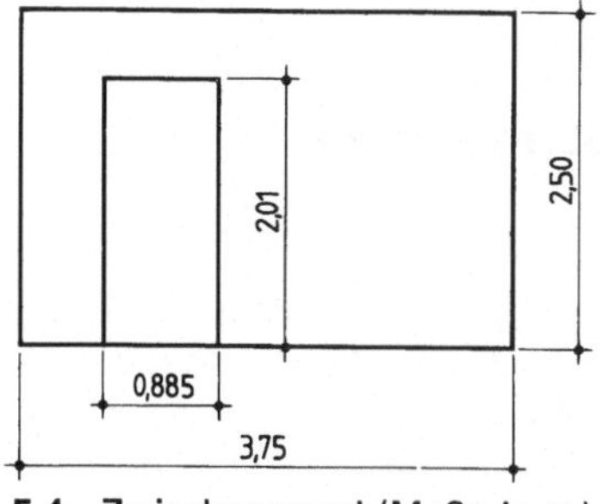

5.4 Zwischenwand (Maße in m)

3. Wieviel Hohlblocksteine $49{,}5 \times 30 \times 23{,}8$ cm, und wieviel Liter Mörtel müssen Sie bestellen für Mauerwerk

a) $4{,}116\ m^3$,
b) $8{,}716\ m^3$,
c) $21{,}443\ m^3$,
d) $19{,}021\ m^3$?

4. Für den im Schnitt dargestellten Mauerpfeiler **5.5** ist der Bedarf an Steinen (NF) und Mörtel für eine Pfeilerhöhe von 2,08 m zu ermitteln.

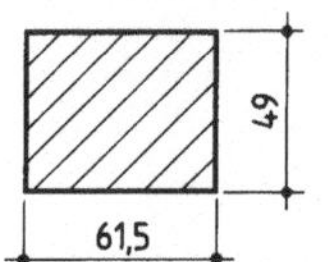

5.5 Pfeilerquerschnitt (Maße in cm)

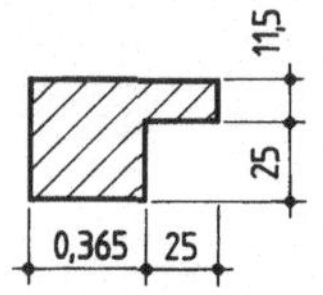

5.6 Pfeilerquerschnitt (Maße in cm)

5. Der Mauerpfeiler **5.6** (Schnitt), Höhe 2,50 m, soll sechsmal hergestellt werden. Berechnen Sie

a) den Gesamtrauminhalt in m^3,
b) den Gesamtbedarf an Steinen in 2DF,
c) den Gesamtmörtelbedarf.

6. Für die Wand **5.7** sind zu berechnen

a) m^3 Mauerwerk,
b) Steinbedarf in 2DF,
c) Mörtelbedarf.

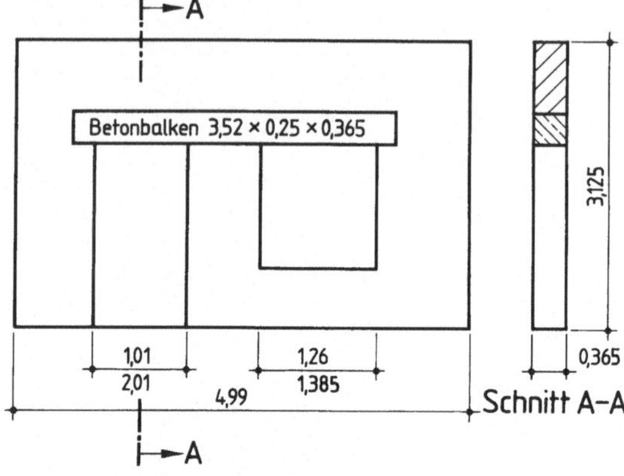

5.7 Außenwand (Maße in m)

5.3 Beton

Die Gütebestimmungen und Prüfungen für Beton und Stahlbeton sind in DIN-Normen festgelegt. Beton können wir als künstlichen Stein bezeichnen, der aus einem Gemisch von Zement, Zuschlägen und Wasser besteht. Die entscheidenden Bestimmungen für die Prüfung und Zusammensetzung von Bindemittel, Zuschlägen und Wasser enthalten DIN 1045 und DIN 1048 (Prüfungen).

5.3.1 Betonzuschlag

Zur Prüfung der Kornzusammensetzung des Zuschlags dienen Siebversuche. Anhand von Regelsieblinien der DIN 1045 läßt sich die Kornzusammensetzung beurteilen. Das Ergebnis eines Siebversuchs aus drei Einzelsiebungen zeigt uns die Tabelle **5.8**. Nach DIN 4226 sind mindestens zwei Siebungen durchzuführen.

Tabelle 5.8   Siebversuch mit 5000 g Siebgut 0/32 mm

Siebweite in mm	Ges.-Rückst.	0,25	0,5	1	2	4	8	16	31,5
1. Rückstand in g	5000	4800	4450	3960	3490	3010	2250	1350	120
2. Rückstand in g	5000	4870	4400	3810	3500	3000	2350	1450	110
3. Rückstand in g	5000	4870	4450	3900	3550	3100	2170	1300	120
Gesamtrückstand in g	15000	14540	13300	11670	10540	9110	6770	4100	350
Rückstand in %	100	97	89	78	70	61	45	27	2
Durchgang in %	0	3	11	22	30	39	55	73	98

Berechnen des Siebrückstands in Masseprozent (M%)

$$\text{Siebrückstand in \%} = \frac{\text{Rückstand in g (je Körnung)}}{\text{Gesamtrückstand}} \cdot 100\%$$

Beispiel   Korngröße 4 mm. Der Siebrückstand wird immer auf ganze Masse-Prozent gerundet.

$$\text{Siebdurchgang in \%} = 100\% - \text{Rückstand in Masse-\%}$$

Den Gesamtrückstand berechnen wir in g, den Rückstand für die einzelne Korngröße 4 mm dagegen in Masse-% (M%)

$$\text{Siebrückstand} = \frac{9110\ \text{g}}{15000\ \text{g}} \cdot 100\% = \mathbf{61\ M\%}$$

$$\text{Siebdurchgang} = 100\% - 61\% \quad = \mathbf{39\ M\%}$$

Beispiel   für Korngröße 8 mm

$$\text{Siebrückstand} = \frac{6770\ \text{g}}{15000\ \text{g}} \cdot 100\% = \mathbf{45\ M\%}$$

$$\text{Siebdurchgang} = 100\% - 45\% \quad = \mathbf{55\ M\%}$$

Übertragen wir die Ergebnisse des Siebversuchs in die entsprechende Regelsieblinie, ergibt sich eine neue (punktierte) Sieblinie. Sie sagt aus, daß das geprüfte Material im günstigen Bereich liegt.

Je nach dem Größtkorn des Zuschlags ist eine der vier Regelsieblinien in Bild 5.9 anzuwenden. Im Beispiel der Tabelle 5.8 ist das Größtkorn 31,5 mm.

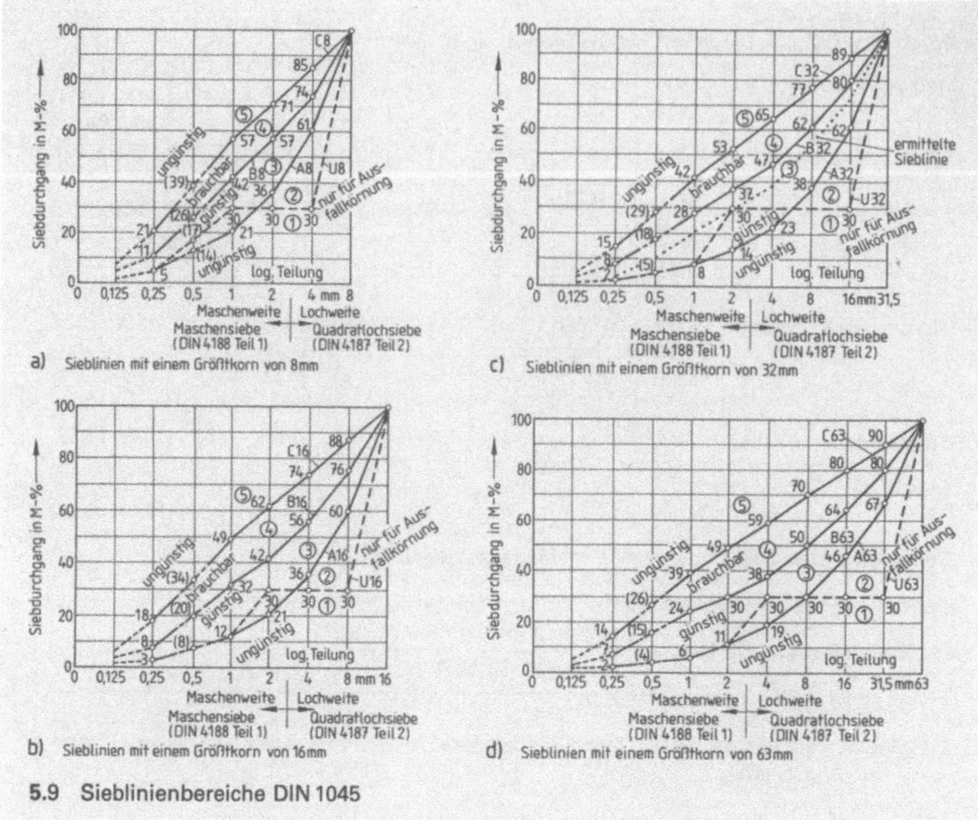

5.9 Sieblinienbereiche DIN 1045

5.3.2 Wasseranspruch für Frischbeton

Anhand der Körnungsziffer k können wir den erforderlichen Wasseranspruch für 1 m³ Frischbeton mit bestimmter Konsistenz abschätzen. Berechnet wird sie nach der Formel

$$k = \frac{\text{Summe der Rückstände in \%}}{100} \cdot$$

Der Rückstand 100% und der Wert des 0,125-mm-Siebs zählen dabei grundsätzlich nicht mit.

Beispiel Körnungsziffer des Zuschlags Tabelle **5.8**

$$k = \frac{97 + 89 + 78 + 70 + 61 + 45 + 27 + 2}{100} = \frac{469}{100} = 4{,}7$$

Mit Hilfe der Diagramme **5.10** können wir dann die erforderliche Wassermenge abschätzen.

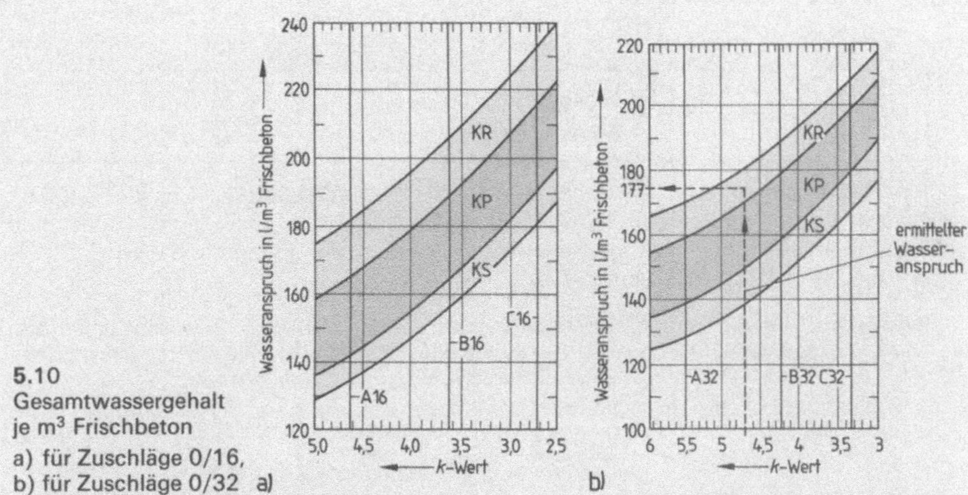

5.10
Gesamtwassergehalt
je m³ Frischbeton
a) für Zuschläge 0/16,
b) für Zuschläge 0/32

Beispiel Wasseranspruch für 1 m³ Frischbeton mit der Konsistenz KR und dem Zuschlag Tabelle **5.8**. Nach Diagramm **5.10** b) sind für eine mittelweiche Betonkonsistenz KR rund 177 l/m³ Frischbeton erforderlich.

In ungünstigen Fällen kann der Wasseranspruch bis zu 20 l/m³ Frischbeton höher liegen. Außer von der Kornzusammensetzung des Zuschlags hängt er vom Mehlkorngehalt, von der Kornform und Rauhigkeit der Kornfläche ab.

5.3.3 Abschlämmbare Teile

Abschlämmbare Teile im Zuschlag werden in Absetzversuchen ermittelt und in Gewichts-% zur Gesamtmasse der untersuchten Probe angegeben. DIN 4226 gibt die zulässigen Anteile (A) an abschlämmbaren Teilen an (**5.11**). Der Richtwert für die Korngruppe 0/4 ist also $A = 4\%$. Die Dichte ϱ der abschlämmbaren Teile beträgt trocken $\varrho = 0,6\ \text{g/cm}^3$.

$$A = \frac{V_A\,(\text{cm}^3) \cdot \varrho\,(\text{g/cm}^3)}{V_G} \cdot 100\%$$

V_A Volumen der abschlämmbaren Teile
V_G Volumen der untersuchten Zuschlagsmenge

Tabelle 5.11 Abschlämmbare Bestandteile nach DIN 4226

Korngruppe	Anteil höchstens in Gew.-%
0/1, 0/2, 0/4	4,0
0/8, 1/2, 1/4, 2/4	3,0
0/16, 0/32, 2/8, 4/8	2,0
0/63, 2/16, 4/16, 4/32	1,0
8/16, 8/32, 16/32, 32/63	0,5

Beispiel Untersuchte Zuschlagmenge 500 g. Korngruppe 0/4 mm. Das Volumen der abschlämmbaren Teile wurde im Versuch mit 27 cm³ festgestellt.

$$A = \frac{27\ \text{cm}^3 \cdot 0,6\ \text{g/cm}^3}{500\ \text{g}} \cdot 100\% = \mathbf{3,24\%}$$

Der festgestellte Gehalt an abschlämmbaren Teilen ist **zulässig**.

5.3.4 Wasserzementwert

$$\text{Wasserzementwert } \omega = \frac{\text{Wasser (kg)}}{\text{Zement (kg)}} \qquad\qquad \omega = \frac{W}{Z}$$

Ein Wasserzementwert $\omega = 0{,}5$ bedeutet, daß beim Mischen auf 1 kg Zement 0,5 l Wasser zugegeben werden. Von dieser Wasserzugabe ist das bereits im Zuschlag vorhandene Wasser, die Eigenfeuchte, abzuziehen. Die Eigenfeuchte wird in M% der feuchten Zuschläge angegeben.

Beispiel 1 1 m³ Frischbeton wird aus 250 kg/m³ Zement, 2075 kg/m³ Zuschlag und einem Wasserzementwert $\omega = 0{,}5$ hergestellt. Die festgestellte Eigenfeuchte beträgt 3%. Wieviel Wasser muß der Mischung zugegeben werden?

$$\text{Wasserbedarf} = 250 \text{ kg} \cdot 0{,}5 = 125 \text{ kg}$$

$$\text{Eigenfeuchte} = \frac{2075 \cdot 3\%}{100\%} = 62 \text{ kg}$$

$$\text{Rest-Wasserzugabe} = \mathbf{63\ kg}$$

Beispiel 2 Eine Betonmischung wird mit 223 kg Zement, 1236 kg Zuschlag bei 3% Eigenfeuchte und 90 l Wasserzugabe hergestellt. Wie groß ist der Wasserzementwert ω?

$$\text{Gesamtwassergehalt} = 90 \text{ kg} + \frac{1236 \text{ kg} \cdot 3\%}{100\%} = 127 \text{ kg}$$

$$\text{Wasserzementwert } \omega = \frac{127 \text{ kg Wasser}}{223 \text{ kg Zement}} = \mathbf{0{,}57}$$

Beispiel 3 Bei einem Wasserzementwert von 0,5 soll während des Betonierens die Wassermenge 50 kg um 10 kg vergrößert werden. Wieviel Zement muß zusätzlich zugegeben werden, um den Wasserzementwert nicht zu verändern?

$$\text{Wasserzementwert } \omega = \frac{50 \text{ kg Wasser}}{100 \text{ kg Zement}} = 0{,}5$$

$$\text{Zementmenge } Z = \frac{W}{\omega} = \frac{10 \text{ kg}}{0{,}5} = \mathbf{20\ kg}$$

Die erforderliche Zementzugabe beträgt 20 kg.

Der Wasserzementwert ω bleibt nur dann unverändert, wenn Wasser u n d Zement im vorgeschriebenen Verhältnis w/z zusätzlich zugegeben werden.

5.3.5 Frischbeton

Konsistenz. Die Verarbeitbarkeit eines Betons wird von der Betonsteife bestimmt. Die drei Konsistenzbereiche KS (steif), KP (plastisch), KR (weich) und KF (fließfähig) kennzeichnen die Betonsteife. Geprüft wird die Konsistenz je nach den Gegebenheiten mit dem Verdichtungsversuch oder dem Ausbreitversuch. Beim

Verdichtungsversuch (**5.12**) wird in einem 40 cm hohen Kasten das Verdichtungsmaß v bestimmt. Es ergibt sich aus dem Verhältnis von lose eingefülltem Beton zu verdichtetem Beton mit der Höhe h.

$$v = \frac{40\ \text{cm}}{h\ \text{cm}}$$

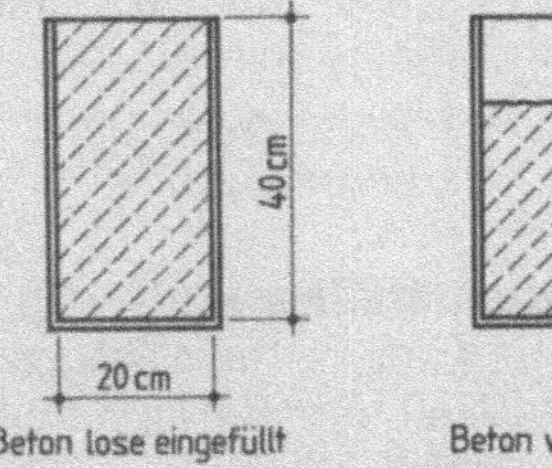

5.12   Verdichtungsversuch

Konsistenzbereiche des Frischbetons nach DIN 1045:

Konsistenz	Verdichtungsmaß v
KS: steif	$\geqq 1,2$
KP: plastisch	1,19 bis 1,08
KR: weich	1,07 bis 1,02
KF: fließfähig	–

Das Abstichmaß s wird als Mittel aus vier Abstichmaßen ermittelt.

Beispiel   Abstichmaße $s_1 = 5{,}9$ cm, $s_2 = 5{,}6$ cm, $s_3 = 5{,}7$ cm, $s_4 = 6{,}0$ cm

Abstichmaß $s = (5{,}9 + 5{,}6 + 5{,}7 + 6{,}0) : 4 = 5{,}8$ cm

Verdichtungsmaß $h = 40 - s = 40 - 5{,}8 = 34{,}2$ cm

$$v = \frac{40\ \text{cm}}{34{,}2\ \text{cm}} = 1{,}17 \triangleq \text{KP (plastisch)}$$

Den Baustoffgehalt von Beton gibt man für 1 m³ verdichteten Beton an. Liegt das Mischungsverhältnis des Betons (Zement : Zuschlag : Wasser) fest, können wir ihn unter Berücksichtigung der Frischbetonrohdichte ($\varrho_f = 2{,}35$ kg/dm³) ermitteln.

Beispiel   Ein Beton soll mit feuchtem Zuschlag hergestellt werden. Wieviel Wasser muß zugegeben werden?

Mischungsverhältnis (trocken) $= 1 : 6{,}28 : 0{,}60$ (Masseteile)

Eigenfeuchte des Zuschlags $= 3\%$

Masse je m³ verdichteten Beton $= 1000$ dm³ $\cdot$ 2,35 kg/dm³ $= 2350$ kg/m³

$$+ \text{Zementbedarf (1 Masseanteil):}\ \frac{2350\ \text{kg/m}^3}{1 + 6,28 + 0,60} \qquad = 298\ \text{kg/m}^3$$

$$+ \text{Zuschlag (6,28 Masseanteile): } 298\ \text{kg/m}^3 \cdot 6{,}28 \qquad = 1873\ \text{kg/m}^3$$

$$+ \text{Eigenfeuchte des Zuschlags:}\ \frac{1873\ \text{kg/m}^3 \cdot 3\%}{100} \qquad = 56\ \text{kg/m}^3$$

$$\text{Zement + Zuschlag feucht} \qquad = \mathbf{2227\ kg/m^3}$$

Wasserbedarf ($\omega = 0{,}6$) 0,6 $\cdot$ 298 kg/m³ $= 179$ kg/m³
– Eigenfeuchte des Zuschlags $= 56$ kg/m³
Wasserzugabe $= \mathbf{123\ kg/m^3}$

Die Zuschläge für bewehrten Beton sind nach DIN 1045 wenigstens in zwei Korngruppen 0/4 und 4/32 mm zuzugeben. Für die Sieblinie B 32 günstiger Bereich sind also folgende Einzelmengen je m³ verdichteten Beton anzuliefern (**5.9**):

$$\text{Korngruppe 0/4 (47\%)}\ \frac{1873\ \text{kg/m}^3 \cdot 47\%}{100\%} \qquad = 880\ \text{kg/m}^3$$

$$\text{Korngruppe 4/32 (53\%)}\ \frac{1873\ \text{kg/m}^3 \cdot 53\%}{100\%} \qquad = 993\ \text{kg/m}^3$$
$$= \mathbf{1873\ kg/m^3}$$

Die Mischergrößen werden gemäß DIN 459 nach dem Inhalt des Mischers an unverdichtetem Frischbeton KR angegeben ($v = 1{,}07$ bis $1{,}02$).

Beispiel Wieviel dm^3 verdichteten Frischbeton KR ergibt eine Mischerfüllung des 1000-l-Mischers?

Menge verdichteter Beton in einer Mischerfüllung $= 1000\ dm^3 : 1{,}05 = \textbf{952 dm}^3$

Eine Füllung des 1000-l-Mischers ergibt 952 dm^3 verdichteten Beton KR.

Der Gesamtstoffbedarf für eine Mischerfüllung ergibt sich je nach Mischergröße für 1 m^3 verdichteten Beton aus Tabelle **5**.13.

Die Mischerkonstruktion ist bei Berechnung der Mischerfüllung ohne Bedeutung.

Tabelle 5.13

Mischer-größen	Anzahl der Mischungen für 1 m^3 verdichteten Beton
250 l	6
500 l	3
1000 l	1,5
1500 l	1

Beispiel Mit einem 500-l-Mischer ist Beton herzustellen. Zugaben: Zement 298 kg/m^3, Zuschlag 1873 kg/m^3, Wasser 123 kg/m^3. Wieviel Zement, Zuschlag und Wasser müssen je Mischung zugegeben werden?

Zement $298 : 3 = \ \ \textbf{99 kg}$
Zuschlag $1873 : 3 = \textbf{624 kg}$
Wasser $123 : 3 = \ \ \textbf{41 kg}$

Aufgaben

Betonzuschlag

1. Drei Einzelsiebungen mit je 5000 g Zuschlag sind für die Korngruppe 0/8 durchgeführt worden. Die festgestellten Rückständen in g sind angegeben. Vervollständigen Sie die Angaben nach Bild **5**.8 und berechnen Sie
   a) den Rückstand in %,
   b) den Durchgang in %.
   c) Tragen Sie die Sieblinie auf, und geben Sie den Sieblinienbereich an.

Siebweite in mm	0,25	0,5	1	2	4	8
1. Rückstand in g	4600	3890	3470	2420	1590	200
2. Rückstand in g	4650	3950	3530	2450	1600	–
3. Rückstand in g	4550	4010	3500	2480	1610	100

2. a) Wie groß ist die Körnungsziffer für den geprüften Zuschlag in Aufgabe 1?
   b) Wieviel l Wasser sind für 4,5 m^3 Frischbeton mit einer mittelplastischen Konsistenz KP bei dieser Körnungsziffer erforderlich?

3. Tragen Sie die Ergebnisse der Siebversuche von S. 139 auf und geben Sie an, in welchen Bereich die jeweils geprüften Zuschlagstoffe einzuordnen sind.

4. Berechnen Sie die Körnungsziffern für die beiden Zuschläge a) und b) in Aufgabe 3 und bestimmen Sie die erforderlichen Wassermengen für jeweils 6,8 m^3 Frischbeton mit der mittelweichen Konsistenz KR.

138

a) Siebweite in mm	0	0,25	0,5	1	2	4	8	16
Durchgang in %	0	10	31	40	57	68	80	98

b) Siebweite in mm	0	0,25	0,5	1	2	4	8	16	31,5
Durchgang in %	0	2	3	4	11	20	38	61	100

5. Mit je 3500 g Zuschlag der Korngruppe 0/16 mm sind drei Siebungen durchgeführt worden. Berechnen Sie:
   a) den Gesamtrückstand in g,
   b) die Siebrückstände in %,
   c) die Siebdurchgänge in %.

Siebweite in mm	0,25	0,5	1	2	4	8	16
1. Rückstand in g	3306	2870	2470	2000	1640	1000	0
2. Rückstand in g	3280	2854	2500	2040	1560	980	0
3. Rückstand in g	3340	2836	2440	2020	1600	950	0

Abschlämmbare Teile

7. Bei Absetzversuchen mit je 500 g Betonzuschlag der Korngruppe 0/4 wurde das Volumen der Schlämmschicht festgestellt mit
   a) 14 cm³, c) 9 cm³,
   b) 32 cm³, d) 11 cm³.
   Berechnen Sie den Gehalt an abschlämmbaren Teilen in %.

8. Absetzversuche mit 500 g Zuschlag der Korngruppe 0/2 haben folgende Schlämmschichtvolumen ergeben:
   a) 36 cm³, b) 41 cm³, c) 49 cm³.
   Berechnen Sie die Gewichts-Prozent an abschlämmbaren Teilen und beurteilen Sie die Ergebnisse nach Tab. 5.11.

Wasserzementwert

9. Eine Betonmischung wird mit 350 kg Zement und 1890 kg Zuschlag hergestellt. Der Zuschlag ist trocken. Wieviel Wasser muß zugegeben werden bei einem geforderten Wasserzementwert von a) 0,49, b) 0,55, c) 0,59?

10. 1 m³ Frischbeton soll mit 300 kg Zement, 1925 kg Zuschlägen und 130 l Wasser hergestellt werden. Der Wasserzementwert soll 0,52 betragen. Wieviel Wasser ist zuzugeben bei einer

d) Tragen Sie die Sieblinie auf und beurteilen Sie den geprüften Zuschlag.

6. Ermitteln Sie die erforderliche Wassermenge für 3,2 m³ Frischbeton mit der mittelsteifen Konsistenz KS und dem Zuschlag in Aufgabe 5.

festgestellten Eigenfeuchte des Zuschlags von a) 3%, b) 4%, c) 5%?

11. Eine Betonmischung wird aus 223 kg Zement, 1200 kg Kiessand der Körnung 0/32 und 66 kg Wasser hergestellt. Die Eigenfeuchte des Zuschlags beträgt 4%. Berechnen Sie den Wasserzementwert.

12. Eine Betonmischung hat den vorgeschriebenen Wasserzementwert von 0,55. Wieviel Zement muß zugegeben werden, wenn die Wassermenge vergrößert wird
   a) um 8 kg, b) um 12 kg?

Verdichtungsmaß

13. Durch den Verdichtungsversuch bei verschiedenen Betonproben sind die Abstichmaße s, wie in Bild 5.11 festgestellt worden. Bestimmen Sie das Verdichtungsmaß und die Konsistenz.
   a) $s = 8$ cm, b) $s = 1,8$ cm,
   c) $s = 3,4$ cm.

Betonmischungen

14. Das Mischungsverhältnis für eine Betonmischung ist gegeben. Es soll 300 kg Zement/m³ verwendet werden. Berechnen Sie den Bedarf an Zuschlag und Wasser für 1 m³ Beton bei

einem Mischungsverhältnis von
a) $1:6,2:0,59$, b) $1:5,8:0,54$.

15. Berechnen Sie die Zuschlaganteile, wenn die Zuschläge der Aufgabe 11 in zwei Korngruppen 0/4 und 4/32 entsprechend Sieblinie B 32 günstiger Bereich angeliefert werden sollen.

16. Beim Betonieren soll ein 1000-l-Mischer eingesetzt werden. Berechnen Sie seine Beschickung. Für den Beton

sind 350 kg/m³ Zement, 1890 kg/m³ Zuschlag und 160 kg/m³ Wasser vorgegeben.

17. Berechnen Sie für ein Mischungsverhältnis von $1:7,7:0,64$ (Masseteile) und einer Eigenfeuchte von 4% die erforderlichen Mengen an Zement, Zuschlägen und Wasser für 1 m³ verdichteten Beton.

5.4 Fliesen und Platten

Durch Berechnung stellen wir fest, wieviel ganze Fliesen und wieviel Ausgleichsstreifen in welcher Breite für eine lichte Wandlänge l_0 (Rohbaumaß) gebraucht werden. Dazu teilen wir die Wandlänge l_0 durch eine Fliesenbreite plus Fuge (5.14). Zum Berechnen der Fliesenzahl gehen wir von der Verlegelänge VL aus. Sie beginnt und endet mit einer Fliesenkante.

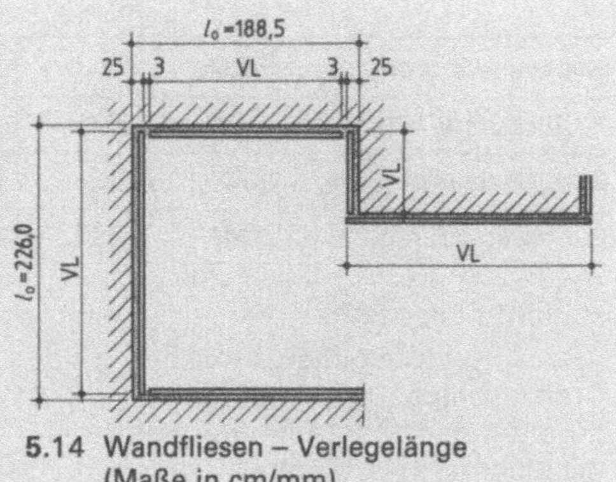

5.14 Wandfliesen – Verlegelänge (Maße in cm/mm)

$$\text{Fliesenzahl} + \text{Rest} = \frac{\text{Verlegelänge} + \text{Fuge}}{\text{Fliese} + \text{Fuge}}$$

Ungenauigkeiten in dieser Berechnungsformel können dadurch auftreten, daß bei Innenmaßen eine Fuge mehr als Fliesenzahl und bei Außenmaßen (Pfeiler – Vorlagen) eine Fuge weniger als Fliesenzahl zu rechnen wären. Diese Ungenauigkeit von maximal einer Fugenbreite wird beim Fliesenlegen ausgeglichen.

Beispiel Für eine Wandlänge soll die Anzahl der Fliesen berechnet werden (s. a. 5.14). Rohbaumaß $l_0 = 2,01$ m, Fliesen 150/150 mm, Fugenbreite 3 mm, Dicke Mörtelbett + Fliese = 25 mm.

$$VL = 2010\,\text{mm} - 2 \cdot 25\,\text{mm} - 2 \cdot 3\,\text{mm} = 1954\,\text{mm}$$

$$\text{Fliesenzahl} = \frac{1954\,\text{mm} + 3\,\text{mm}}{150\,\text{mm} + 3\,\text{mm}} = \frac{1957\,\text{mm}}{153\,\text{mm}} = \textbf{12 Fliesen, Rest 121 mm}$$

Bei nicht symmetrischer Aufteilung werden gebraucht:
12 Fliesen + 1 Teilfliese von $121 - 3 = 118$ mm

Bei symmetrischer Aufteilung werden gebraucht:

$$\text{Streifenbreite: } \frac{1954\,\text{mm} - 11\,\text{Fliesen} - 12\,\text{Fugen} \cdot 3\,\text{mm}}{2} = 134\,\text{mm}$$

– 11 Fliesen + 2 Streifen von je 134 mm

Die Verlegehöhen von Wandbelägen
werden meist so festgelegt, daß sich eine ganze Schichtenzahl ohne Reststreifen ergibt (5.15).

Beispiel
Geplante Verlegehöhe = 95 cm; Fliesen
150/150 mm

gewählt: 6 Schichten = 6 · 150
+ 5 · 3 mm Fugen

gewählte Verlegehöhe = **91,5 cm**

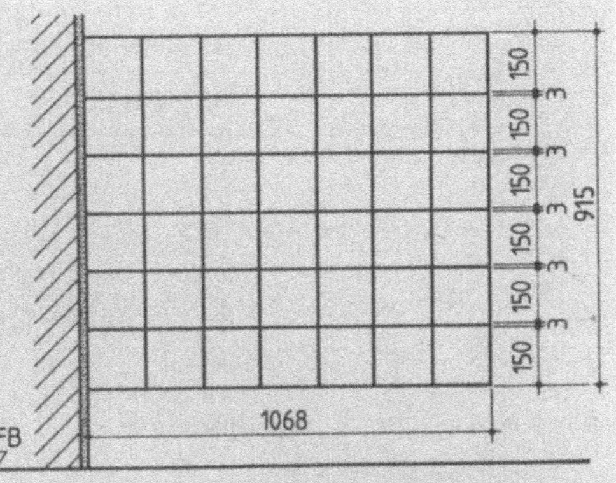

5.15 Wandfläche (Maße in mm)

Bodenfliesen sollten so verlegt werden,
daß die Ausgleichsstreifen stets an den
Begrenzungswänden des Raumes aufgebracht werden. Die Ausgleichsstreifen
sollten nicht zu schmal sein. Unterschieden wird zwischen Bodenbelägen mit
Fries, Bodenverlegung im Fugenschnitt mit den Wandfliesen und der üblichen
Verlegung.

Beispiel Ein Raum mit den Rohbaumaßen 2,26/2,51 m soll mit Bodenfliesen ausgelegt
werden. Steinzeugfliesen 10/10 cm, Fugenbreite 2 mm, Wandbelag (Fliese +
Mörtelbett) = 2,5 cm.

Verlegebreite: 226 cm − 2 · 2,5 cm − 2 · 0,2 cm ≅ 221 cm
Verlegelänge: 251 cm − 2 · 2,5 cm − 2 · 0,2 cm ≅ 246 cm

bei 2 Ausgleichsstreifen: 20 Stck.

Fliesenzahl für die Breite: $\dfrac{221 \text{ cm} + 0,2 \text{ cm}}{10 + 0,2 \text{ cm}}$ = **21 Stück + 7,0 cm**

Wahl der Fliesenzahl für die Breite:

Breite der Ausgleichsstreifen: $\dfrac{221 \text{ cm} - 20 \text{ Fliesen} \cdot 10,2 \text{ cm}}{2}$ = **8,5 cm**

Gewählt: 20 Fliesen 10/10 + 2 Ausgleichsstreifen mit je 8,5 cm − 0,2 cm =
8,3 cm

Fliesenzahl für die Länge: $\dfrac{246 \text{ cm} + 0,2 \text{ cm}}{10 + 0,2 \text{ cm}}$ = **24 Stck. + 1,4 cm**

Wahl der Fliesenzahl für die Länge: 23 Stck.

Breite der Ausgleichsstreifen: $\dfrac{246 \text{ cm} - 23 \text{ Fliesen} \cdot 10,2 \text{ cm} - 0,2 \text{ cm}}{2}$ = **5,6 cm**

Gewählt: 23 Fliesen 10/10 + 2 Ausgleichsstreifen mit je 5,6 cm − 0,2 cm =
5,4 cm

Baustoffbedarf – Berechnungsregeln

− **Wandbeläge.** Berechnung mit den Rohbaumaßen. Ist ein Sockel vorhanden, wird die
Fläche ab OK Sockel berechnet. Bei Plattenbelag des Bodens Berechnung ab OK Boden.

− **Bodenbeläge.** Berechnung nach den Rohbaumaßen bis zu den angrenzenden Flächen.

− **Abzüge.** Alle Aussaprungen > 0,10 m² Einzelfläche werden abgezogen.

Tabelle 5.16 **Bedarf an Platten ohne Verhau**

Format	Stückzahl je m²	Format	Stückzahl je m²
Quadrate		**Rechtecke**	
10 × 10	100	5 × 20	100
10,8 × 10,8	86	5,2 × 24	67[1]
15 × 15	44	7,3 × 24	50[1]
19,4 × 19,4 }	25	7,5 × 15	88
20 × 20		10 × 15	67
25 × 25	16	10,8 × 21,8	43
30 × 30	11	11,5 × 24	33[1]
35 × 35	8,2	12,5 × 25	32
40 × 40	6,25	15 × 20	33
Sechsecke		15 × 30	22
10 × 11,5	116	30 × 30	16⅔
15 × 17,2	52		
32 × 37	11		

[1] Grobkeramik mit breiterer Fuge, die z. T. in die Stückzahl je m² von den Herstellern eingerechnet wird.

Tabelle 5.17 **Bedarf an Sand in L und Zement in kg (1 L ≙ 1,25 kg) für 100 m² Plattenbelag**

Mischungs-verhältnis	eingerechneter Einmischungs-faktor	Mörteldicke					
		1 cm		1,5 cm		2 cm	
		Sand	Zement	Sand	Zement	Sand	Zement
1 : 3	1,5	1125	469	1688	703	2250	938
1 : 3,5	1,475	1147	410	1721	614	2294	820
1 : 4	1,45	1160	363	1740	544	2320	725
1 : 4,5	1,425	1166	324	1749	486	2332	648
1 : 5	1,4	1167	291	1750	437	2333	582
1 : 6	1,4	1200	250	1800	375	2400	500
Pudern des Mörtelbetts		50 bis 90 kg Zement					

Aufgaben

1. Berechnen Sie den Bedarf an Bodenfliesen 20/20 cm für den in Bild **5.18** dargestellten Raum bei 2% Verhau.

2. Für einen Waschraum mit gefliesten Wänden soll die Bodenfläche plattiert werden (**5.19**) Mörtelbett + Platte = 2,5 cm.

   a) Ermitteln Sie die Verlegelängen und Verlegebreiten. Fugenbreite 2 mm, Platten 150/150 mm.

   b) Wieviel Platten müssen bestellt werden bei 2% Verhau?

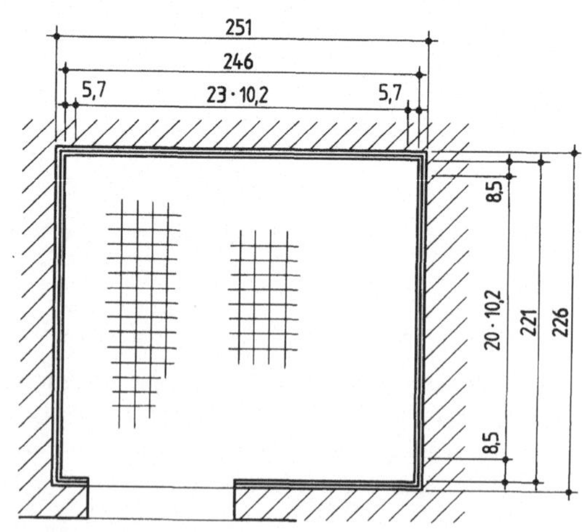

5.18 Bodenfläche (Maße in cm)

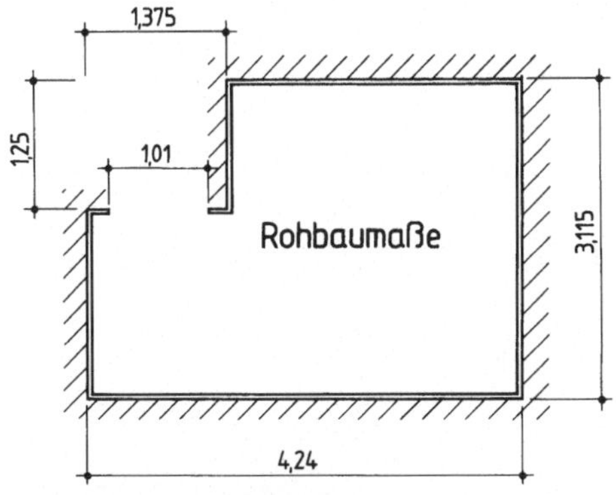

5.19 Grundriß (Maße in m)

c) Wieviel m Plattensockel ist anzusetzen?
d) Wieviel Sand (l) und Zement (kg) werden gebraucht? Mischungsverhältnis 1 : 4 : 1,5 cm Mörteldicke.

3. Für das Fliesenschild **5.20** ist die Anzahl der Fliesen + Reststreifen in der Verlegelänge und Verlegehöhe zu ermitteln.
   a) Stellen Sie den Verlegeplan für nicht symmetrische Aufteilung auf.

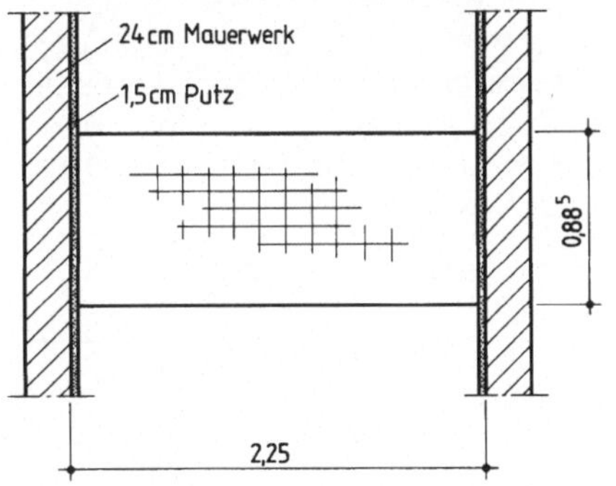

5.20 Fliesenschild (Maße in cm, m)

b) Ermitteln Sie den Bedarf an Fliesen, Sand, Zement.
Vorgaben: Mischungsverhältnis 1 : 3, Mörteldicke 1 cm, Plattengröße 10,8/10,8 cm, Fugenbreite 0,3 cm, Verhau 2%.

4. Diele und WC **5.21** erhalten einen Fußbodenbelag aus Platten 10/10 cm, Fugenbreite 2 mm, und einen Sockel aus gleichen Platten. Berechnen Sie:
   a) den Bedarf an Bodenplatten 10/10 bei 2% Verhau,
   b) den Zement- und Sandbedarf bei einem Mischungsverhältnis 1 : 4, Mörteldicke 1,5 cm,
   c) den Bedarf an Sockelplatten (10 Stck/m).

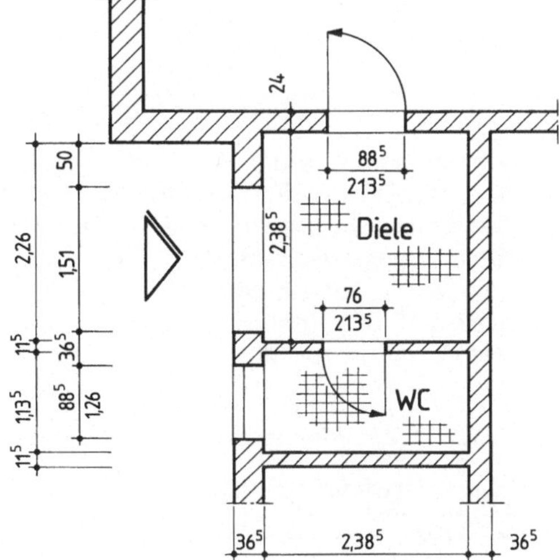

5.21 Grundriß Diele mit WC (Maße in cm, m)

5.5 Holz

Nach DIN 4070 und DIN 4071 unterscheiden wir bei Bauholz zwischen Baurundholz und Bauschnittholz. Baurundholz wird auf Baustellen vor allem für Abstützungen und Verstrebungen verwendet. Unter Bauschnittholz sind je nach Abmessungen Kantholz, Bretter, Bohlen oder Latten zu verstehen (5.22).

Tabelle 5.22 **Bauschnittholz nach DIN 4070 und DIN 4071**

Art	Abmessungen	Verwendung
Kantholz	$A_{min} = 36\ cm^2$, $A_{max} = 288\ cm^2$ 6/6, 6/8, 6/12, 8/8, 8/10, 8/12, 8/16, 10/10, 10/12, 12/12, 12/14, 12/16, 14/14, 14/16, 16/16, 16/18 **cm**	Dachgerüste, Fertighausbau, Formenbau, Fachwerkbau, Schalungen für Beton- und Stahlbetonbau, Gerüstbau
Balken	$A_{min} = 100\ cm^2$, $A_{max} = 480\ cm^2$ 10/20, 10/22, 12/20, 12/24, 16/20, 18/22, 20/20, 20/24 **cm**	Dachgerüste, Gerüste, Fachwerkbau, Holzbalkendecken, Flachdächer, Aussteifungen, Unterfangungen
Bohlen	Dicke: 40, 45, 50, 60, 65, 70, 75, 80, 85, 100, 120 Breite: 80 bis 300 mm in Stufen von 20 mm **mm**	Gerüstbau, Abdeckungen, Absperrungen, Verbau im Kanalbau, Schalungen im Straßenbau, Treppenbau
Bretter	Dicke: 8 (nur Laubholz), 12, 15, 18, 22, 24, 30, 35 Breite: 80 bis 300 mm in Stufen von 20 mm **mm**	Brettschalungen, Schaltafeln, Verkleidungen, Zäune, Dachdeckungen, Verschwertungen, Brettbinder
Latten	24/24, 30/50, 40/60 **mm**	Dachlatten, Zäune, Schalungs- und Formenbau

Verschnitt. Da in der Praxis mehr Holz verbraucht wird, als die Fertigmaße ergeben, müssen wir für den Verschnitt einen Zuschlag in Prozent machen, wenn der Gesamtholzverbrauch ermittelt werden soll. Der Verschnitt entsteht u.a. durch Holzschwund, Hobeln oder Sägen und ist je nach Holzart unterschiedlich groß. Die insgesamt verbrauchte Menge Holz für ein Bauvorhaben nennen wir R o h - m e n g e . Die Rohmenge abzüglich des Schnittverlusts heißt F e r t i g m e n g e . Der Verschnittzuschlag wird nach Erfahrungssätzen ermittelt.

Tabelle 5.23 **Erfahrungssätze für Verschnittzuschlag**

Längenverschnitt (Kanthölzer)	3 bis 5%
Verschnitt in der Fläche – Nadelschnittholz – Eiche, Nußbaum	 $\leqq 30\%$ $\leqq 50\%$
Sperr-, Span-, Faserholz – Lagermaße – Fixmaße	 $\leqq 15\%$ $\leqq\ 3\%$

Rohmenge = Fertigmenge + Verschnitt

Fertigmenge = 100%; Verschnitt = $x\%$
Rohmenge = 100% + $x\%$

$$\text{Verschnittmenge} = \frac{\text{Fertigmenge} \cdot \text{Verschnitt \%}}{100}$$

$$\text{Verschnitt\%} = \frac{\text{Verschnittmenge} \cdot 100\%}{\text{Fertigmenge}}$$

Beispiel 1 Die Rohmenge für eine mit Nadelschnittholz zu verkleidende Wand beträgt 24,00 m². Die Fertigmenge wurde mit 20,16 m² aufgemessen. Wie hoch war der Schnittverlust in %?

Verschnitt = Rohmenge − Fertigmenge

Verschnitt = 24,00 m² − 20,16 m² = 3,84 m²

$$\text{Verschnitt \%} = \frac{3,84 \text{ m}^2 \cdot 100\%}{20,16 \text{ m}^2} = \mathbf{19\%}$$

Beispiel 2 Für den Bau einer Überdachung wurden 8 Kanthölzer 12/14 cm mit einer Länge von je 2,60 m verbraucht. Der Schnittverlust betrug 4%. Wieviel m Kantholz mußten im Preis für die Überdachung kalkuliert werden?

Fertigmenge = 8 · 2,60   = 20,80 m

$$\text{Verschnitt m} = \frac{4\% \cdot 20,8}{100\%} = 0,83 \text{ m}$$

Rohmenge = 20,80 + 0,83 m = 21,63 m

Der Preis mußte mit **22,00 m** kalkuliert werden.

Holzlisten werden in der Praxis erstellt, um die Materialbestellung und Baustoffbedarfsberechnung für ein Bauvorhaben zu vereinfachen. Zu den Fertigmaßen kommen Längenzuschläge für Zapfenlängen (je 5 cm) hinzu. Auf alle Längen wird beim Berechnen des Ausführungspreises noch der Verschnittzuschlag zugeschlagen.

Für die Holzliste gelten folgende Zuschläge zu den Fertigmaßen (Fachwerkwand):

− Rähm und Schwelle plus 3,5 cm Verschnitt
− Pfosten = lichte Höhe zwischen Rähm und Schwelle plus zwei Zapfenlängen
− Streben = plus zwei Zapfenlängen
− Riegel = lichte Breite zwischen den Pfosten plus zwei Zapfenlängen.

Tabelle 5.24 **Kanthölzer − Querschnittsflächen**

b/h in cm/cm	Querschnittsfläche $A = \text{cm}^2$	b/h in cm/cm	Querschnittsfläche $A = \text{cm}^2$
12/12	144	14/14	196
12/14	168	14/16	224
12/16	192	14/18	252
12/18	216	14/20	280
12/20	240	14/22	308
12/22	264	14/24	336
12/24	288	14/26	364
12/26	312	14/28	392

Beispiel 1 Für die Seitenwand des Anbaus 5.25 soll die Holzliste erstellt werden. Die Querschnittsflächen (A) sind aus Tabelle 5.23 entnommen.

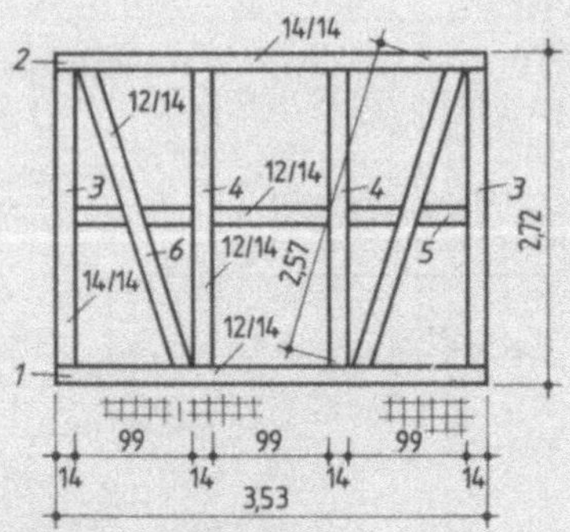

5.25 Fachwerkwand
(Maße in cm, m)

Holzliste:

Nr.	Benennung	Stck.	Querschnitt in cm/cm	Länge (m) einzeln	Länge (m) gesamt	Volumen (m³) gesamt
1	Schwelle	1	12/14	3,57	3,57	0,060
2	Rähm	1	14/14	3,57	3,57	0,070
3	Eckpfosten	2	14/14	2,56	5,12	0,100
4	Innenpfosten	2	12/14	2,56	5,12	0,086
5	Riegel	3	12/14	1,09	3,27	0,055
6	Streben	2	12/14	2,67	5,34	0,090

Gesamt = **0,461 m³**

Auf andere Art kann die Holzliste als Z u s c h n i t t s l i s t e erstellt werden, indem die Längen nach den Holzquerschnitten aufgegliedert werden. Dies vereinfacht die Berechnung und Bestellung wie auch den Zuschnitt des Holzbedarfs und gibt eine gute Übersicht für die Baustelle.

Beispiel 2

Nr.	Benennung	Stck.	Querschnitt in cm/cm	Länge (m) einzeln	Länge nach Querschnitt gesamt in m 12/12	12/14	14/14
1	Schwelle	1	12/14	3,57		3,57	
2	Rähm	1	14/14	3,57			3,57
3	Eckpfosten	2	14/14	2,56			5,12
4	Innenpfosten	2	12/14	2,56		5,12	
5	Riegel	3	12/14	1,09		3,27	
6	Streben	2	12/14	2,67		5,34	
				Gesamtlängen =		17,30	8,69
				m³ =		**0,291**	**0,170**

Aufgaben

1. Für die Fachwerkwand **5**.26 soll eine Holzliste nach Beispiel 1 erstellt werden. Gesucht ist die Gesamtrohmenge Holz in m³.

   (Querschnittsfläche für Kantholz 16/16 cm = 256 cm²)

2. Bei der Renovierung eines Wohnhauses werden nach Aufmaß a) 132 m, b) 184 m Fußleisten gebraucht. Wieviel m Fußleisten müssen bei einem Verschnittzuschlag von

   a) 3%,
   b) 4,5% geliefert werden?

   (Ergebnisse auf volle m aufrunden.)

5. Die Holzliste für einen Dachstuhl enthält folgende Fertigmengen: Balkenholz = 4,271 m³, Verbandholz = 5,136 m³. Wieviel m³ Holz sind als Rohmenge anzurechnen bei insgesamt 3,5% Verschnittzuschlag?

   (Ergebnis auf volle m³ aufrunden.)

6. Der Giebel eines Wohnhauses soll mit einer Deckleistenschalung verkleidet werden (**5**.27). Berechnen Sie die erforderlichen Schalbretter in m² bei einem Zuschlag für Verschnitt und Deckleisten von insgesamt 30%.

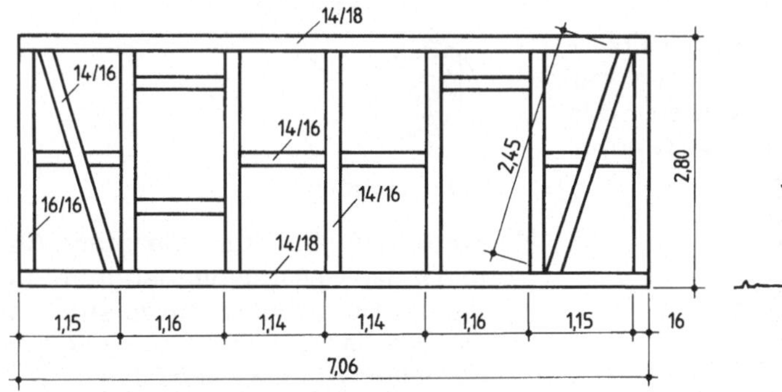

5.26 Fachwerkwand (Maße in cm, m)

5.27 Giebelfläche (Maße in m)

3. Der Anbau des Wohnhauses soll eine Holzbalkendecke erhalten (**5**.28). Berechnen Sie die erforderliche Gesamtmenge an Holz, Querschnitt 14/20 cm bei einem Verschnitt von 3,5%.

   Ergebnis auf drei Stellen hinter dem Komma.

4. Berechnen Sie den Verschnittzuschlag in %

	Rohmenge in m²	Fertigmenge in m²
a)	2,70	2,32
b)	131,80	100,80
c)	18,94	17,24
d)	407,66	334,66

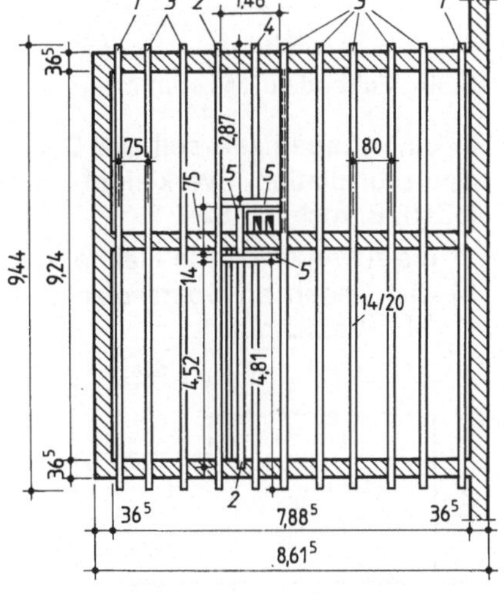

5.28 Holzbalkendecke (Maße in cm, m)

7. Eine Wandfläche im Treppenhaus **5.29** soll mit furnierten Platten verkleidet werden. Berechnen Sie

a) die Fertigmenge Platten in m²,
b) die Rohmenge bei 14% Verschnitt.

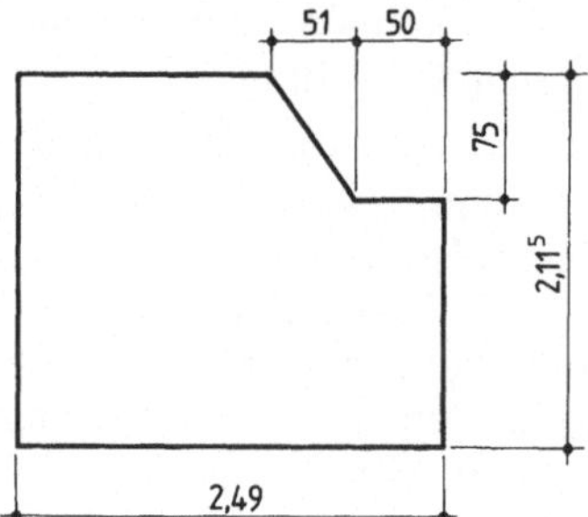

5.29 Wandfläche Treppenhaus (Maße in cm, m)

8. In einem Altbau-Wohnraum mit Erkerzimmer (**5.30**) soll der Fußboden mit Spanplatten ausgelegt werden. Der Verschnitt ist mit insgesamt 24% anzunehmen. Berechnen Sie

a) die Fertigmenge in m²,
b) die Rohmenge in m².

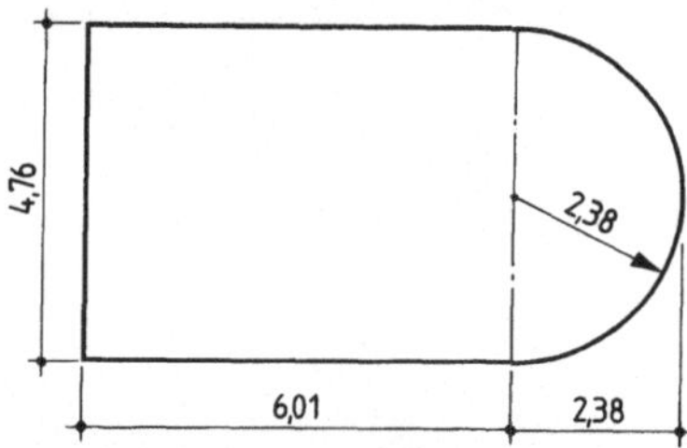

5.30 Fußboden (Maße in m)

9. In einer Lagerhalle soll die Decke mit Sperrholzplatten verkleidet werden (**5.31**). Berechnen Sie

a) die zu verkleidende Fläche in m²,
b) den Bedarf an Sperrholzplatten bei 14% Verschnitt.

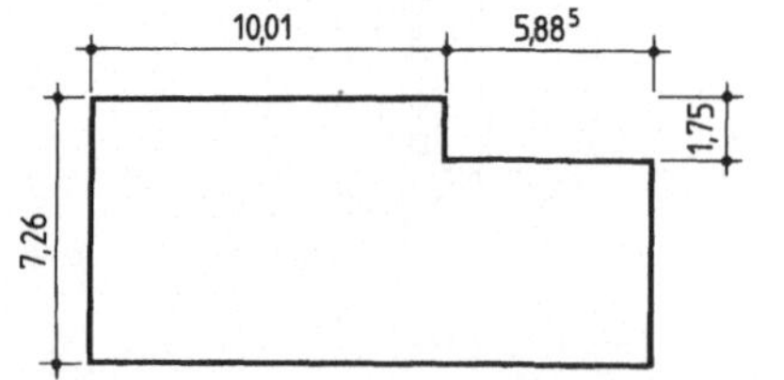

5.31 Decke Lagerhalle (Maße in cm, m)

10. Aus einem 5,15 m langen Rundholz von 20 cm Mittendurchmesser soll ein Kantholz 12/12 cm geschnitten werden (**5.32**).

a) Wieviel % Holz fallen durch die Sägeschnitte ab?
b) Wie groß ist das Volumen des 12/12 cm Kantholzes in m³?
c) Welcher größtmögliche Kantholzquerschnitt hätte aus dem Rundholz geschnitten werden können?

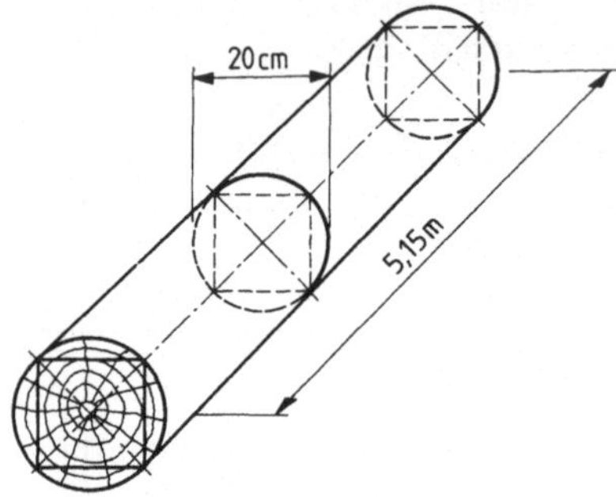

5.32 Rundholz

11. Berechnen Sie für die Kanthölzer (**5.33**) das Gesamtvolumen in m³ und die mit Holzschutzmittel zu streichende Oberfläche in m² bei einer Kantholzlänge von jeweils 5,00 m.

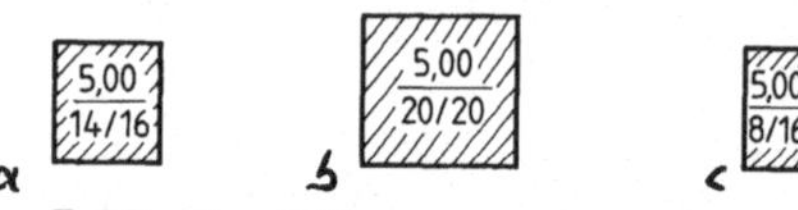

5.33 Kanthölzer

12. Ein Eichenstamm hat die Länge 9,00 m. Am Stammquerschnitt wurden die Durchmesser $d_1 = 32$ cm und $d_2 = 36$ cm gemessen (**5.34**). Berechnen Sie: a) das Volumen des Stammes in m³, b) den Preis des Stammes, wenn 687,– DM je m³ gezahlt werden müssen.

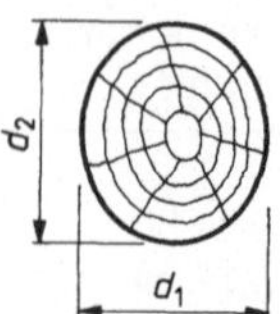

5.34 Eichenstamm

Sachwortverzeichnis